职业教育食品类专业**新形态**系列教材

食品微生物 检验技术

张 爽 主编
逯家富 主审

化学工业出版社

·北京·

内容简介

《食品微生物检验技术》分为"食品微生物检验实验室的组建""食品微生物的形态学检验""食品微生物的生理生化学检验""食品微生物的免疫学检验和分子生物学检验""食品微生物指标的检验程序""食品微生物指标中指示菌的检验""食品微生物指标中致病菌的检验""食品微生物指标中其他项目的检验"8个项目模块,共计18个目标任务,按从事食品微生物检测工作的具体要求设计教材内容,既侧重实践操作技能培养,又突出理论知识讲解,依据实施岗位工作情境导向教学,配套任务工单,有助于高职食品检验相关专业学生进入相关岗位后适应工作要求,也有助于储备后续职业发展的能力。教材为岗课赛证融通教材,有机融入职业技能国赛、课程思政与职业素养内容;配套电子课件,可从www.cipedu.com.cn下载;数字资源可扫描二维码学习参考。

本书可作为职业教育食品检验检测技术、食品质量与安全、食品智能加工技术、食品营养与健康等相关专业的教材,也可作为相关企事业单位参考用书。

图书在版编目(CIP)数据

食品微生物检验技术/张爽主编. —北京:化学工业出版社,2024.3
职业教育食品类专业新形态系列教材
ISBN 978-7-122-44954-2

Ⅰ.①食… Ⅱ.①张… Ⅲ.①食品微生物-食品检验-职业教育-教材 Ⅳ.①TS207.4

中国国家版本馆CIP数据核字(2024)第048619号

责任编辑:迟 蕾 李植峰　　文字编辑:药欣荣
责任校对:杜杏然　　　　　　装帧设计:王晓宇

出版发行:化学工业出版社
　　　　　(北京市东城区青年湖南街13号　邮政编码100011)
印　　装:三河市延风印装有限公司
787mm×1092mm 1/16　印张16　字数395千字
2024年6月北京第1版第1次印刷

购书咨询:010-64518888　　售后服务:010-64518899
网　　址:http://www.cip.com.cn
凡购买本书,如有缺损质量问题,本社销售中心负责调换。

定　价:49.80元　　　　　　　　　　版权所有　违者必究

《食品微生物检验技术》编审人员

主　　编　张　爽（芜湖职业技术学院）

参编人员　张红娟（杨凌职业技术学院）

　　　　　　杨小蓉（四川省疾病控制预防中心）

　　　　　　杨玉红（鹤壁职业技术学院）

　　　　　　陈静颖（马鞍山师范高等专科学校）

　　　　　　戴缘缘（滁州职业技术学院）

　　　　　　黎　婷（芜湖职业技术学院）

　　　　　　黄玉兰（四川省疾病控制预防中心）

　　　　　　黄伟峰（四川省疾病控制预防中心）

　　　　　　葛　雯（芜湖职业技术学院）

　　　　　　李　鑫（芜湖职业技术学院）

　　　　　　国　勇（哈尔滨体育学院）

主　　审　逯家富

前言

《国家职业教育改革实施方案》和《职业教育提质培优行动计划（2020—2023年）》提出，创新教材形态，推行科学严谨、深入浅出、图文并茂、形式多样的活页式、工作手册式、融媒体教材，为职业教育教材建设指明了方向。芜湖职业技术学院联合有关食品主力院校和行业单位，主动适应职业教育类型化发展方向，不断尝试职业教育发展的新路径，高度重视项目化课程改革，结合中国特色高水平专业群——食品营养与检测专业建设，坚持校企合作、产教融合，从岗课赛证融通角度出发，组织优秀团队编写了《食品微生物检验技术》教材。本教材为安徽省教育厅质量工程规划教材，安徽省教育厅高校优秀青年人才支持计划、国家双高计划支持教材。

本教材依据食品行业职业发展规律和岗位技术需求，对接主流生产技术，注重吸收行业发展的新知识、新技术、新工艺、新方法。坚持全面质量管理，从"人机料法环"五个方面全面系统对食品微生物检验过程进行控制，提高食品微生物检验质量，在理论上做到"必需、够用"，突出"应用性、实践性和职业性"，主要具有以下特点：

1. 融入思政元素，强化实践教学，重视专业技能培养，发挥教材的铸魂育人作用。

2. 作为岗课赛证融通教材，以实际岗位操作具体事例导入，让学生身临其境，力争教学与实践工作岗位零距离；同时融入全国职业院校技能大赛食品安全与质量检测赛项相关赛题和食品检验员技能证书相关内容。

3. 以从事食品微生物检验岗的基本技能为主要教学目标，以流程图、表格等多种表现形式描述教学内容，便于读者对教学内容充分理解。

4. 为保证学生将来从事岗位工作后的后续发展，增加拓展内容教学，既能满足高职教学要求，又适合食品检验岗位微生物检验员工作参考。

5. 紧跟现行食品安全国家标准的修订，以现行国家标准检验方法为指导，强调操作技能，加入生化检验、血清学检验和分子生物学检验基本理论与技能。

6. 教材体现"三教改革"特色，紧跟最新教学研究成果，开发具有网络教学功能的互动式教学课件，采用项目任务编写形式，配套《食品微生物检验技术任务工单》，能满足不同教学使用时灵活选用或补充内容的需求，适用于在校学生、企业员工和社会人士等不同学习者。

教材内容共分 8 个项目，编写分工为：项目一由陈静颖编写；项目二由张爽编写；项目三由张红娟、国勇编写；项目四由黎婷、国勇编写；项目五由葛雯、李鑫编写；项目六由黄玉兰、黄伟峰编写；项目七由杨玉红编写；项目八由戴缘缘编写。张爽制订全书编写方案，并进行全书统稿，同时提供全书课外巩固题。四川省疾控中心微生物所杨小蓉老师提供全书相关任务，并参与提纲编写。青岛海博生物技术有限公司、北方伟业计量集团有限公司、北京欧倍尔软件技术开发有限公司参与视频数字资源开发。

本教材在编写中参考了同行和食品企业的相关文献资料，在此谨向各位作者表示衷心的感谢。由于编者水平有限且时间仓促，书中难免出现不足之处，恳请广大读者批评指正，以便今后进一步修订、完善。

编者

2024 年 1 月

目 录

| 导入语 | 1 |

项目一 食品微生物检验实验室的组建 ··· 2
　【项目描述】 ··· 2
　【食安先锋说】 ··· 2
　　【知识准备】 ··· 3
　　　一、食品微生物检验员 ··· 3
　　　二、食品微生物检验实验室 ··· 5
　　　三、微生物检验实验室的常用仪器设备 ··· 6
　　　四、微生物检验实验室的常用玻璃器皿 ··· 8
　　【知识拓展】 ··· 11
　　　一、食品微生物检验实验室的布局和功能分区 ··· 11
　　　二、食品微生物检验实验室配备仪器设备的校验 ··· 13
　　【课外巩固】 ··· 14
　　【数字资源】 ··· 15

项目二 食品微生物的形态学检验 ··· 16
　【项目描述】 ··· 16
　【食安先锋说】 ··· 16
　任务 2-1　食品微生物菌落形态的检验 ··· 17
　　【任务描述】 ··· 17
　　【任务目标】 ··· 17
　　【知识准备】 ··· 17
　　　一、细菌菌落形态特征 ··· 17
　　　二、酵母菌菌落形态特征 ··· 18
　　　三、霉菌菌落形态特征 ··· 18
　　【任务实施】 ··· 19
　　【结果与评价】 ··· 21
　　【知识拓展】 ··· 21
　　　放线菌的菌落 ··· 21

【课外巩固】 ··· 21
　任务 2-2　食品微生物菌体形态的检验 ··· 23
　　【任务描述】 ··· 23
　　【任务目标】 ··· 23
　　【知识准备】 ··· 23
　　　一、活菌不染色直接镜检 ··· 23
　　　二、死菌染色标本镜检 ··· 23
　　　三、普通光学显微镜构造 ··· 25
　　【任务实施】 ··· 27
　　【结果与评价】 ··· 31
　　【知识拓展】 ··· 31
　　　一、活菌不染色直接镜检法 ··· 31
　　　二、细菌特殊结构染色 ··· 32
　　　三、显微镜油镜的工作原理 ··· 33
　　【课外巩固】 ··· 34
　　【数字资源】 ··· 35
项目三　食品微生物的生理生化学检验 ··· 36
　【项目描述】 ··· 36
　【食安先锋说】 ··· 36
　任务 3-1　食品微生物的糖（醇、苷）类发酵实验鉴别 ··· 37
　　【任务描述】 ··· 37
　　【任务目标】 ··· 37
　　【知识准备】 ··· 37
　　　一、常规生理生化实验方法的设计思路 ··· 37
　　　二、微生物生理生化学检验常见方法类型 ··· 37
　　　三、生理生化学检验的注意事项 ··· 38
　　　四、糖（醇、苷）类发酵实验的鉴别目的 ··· 39
　　　五、糖（醇、苷）类发酵实验的检验原理 ··· 39
　　【任务实施】 ··· 40
　　【结果与评价】 ··· 40
　　【知识拓展】 ··· 41
　　　微生物利用的碳源物质种类 ··· 41
　　【课外巩固】 ··· 41
　任务 3-2　食品微生物的 IMViC 和苯丙氨酸脱氨酶实验鉴别 ···································· 43
　　【任务描述】 ··· 43
　　【任务目标】 ··· 43
　　【知识准备】 ··· 43
　　　一、鉴别目的 ··· 43
　　　二、检验原理 ··· 43
　　【任务实施】 ··· 44
　　【结果与评价】 ··· 45
　　【知识拓展】 ··· 45

微生物利用的氮源物质种类 ·· 45
　【课外巩固】 ·· 46
　任务 3-3　食品微生物的尿素分解、H_2O_2 酶和石蕊牛乳实验鉴别 ··················· 47
　　【任务描述】 ·· 47
　　【任务目标】 ·· 47
　　【知识准备】 ·· 47
　　　一、鉴别目的 ·· 47
　　　二、检验原理 ·· 47
　　【任务实施】 ·· 48
　　【结果与评价】 ·· 49
　　【知识拓展】 ·· 49
　　　微量生理生化实验管的制备 ·· 49
　　【课外巩固】 ·· 50
　任务 3-4　食品微生物的硫化氢和三糖铁实验鉴别 ·· 51
　　【任务描述】 ·· 51
　　【任务目标】 ·· 51
　　【知识准备】 ·· 51
　　　一、鉴别目的 ·· 51
　　　二、检验原理 ·· 51
　　【任务实施】 ·· 52
　　【结果与评价】 ·· 53
　　【知识拓展】 ·· 53
　　　一、API-20E 系统 ·· 53
　　　二、Biolog 微生物鉴定系统 ··· 54
　　【课外巩固】 ·· 54
　　【数字资源】 ·· 55

项目四　食品微生物的免疫学检验和分子生物学检验 ·· 56
　【项目描述】 ·· 56
　【食安先锋说】 ·· 56
　任务 4-1　食品微生物的凝集实验鉴别 ·· 57
　　【任务描述】 ·· 57
　　【任务目标】 ·· 57
　　【知识准备】 ·· 57
　　　一、抗原 ·· 57
　　　二、抗体 ·· 60
　　　三、免疫学检验 ·· 61
　　【任务实施】 ·· 65
　　【结果与评价】 ·· 66
　　【知识拓展】 ·· 66
　　　一、微量滴定板（试管法）凝集反应测定抗体效价 ···································· 66
　　　二、免疫学检验技术类型 ·· 68
　　【课外巩固】 ·· 68

任务 4-2　食品微生物的 PCR 检验 ·· 70
【任务描述】 ·· 70
【任务目标】 ·· 70
【知识准备】 ·· 70
一、PCR 检验技术的基本原理 ·· 70
二、PCR 反应的基本步骤 ·· 71
三、PCR 反应体系及反应参数 ·· 71
四、PCR 产物的检验和鉴定 ·· 72
五、PCR 技术的类型 ·· 72
六、PCR 技术应用于食品微生物检测的优势与存在的问题 ································ 73
【任务实施】 ·· 73
【结果与评价】 ·· 75
【知识拓展】 ·· 75
一、基因芯片技术 ·· 75
二、核酸探针技术 ·· 76
三、环介导等温扩增技术 ·· 76
【课外巩固】 ·· 76
【数字资源】 ·· 77

项目五　食品微生物指标的检验程序 ·· 78
【项目描述】 ·· 78
【食安先锋说】 ·· 78
任务 5-1　食品微生物检验常见样品的采集 ·· 79
【任务描述】 ·· 79
【任务目标】 ·· 79
【知识准备】 ·· 79
一、采样的定义与重要性 ·· 80
二、样品采集的原则 ·· 80
三、食品样品的类型 ·· 80
四、食品微生物检验的采样方案 ·· 81
【任务实施】 ·· 83
【结果与评价】 ·· 87
【知识拓展】 ·· 87
一、食物中毒微生物检样的采样 ·· 87
二、人畜共患病病原微生物检样的采样 ·· 87
三、检测食品中厌氧微生物的取样 ·· 87
四、生产车间采样 ·· 88
五、加工用水及水源地水样采集 ·· 88
【课外巩固】 ·· 89
任务 5-2　食品微生物样品的检验前处理与后处理 ·· 90
【任务描述】 ·· 90
【任务目标】 ·· 90
【知识准备】 ·· 90

一、检验方法的选择 ·· 90
　　二、致病菌检验参考菌群的选择 ·· 90
　　三、检验结果报告 ·· 94
　　四、样品检验后处理 ··· 94
　【任务实施】 ··· 96
　【结果与评价】 ·· 100
　【知识拓展】 ··· 100
　　一、生产车间采样的处理 ·· 100
　　二、食品车间有关空气清洁度的规定 ·· 101
　【课外巩固】 ··· 101
　【数字资源】 ··· 102

项目六　食品微生物指标中指示菌的检验 ·· 103
　【项目描述】 ··· 103
　【食安先锋说】 ·· 103
　任务 6-1　食品中菌落总数的测定 ·· 104
　【任务描述】 ··· 104
　【任务目标】 ··· 104
　【知识准备】 ··· 104
　　一、相关概念 ·· 104
　　二、菌落总数测定的意义 ·· 104
　　三、菌落总数的测定方法 ·· 105
　【任务实施】 ··· 105
　【结果与评价】 ·· 109
　【知识拓展】 ··· 109
　【课外巩固】 ··· 110
　任务 6-2　食品中大肠菌群计数 ·· 112
　【任务描述】 ··· 112
　【任务目标】 ··· 112
　【知识准备】 ··· 112
　　一、大肠菌群的定义及范围 ··· 112
　　二、大肠菌群的生物学特性 ··· 112
　　三、大肠菌群的测定意义 ·· 113
　　四、大肠菌群计数的方法 ·· 113
　　五、培养基原理 ·· 114
　第一法　大肠菌群 MPN 计数法 ·· 114
　【任务实施】 ··· 114
　【结果与评价】 ·· 118
　第二法　大肠菌群平板计数法 ··· 118
　【任务实施】 ··· 118
　【结果与评价】 ·· 121
　【知识拓展】 ··· 121
　　一、专用培养基（制备方法参考附录一） ··· 121

二、检验程序 ··· 121
　　　三、操作步骤 ··· 122
　【课外巩固】··· 122
任务 6-3　食品中霉菌与酵母菌的测定 ··· 125
　【任务描述】··· 125
　【任务目标】··· 125
　【知识准备】··· 125
　　一、霉菌和酵母菌简介 ··· 125
　　二、霉菌和酵母菌的测定意义 ··· 126
　　三、霉菌和酵母菌的检验方法 ··· 127
　【任务实施】··· 127
　【结果与评价】··· 130
　【知识拓展】··· 130
　　霉菌直接镜检计数法 ··· 130
　　一、主要设备和材料 ··· 131
　　二、操作步骤 ··· 131
　　三、结果判定标准 ··· 131
　　四、报告 ··· 132
　【课外巩固】··· 132
　【数字资源】··· 133

项目七　食品微生物指标中致病菌的检验 ··· 134
　【项目描述】··· 134
　【食安先锋说】··· 135
任务 7-1　食品中金黄色葡萄球菌的检验 ··· 137
　【任务描述】··· 137
　【任务目标】··· 137
　【知识准备】··· 137
　　一、金黄色葡萄球菌的分类 ··· 137
　　二、金黄色葡萄球菌的病原学特性 ··· 138
　　三、金黄色葡萄球菌的检验方法 ··· 139
　　四、培养基原理 ··· 140
　第一法　金黄色葡萄球菌定性检验 ··· 140
　【任务实施】··· 140
　【结果与评价】··· 144
　第二法　金黄色葡萄球菌平板计数法 ··· 144
　【任务实施】··· 144
　【结果与评价】··· 147
　第三法　金黄色葡萄球菌 MPN 计数法 ··· 147
　【任务实施】··· 147
　【结果与评价】··· 149
　【知识拓展】··· 149
　　一、金黄色葡萄球菌的致病性 ··· 149

二、金黄色葡萄球菌的抵抗力 ·· 149
　　三、金黄色葡萄球菌食物中毒的流行病学 ··· 150
　　四、金黄色葡萄球菌肠毒素形成的条件 ·· 150
　　五、临床表现 ··· 150
　　六、预防措施 ··· 150
　【课外巩固】 ··· 151
　任务 7-2　食品中沙门氏菌的检验 ··· 153
　【任务描述】 ··· 153
　【任务目标】 ··· 153
　【知识准备】 ··· 153
　　一、沙门氏菌的分类 ·· 153
　　二、沙门氏菌的病原学特性 ·· 154
　　三、沙门氏菌的检验方法 ·· 155
　【任务实施】 ··· 155
　【结果与评价】 ·· 161
　【知识拓展】 ··· 161
　　一、沙门氏菌抵抗力 ·· 161
　　二、沙门氏菌致病性 ·· 161
　　三、沙门氏菌食物中毒流行病学特点 ··· 162
　　四、沙门氏菌食物中毒临床表现——急性胃肠炎症状 ·· 162
　　五、预防措施 ··· 162
　【课外巩固】 ··· 163
　【数字资源】 ··· 164

项目八　食品微生物指标中其他项目的检验 ·· 165
【项目描述】 ·· 165
【食安先锋说】 ··· 165
　任务 8-1　食品商业无菌的检验 ·· 166
　【任务描述】 ··· 166
　【任务目标】 ··· 166
　【知识准备】 ··· 166
　　一、相关定义 ··· 166
　　二、罐藏食品变质的原因 ·· 166
　　三、罐藏食品微生物污染的来源 ·· 167
　　四、食品商业无菌检验的方法 ··· 167
　【任务实施】 ··· 167
　【结果与评价】 ·· 170
　【知识拓展】 ··· 170
　　一、检验程序 ··· 170
　　二、检验步骤 ··· 171
　　三、结果判定与报告 ·· 172
　【课外巩固】 ··· 172
　任务 8-2　发酵食品中乳酸菌的检验 ·· 173

【任务描述】……………………………………………………………………………… 173
【任务目标】……………………………………………………………………………… 173
【知识准备】……………………………………………………………………………… 173
  一、乳酸菌主要菌属特征 …………………………………………………………… 173
  二、乳酸菌的菌落特征 ……………………………………………………………… 175
  三、乳酸发酵类型 …………………………………………………………………… 175
  四、乳酸菌的检验方法 ……………………………………………………………… 176
【任务实施】……………………………………………………………………………… 176
【结果与评价】…………………………………………………………………………… 180
【知识拓展】……………………………………………………………………………… 180
【课外巩固】……………………………………………………………………………… 181

任务 8-3　食品中产毒霉菌的检验 …………………………………………………… 183
【任务描述】……………………………………………………………………………… 183
【任务目标】……………………………………………………………………………… 183
【知识准备】……………………………………………………………………………… 183
  一、产毒霉菌基本知识 ……………………………………………………………… 183
  二、食品中产毒霉菌的检验 ………………………………………………………… 185
【任务实施】……………………………………………………………………………… 185
【结果与评价】…………………………………………………………………………… 186
【知识拓展】……………………………………………………………………………… 186
【课外巩固】……………………………………………………………………………… 187
【数字资源】……………………………………………………………………………… 188

附录一　常用试剂及培养基 ……………………………………………………………… 189
附录二　最大概率数（MPN）检索表 ………………………………………………… 198

导入语

食品微生物检验是食品安全监测必不可少的重要组成部分，在已出现的群体性食品安全事件中，微生物及其产生的各类毒素引发的污染备受重视，食品微生物检验作为保证食品安全、预防和控制食源性疾病的重要手段，为食品安全监督执法提供依据。

无论是在食品企业、第三方检测机构，还是在政府食品安全监管部门，食品中的微生物检验都是重要的一个环节，食品微生物检验数据的准确性直接关系到食品安全监督执法的科学性、权威性及食源性疾病预防与控制的有效性。党的二十大报告明确强调：强化食品药品安全监管，健全生物安全监管预警防控体系。因此要立足全面质量管理，从"人机料法环"五个方面全面系统对食品微生物检验过程进行控制，提高食品微生物检验质量。

"人机料法环"是全面质量管理理论中影响质量的五个主要方面的简称。结合食品微生物检验这项具体工作来说："人"即指参与食品微生物检测工作的检验人员；"机"即指食品微生物检测过程中使用的仪器设备；"料"即指食品微生物检测过程中使用的培养基、生化试剂、菌种及样品本身；"法"即指食品微生物检测所采用的检验方法；"环"即指食品微生物检测过程中所处的环境。

我们将从"人机料法环"五个方面，以食品行业从业者的身份，从某一食品企业食品微生物检测基本条件要求到任务实施，进行食品微生物检验技术的学习。

项目一
食品微生物检验实验室的组建

项目描述

食品微生物检验实验室的专业人员、专业设施设备及专业管理是开展微生物检验的物质基础与保障。

开展微生物检验，首先要有具备职业素养、经过专业教育和培训、具备相应资质的人员，参与专业实验室规划与设计，开展食品微生物的检验工作和实验室管理工作；其次必须有开展检验工作专门的、符合专业要求的实验室和专业设备。

对于实验室的设施设备，要制定一系列的管理规定与管理措施，确保质量标准。这就要求在总体管理上建立明细目录，包括仪器设备名称、型号、厂家、购置时间、验收、调试或校验、仪器保管负责人、使用操作规范、使用或维修记录、报废等一系列的质量保证档案。

微生物检验过程中还需要用到大量的玻璃器皿，其检测结果的可靠性不仅与实验者的技能有关，同样也与实验之前的准备工作（如器皿的清洗消毒、试剂的准确配制等）密切相关。

本项目就从食品微生物检验第一步——食品微生物检验实验室组建，给大家系统介绍食品微生物检验的软硬件保障。

食安先锋说

民以食为天，食以安为先，安以质为本，质以诚为根！

健康是吃出来的！捍卫食品安全，是检验检测人员的神圣使命！

说到食品安全，让我们记住毒奶粉、瘦肉精、苏丹红……捍卫食品安全，检测人在行动！

从原辅料的接收检验，到生产过程的监督检测，再到合格产品的检查检验，都烙下了食品检验人员深深的印记！

"产品质量无小事，食品安全大如天"，作为一名技术人员，科学严谨、诚实守信、决不让不安全的原料投入生产，决不让不安全的产品流向市场！

民以食为天，加强食品安全工作，关系我国14亿多人的身体健康和生命安全，必须抓得紧而又紧，确保人民群众"舌尖上的安全"。

食安先锋说1

 知识准备

一、食品微生物检验员

食品微生物检验员是食品企业或食品检验机构正式或聘用人员，接受《中华人民共和国食品安全法》（简称《食品安全法》）及其相关法律法规的管理，通过有关专业技术培训考核，持有考核合格证明，并持证上岗。

食品微生物检验员不能是相关法律法规禁止从事食品检验工作的人员，如违反《食品安全法》规定，受到开除处分的食品检验机构人员，自处分决定作出之日起10年内不得从事食品检验工作；因食品安全违法行为受到刑事处罚的食品检验机构人员，终身不得从事食品检验工作；有颜色视觉障碍的人员不能从事涉及辨色的实验。

1. 食品微生物检验员的职业道德规范

食品微生物检验员除了具备基本的专业知识与技能，达到相关岗位的职业技术要求和资格要求，遵守基本的事业道德外，还应遵循以下职业道德规范。

（1）依法开展检验工作，遵章守纪 食品微生物检验员应当按照法律法规规定，依法开展检验工作，在许可或认定的检验范围内检验，不超范围检验。

（2）严格遵守检验规范，科学求实、公正高效 食品微生物检验员应当严格按照食品安全标准、检验规范和程序的规定开展检验工作，保证出具的检验数据和结论客观公正、科学高效、准确可信。

（3）严格遵守纪律要求，廉洁自律，严守秘密 食品微生物检验员不能与其食品微生物检验活动所涉及的委托人员存在利益关系，不能参与任何影响检验判定独立性和公正性的活动，不得出具虚假或者包含不实数据和结果的检验报告。

2. 食品微生物检验员的专业素养要求

（1）技术标准规范 食品微生物检测工作离不开技术标准、规范的指导，这就要求食品微生物检验员必须得熟悉相关的法律、法规及熟练掌握并运用相关技术标准、规范性文件。《食品安全法》规定，食品检验人员应当依照有关的法律、法规的规定、并依照食品安全标准和检验规范对食品进行检验。与食品检验相关的法律、法规有《食品安全法》《中华人民共和国食品安全法实施条例》《国务院关于加强食品等产品安全监督管理的特别规定》《食品生产许可管理办法》《食品生产许可审查通则（2022版）》等。

（2）专业技术能力 食品微生物检验工作的可变性和复杂性要求人员必须有很强的专业技术能力。专业技术能力是对专业知识、技能及经验的高度概括，需要长期的累积，它是有限的技术标准规范所不能替代的。检验人员应当具备与食品微生物检验相适应的检验能力和水平。

（3）专业技术理论 理论的掌握是创新与提高技术能力的前提。食品微生物检验随着技术的发展，会有越来越多新的技术改进和方法改良，因此检测工作也会遇到新的问题，这就要求人员钻研理论，并从根本上做好技术更新的知识储备，熟练掌握有关的食品安全标准、检验方法原理，掌握检验操作技能、标准操作程序、质量控制要求、实验室安全与防护知识、计量和数据处理等知识。

3. 食品微生物检验员的日常岗位要求

食品微生物检验实验室是一个独特的工作环境，工作人员受到意外感染的报道并不鲜

见，其原因主要是对潜在的生物危害认识不足、防范意识不强、不合理的物理隔离和防护、人为过错和不规范的检验操作。除此之外，随着应用微生物产业规模的日益扩大，一些原先被认为是非病原性且有工业价值的微生物的孢子和有关产物所散发的气溶胶，也会使产业人员发生不同程度的过敏症状，甚至影响到周围环境，造成难以挽回的损失。微生物实验室生物危害的受害者不局限于实验者本人，同时还有其周围同事。另外，被感染者本人也很有可能是一种生物危害，作为带菌者，也可能污染其他菌株、生物剂，同时又是生物危害的传播者，这种现象必须引起高度重视。因此在进行实验之前，应当接受安全操作的宣传和培训，掌握实验室安全知识和技能是每名从事微生物实验工作的人员必须具有的基本素质。

① 进入实验室开始工作时，应当了解实验室水和电的总阀门位置，以便遇到紧急情况时及时采取措施。

② 随身物品勿带入检验室，必需的文具、实验数据、笔记本等带入后要远离操作部位。

③ 进入检验室应穿工作服，自检验室进入无菌室时要戴口罩、工作帽，换专用鞋。

④ 不在检验室内接待客人、不抽烟、不饮食，不用手抚摸头部、面部。

⑤ 使用酒精灯时，应使用火柴或打火机直接点燃，实验结束或人离开时一定要及时熄灭火焰，盖上盖子。应做到火着人在，人走火灭。

⑥ 接种环用前用后均需火焰灭菌，吸过菌液的吸管、沾过菌液的玻片等用后，要浸泡在盛有3%～5%来苏水或5%石炭酸溶液的玻璃筒内，其他污染的试管、培养皿等必须盛于指定的容器内，不得放在桌上。用过的玻璃器皿须经灭菌后再洗涤晾干。

⑦ 如有病原微生物污染桌面或地面，要立即用3%～5%来苏水或5%石炭酸溶液，倾覆其上，30min后才能抹去。

⑧ 如有病原微生物污染了手，应立即将手浸泡于3%～5%来苏水或5%石炭酸溶液中10～20min，再用肥皂水冲洗。

⑨ 易燃药品如酒精、二甲苯、醚、丙酮等应远离火源，妥善保存。易挥发性的药品如醚、氯仿、氨水等，应放在冰箱内保存。

⑩ 贵重仪器，在使用前应加以检查。使用后要登记使用日期、使用人员、使用时间等。

⑪ 使用电器时，严防漏电，绝不可用湿手或在眼睛旁视时开关电闸和电器开关。凡是漏电的仪器，一律不能使用，须请专业人员维修。

⑫ 使用浓酸、浓碱，必须极为小心地操作，防止溅出。用移液管量取这些试剂时，必须使用橡皮球，绝对不能用口吸取。若不慎溅在实验台上或地面，必须及时用湿抹布擦洗干净。如果触及皮肤应立即治疗。

⑬ 不得将对周围环境造成污染的化学试剂直接倒入垃圾桶或水槽中，应先稀释，或收集在指定的容器内。

⑭ 不得将有毒物品或微生物培养物直接倒在水槽或垃圾袋中，微生物培养物应采用灭菌处理，特殊有毒物品可委托专业人员处理。

⑮ 室内应保持整洁，样品检验完毕后及时清理桌面，离开检验室前一定要用肥皂把手洗净，脱去工作衣、帽、专用鞋。

⑯ 工作完毕，关闭门窗，仔细检查烘箱、电炉是否切断电源，自来水开关是否拧紧，培养箱、电冰箱的温度是否正常，门是否关严，所用器皿、试剂是否放回原处，工作台是否用消毒液抹拭等，以确保安全。

⑰ 食品微生物检验员在实验过程中，不慎发生意外受伤事故，切不可惊慌失措，应保持镇静，立即采取适当的急救措施。

4．食品微生物检验员意外事故急救

（1）火险

① 立即切断室内一切火源和电源、拿开着火区域内的一切可燃物质，关闭通风器，防止扩大燃烧。

② 酒精、汽油、乙醚、甲苯等有机溶剂着火时，切勿用水灭火，而应使用湿布、石棉布或砂土灭火（实验室应备有防火石棉布或沙包）；导线着火时，应切断电源，使用灭火器灭火；衣服烧着时切忌奔走，可用衣服、大衣等包裹身体或躺在地上滚动，以灭火。

③ 较大的着火事故应立即报警。

（2）皮肤破伤 受玻璃割伤及其他机械损伤，首先必须检查并除尽伤口内玻璃或金属等异物，然后用蒸馏水、生理盐水或硼酸水洗净，再擦碘酒，必要时用纱布包扎。若伤口较大或过深而大量出血，应迅速在伤口上部和下部扎紧血管止血，并立即到医院诊治。

（3）烧伤 如果伤处红痛或红肿（一度烧伤），可用橄榄油或用棉花蘸酒精敷盖伤处；若皮肤起泡（二度烧伤），不要弄破水泡，防止感染；烧伤处皮肤呈棕色或黑色（三度烧伤），应用干燥而无菌的消毒纱布轻轻包扎好，急送医院治疗。

（4）灼伤

① 皮肤灼伤：强碱（如氢氧化钠，氢氧化钾）、钠、钾等触及皮肤而引起灼伤时，要先用大量自来水冲洗，再用5％乙酸溶液或2％乙酸溶液涂洗；强酸、溴等触及皮肤而致灼伤时，应立即用大量自来水冲洗，再以5％碳酸氢钠溶液或5％氢氧化铵溶液洗涤；如酚触及皮肤引起灼伤，应该用大量的水清洗，并用肥皂水洗涤，忌用乙醇。

② 眼灼伤：先以大量清水冲洗。眼为碱伤以5％硼酸溶液冲洗，酸伤以5％碳酸氢钠溶液冲洗，然后再滴入橄榄油1~2滴以滋润，并及时送至医院诊治。

（5）误食腐蚀性物质 食入酸，立即以大量清水漱口，并服镁乳或牛乳等，勿服催吐药；食入碱，立即以大量清水漱口，并服5％醋酸、食醋、柠檬汁或油类、脂肪；食入石炭酸或来苏水，用40％乙醇漱口，并喝大量烧酒，再服用催吐剂使其吐出。

（6）误吸入菌液 吸入非致病性菌液，立即大量清水漱口，再以1∶1000高锰酸钾溶液漱口；吸入葡萄球菌、链球菌、肺炎球菌液，立即以大量热水漱口，再以消毒液1∶5000硝甲酚汞，3％过氧化氢或1∶1000高锰酸钾溶液漱口；吸入白喉菌液，经上法处理后，注射1000单位的白喉抗毒素以预防；吸入伤寒、霍乱、痢疾、布氏等菌液，经上法处理后，注射疫苗及抗生素以预防患病。

二、食品微生物检验实验室

食品微生物检验实验室指以质量管理、卫生以及监控HACCP计划的有效性进行评价为目的，进行检测、鉴定或描述食品中微生物存在状态的实验室。实验室可以提供其检查范围内的咨询性和技术性服务，包括结果解释和为进一步适当检查提供建议以及相应的措施。

自从发生"非典"事件以后，实验室的生物安全越来越受到重视。我国政府部门颁布并实施了相关法规、管理条例和标准，如GB 19489—2008《实验室 生物安全通用要求》、GB 50346—2011《生物安全实验室建筑技术规范》和国务院令第424号《病原微生物实验室生物安全管理条例》等，这些标准和条例成为微生物实验室生物安全管理工作的有力保障和依据。

根据所处理的微生物及其毒素的危害程度，可把食品微生物检验实验室分为与致病性微生物的生物危险程度相对应的四个级别，其中一级对生物安全隔离的要求最低，四级

最高（表1-1）。不同级别食品微生物检验实验室的规划建设和配套环境设施不同。

表1-1　微生物实验室分级

实验室分级	处理对象
一级	对人体、动植物或环境危害较低，不具有对健康成人、动植物致病的致病因子
二级	对人体、动植物或环境具有中等危害或具有潜在危险的致病因子，对健康成人、动植物和环境不会造成严重危害。有有效的预防和治疗措施
三级	对人体、动植物或环境具有高度危险性，主要通过气溶胶使人传染上严重的甚至是致命疾病，或对动植物和环境具有高度危害的致病因子。通常有预防治疗措施
四级	对人体、动植物或环境具有高度危险性，通过气溶胶途径传播或传播途径不明，或未知的、危险的致病因子。没有预防治疗措施

1．微生物检验实验室的环境要求

① 实验室应建设在远离粉尘、噪声、散发异味气体等处。
② 实验室的工作区域应与办公室区域明显分开。
③ 实验室工作面积和总体布局应能满足从事检验工作的需要，实验室布局应采用单方向流程，避免交叉污染。
④ 一般样品应在洁净区域（包括超净工作台或洁净实验室）进行，洁净区域应有明显标示。
⑤ 病原微生物分离鉴定工作应在二级生物安全实验室进行。
⑥ 实验室内环境的温度、湿度、照明、噪声和洁净度等均应符合工作要求。

2．微生物检验实验室的室内设施要求

① 室内应有足够的照明条件，光线明亮，但要避免阳光直射室内。
② 建筑材料清洁光滑，地面及四壁平滑，便于清洁和消毒。
③ 配有纱窗，可防蚊蝇、小虫的袭扰。
④ 配有空调设备及防风、防尘设备，保证温度适宜，空气清新。
⑤ 应有安全、适宜的电源和安全、充足的水源。
⑥ 具备整洁、稳固、适用的实验台，台面以耐酸碱、防腐蚀的黑胶板为宜。
⑦ 应设有相应的橱柜，用于显微镜及常用工具、药品的存放。
⑧ 室内必须配置干粉或二氧化碳灭火器。

三、微生物检验实验室的常用仪器设备

1. 配备仪器设备的种类

按照实验室配备的仪器设备主要用途，参考《食品安全国家标准　食品微生物学检验总则》（GB 4789.1—2016），食品微生物检验配备仪器设备包括十大类：

(1) 称量设备　电子天平等。

电子天平是根据电磁力平衡原理，直接称量，全量程不需要砝码。其具有称量准确、可靠、稳定、效率高、操作简便等特点，常用于培养基的称量、试样的称量以及对称量要求精确的场合。微生物检测所需要的电子天平的感量为0.1g，部分实验需要的电子天平感量为0.1mg。

(2) 消毒灭菌设备　高压蒸汽灭菌器、干燥箱、过滤除菌设备、紫外线装置等。

高压蒸汽灭菌器是应用最广、效果最好的灭菌设备，广泛用于培养基、稀释剂、器皿、废弃培养物等的灭菌。其种类有手提式、立式、卧式等，目前大部分高压灭菌器具有自动过程控制装置。干燥箱主要用于金属、玻璃器皿等的灭菌。过滤除菌设备主要为膜过滤系统，分为滤器和滤膜，也有一次性的含有滤膜的过滤器。紫外线装置主要分为固定的紫外灯和可移动的紫外灯杀菌车。

(3) 培养基制备设备 pH计、培养基自动制备仪和培养基自动分装系统等。

pH计即酸度计，是用于测定溶液pH的设备，利用溶液的电化学性质测量氢离子浓度，以确定溶液酸碱度的传感器。目前pH电极主要有3种，分别是液体pH电极、凝胶pH电极、固体pH电极。

培养基自动制备仪和培养基自动分装系统是近几年来发展起来的用于培养基制备的自动设备。培养基自动制备仪可用于微生物实验室中所有培养基（琼脂或肉汤）的制备。只需称量好粉末状培养基并量取好去离子水，然后倒入培养基制备仪中，设定好相应的灭菌程序，运行灭菌循环，等待循环结束，所需的培养基已经制备完成，可以直接进行下一步的培养基分装步骤。培养基自动分装系统可直接与培养基制备仪相连接，用于自动分装培养基，可减少人工、时间和成本，提高培养基的质量。

(4) 样品处理设备 均质器（剪切式或拍打式均质器）、离心机等。

均质器主要用于样品的前处理，对样品进行均质化，其类型主要为拍打式均质器。

离心机用于微生物实验样品制备，是利用离心机驱动离心容器做旋转运动产生的离心力，以及被离心样本物质的沉降系数或浮力密度的差别，完成分离、浓缩及提取制备。

(5) 稀释设备 微生物定量稀释仪、移液器等。

(6) 培养设备 培养箱、恒温水浴箱（锅）等装置。

培养箱主要分为恒温培养箱、恒温恒湿培养箱、低温培养箱、微需氧培养箱、厌氧培养箱等。培养箱是微生物培养的主要设备，实验室可根据使用需要，设定不同温度。

恒温水浴箱（锅）除了用于培养外，还用于保持培养基处于熔化可使用的状态。

(7) 镜检计数设备 显微镜、放大镜、游标卡尺等。

微生物镜检常用的显微镜主要有普通光学显微镜、荧光显微镜、相差显微镜等。一般在观察细菌、酵母菌、霉菌和放线菌等较大微生物时，使用普通光学显微镜，主要用于细菌形态和运动性观察。荧光显微镜主要用于观察带有荧光物质的微小物体或经荧光染料染色后的微小物体。相差显微镜主要用于观察活的微生物细胞结构、鞭毛运动等。

放大镜可用于菌落计数时肉眼观察平板上的菌落，避免培养基中细小菌落漏检。进行菌落计数时，也可选择菌落计数器进行计数。

(8) 冷藏冷冻设备 冰箱、冷冻柜等。

冰箱分为冷藏和冷冻两部分，利用冰箱冷藏温度2~8℃，保存培养基、血清、菌种、某些试剂、药品等；冰箱冷冻温度和冰柜冷冻温度一般在-18℃以下，可以用于样品的保存。此外，超低温冰箱的温度可以达到-70℃以下，常用于菌种的保存。

(9) 保证检测洁净环境的设备和生物安全设备 超净工作台、生物安全柜等。

超净工作台和生物安全柜是用于实验室中的主要隔离设备，可有效防止有害悬浮微粒的扩散，为操作者、样品以及环境提供安全保护。

超净工作台是在操作台的空间局部形成无菌状态的装置，它是基于层流设计原理，通过高效过滤器以获得洁净区域。它对操作者没有保护作用，但所形成的局部净化环境可避免操作过程污染杂菌的可能。因此，只应用于非危险性微生物的操作（如用于食品、药品、微生物制剂、组织细胞等的无菌操作），与生物安全柜相比具有结构简单、成本低廉、运用广泛的特点。

生物安全柜能够为实验室人员、公众和环境提供最大程度的保护。生物安全柜是在操作具有感染性实验材料时，用来保护操作者、实验环境和实验对象，使其避免暴露于上述操作过程中可能产生的感染性气溶胶和溅出物而设计的。根据结构设计、排风比例、保护对象和程度不同，生物安全柜分为Ⅰ级、Ⅱ级和Ⅲ级，其中Ⅱ级又分为A1、A2、B1、B2型。不同级别的生物安全实验室应选用不同级别的生物安全柜，也可根据要保护、防护的不同类型来选择适当的安全柜。目前全世界应用最广的是Ⅱ级A2型安全柜，它能够满足微生物检测实验室的一般用途。

（10）其他设备 除了上述常用的基本仪器设备外，实验室还可配备其他的设备，包括细菌筛选、鉴定系统设备，分子生物学检测设备，质谱以及温度监控系统等设备。

2. 仪器设备的基本要求

① 实验设备应满足检验工作的需要。

② 实验设备应放置于适宜的环境条件下，便于维护、清洁、消毒与校准，并保持整洁与良好的工作状态。

a. 动仪器与静仪器分开。精密仪器（如天平等）必须与震动仪器（如搅拌器等）分开。

b. 常温与热源设备分开。热源设备（如恒温培养箱等）必须与其他一切设备分开，不然会影响其他设备的正常使用，严重会造成蒸汽腐蚀其他设备，影响其使用寿命。

c. 化学试剂柜与热源设备分开。实验台面上应尽量少放易燃和腐蚀性试剂。试剂柜的摆放要远离热源设备。

③ 实验设备应定期进行检查、检定（加贴标识）、维护和保养，以确保工作性能和操作安全。

④ 实验设备应有日常性监控记录和使用记录。

四、微生物检验实验室的常用玻璃器皿

食品微生物检验实验室需要用到各种器皿，尤以玻璃器皿种类最多，如吸管、试管、烧瓶、培养皿、培养瓶、毛细吸管、载玻片、盖玻片等，主要用于微生物的培养、保存、吸取菌液等，在采购时应注意各种玻璃器皿的规格和质量，要按使用要求选用适宜的玻璃品种。一般选用中性硬质玻璃，硬质玻璃能耐受多次高温（170℃）、高压（0.1MPa）和适时火焰灼烧，同时游离碱含量较低，不致影响基质的酸碱度。常用器皿有以下一些种类：

1. 试管

试管是实验室常用的一种玻璃器皿，它是用中性硬质玻璃制成的如同手指形状的管子，顶端开口，通常是光滑的，底部呈U形。试管的长度从几厘米到20cm不等，直径在几毫米到数厘米之间。试管被设计为能通过控制火焰对样品进行简易加热的产品，所以通常由膨胀率大的玻璃制成，如硼硅酸玻璃。当微量化学或生物样品需要操作或贮藏时，试管通常比烧杯更好用。在微生物实验中，试管的使用是非常普遍的。

微生物检验使用试管较多的主要是细菌及血清学试验，试管管壁应坚厚，这样在塞试管塞时，管口才不会破损。为便于加塞并防止异物落入，以直口式试管为佳（即不卷口的），否则微生物容易从试管塞与管口的缝隙间进入试管而造成污染，也不便于加盖试管帽。有的实验要求尽量减少试管内水分的蒸发，则需要使用螺口试管，盖以螺口胶木帽

或塑料帽。培养细菌一般用试管帽（例如铝帽）或硅胶泡沫塞。试管根据用途可分为三种型号。

(1) 大试管 约18mm（管径）×180mm（管长）。可用于盛装制平板的固体培养基、制备琼脂斜面、盛装液体培养基进行微生物的振荡培养。

(2) 中试管 （13~15mm）×（100~150mm），可用于制备琼脂斜面、盛液体培养基，或用于菌液病毒悬液的稀释及血清学试验。

(3) 小试管 （10~12mm）×100mm，一般用于生化实验或血清学试验，以及其他需要节省材料的实验。

2. 德汉氏试管

在观察细菌糖发酵培养基内产气情况时，一般在小试管内再套一倒置的小套管（约6mm×36mm），此小套管即为德汉氏试管，又称发酵小套管、杜氏小管、小倒（导）管。

3. 吸管

(1) 玻璃吸管 微生物实验室常用的玻璃吸管有两种，一种为无刻度毛细吸管；另一种为有刻度吸管。

刻度吸管又称移液管，用于吸取少量液体，管壁有精细的刻度，常用的容量为0.2mL、0.5mL、1.0mL、2.0mL、5.0mL、10mL、25mL，与化学实验室所用的不同，其刻度指示的容量往往包括管尖的液体体积，即使用时要注意将所吸液体吹尽，故有时称为"吹出"吸管，市售细菌学用吸管，有的在吸管上端刻有"吹"字。

除有刻度的吸管外，有时需用不计量的毛细吸管，又称滴管，来吸取动物体液和离心上清液以及滴加少量抗原抗体等。

(2) 微量吸管 微量吸管又称微量加样器、微量移液器，主要用于吸取微量液体。微量移液器的品牌规格多种多样，有可调式、单刻度式，转移体积从$0.1\mu L$~10mL不等，但其基本结构和原理是一样的，即通过按动芯轴排出空气，将前端安装的吸头插入液体试剂中，放松对芯轴的按压，靠内装弹簧机械力，芯轴复原，形成负压，吸取液体。

4. 培养皿

培养皿为硬质玻璃双碟，微生物实验通常在培养皿内倒入适量固体培养基制成平板，用于分离、纯化、鉴定菌种，微生物计数以及测定抗生素、噬菌体的效价等。

食品微生物检验常用的培养皿规格为90mm（以皿盖直径计），也有75mm、60mm等规格。培养皿盖与底的大小应合适，盖的高度较底稍低，底部平面应特别平整。

培养皿一般均为玻璃皿盖，但有特殊需要时，可使用陶瓦皿盖，因其能吸收水分，使培养基表面干燥，例如测定抗生素生物效价时，培养皿不能倒置培养，则用陶瓦皿盖为好。

5. 锥形瓶与烧杯

锥形瓶又称三角烧瓶，底大口小，放置平稳，便于加塞，多用于盛无菌水、盛培养基、配制溶液和摇瓶发酵等。常用的规格有50mL、100mL、150mL、250mL、500mL、1000mL、2000mL、3000mL、5000mL等。

烧杯常用的规格有50mL、100mL、250mL、500mL、1000mL、2000mL、3000mL等，供盛液体或煮沸，可用来配制培养基与药品。

6. 注射器

一般有1mL、2mL、5mL、10mL、20mL、50mL等不同容量的注射器。食品微生物检验前采液体样品可根据取样量选择合适大小的一次性无菌注射器吸取样品。

微量注射器有 10μL、20μL、50μL、100μL 等不同的大小。一般在免疫学或纸色谱等实验中滴加微量样品时应用。

7. 量筒和量杯

用于量取液体。常用规格为：10mL、20mL、25mL、50mL、100mL、200mL、500mL、1000mL 及 2000mL。

8. 载玻片及盖玻片

普通载玻片规格为 75mm×25mm，厚度为 1～2mm，用于微生物涂片、染色，作形态观察等。另有凹玻片是在一块厚玻片的当中有一圆形凹窝，作悬滴标本观察活细菌、血清学试验以及微室培养用。

盖玻片为极薄的玻片，用于标本封闭及悬滴标本等。有圆形的，直径 18mm；方形的 18mm×18mm 或 22mm×22mm；长方形的 22mm×36mm 等数种。

9. 双层瓶

由内外两个玻璃瓶组成，内层小锥形瓶盛放香柏油，供油镜头观察微生物时使用，外层瓶盛放二甲苯，用以擦净油镜头（图 1-1）。

10. 试剂瓶、滴瓶与下口瓶

试剂瓶有磨砂口，有盖，分广口和细口两种，容量 30～1000mL 不等，视需要量选择使用。分棕色、无色两种，为贮藏药品和试剂用，凡避光等药品试剂均宜用棕色瓶。

滴瓶瓶口内侧磨砂，与细口试剂瓶类似，瓶盖部分用滴管取代，容量有 30mL 和 60mL 等，分白色和棕色，供贮存试剂及染色液用。

下口瓶与试剂瓶类似（图 1-2），但体积较大，容量 2500～20000mL 不等，瓶底部有开口，分有龙头和无龙头两种。用于存放蒸馏水或常用消毒药液，也可作细菌涂片染色时冲洗染液用。

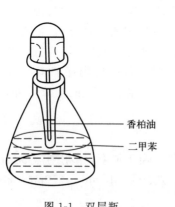

图 1-1 双层瓶

图 1-2 下口瓶

11. 玻璃缸和染色缸

玻璃缸内常预置石炭酸或来苏水等消毒剂，以备放置用过的玻片、吸管等。

染色缸有方形和圆形两种，可放载玻片 6～10 片，供细菌、血液及组织切片标本染色用。

12. 漏斗

分短颈和长颈式两种。漏斗直径大小不等,视需要而定。分装溶液或上垫滤纸或纱布、棉花作过滤杂质用。

13. 离心管

常用规格有 10mL、15mL、100mL 及 250mL 等数种,供分离沉淀用。也有 1.5mL 和 0.5mL 两种型号小塑料离心管,主要用于微生物分子生物学实验中小量菌体的离心、DNA(或 RNA)分子的检测和提取等。

除上述外,还有玻璃棒、酒精灯、玻璃珠等器材。

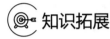 知识拓展

一、食品微生物检验实验室的布局和功能分区

实验室规模和生物安全等级不同,布局设计也各有不同。食品微生物检验实验室应自成一体,工作区域特别是需要在无菌条件下工作的区域应有控制出入的门,在出入门口设置明显的禁止或限制无关人员进入的标识,并对该区域进行有效的控制监测和记录。实验室总体布局和各区域的安排应符合实验流程,在条件允许的情况下,可以按"配制培养基→蒸汽灭菌→检验或分离或接种→培养→保存或处理"的顺序布局,使其形成一条流水线,尽量减少往返或迂回,降低潜在的对样本污染和对人员与环境的危害,采取措施将实验区域和非实验区域隔离开来(图 1-3)。

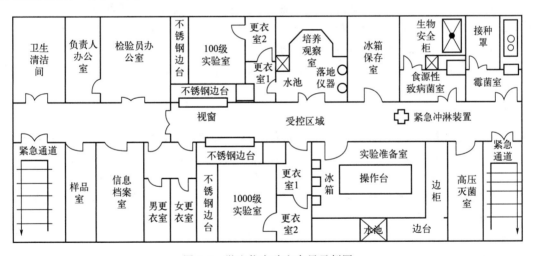

图 1-3 微生物实验室布局示例图

食品微生物检验实验室的房屋一般是位于建筑物的一端或一侧,由多套房间组成,根据企业规模和产品种类,可规划建设不同要求的功能室,通常包括办公室、通用实验室、洗涤室、消毒灭菌室、更衣室、缓冲室、无菌室、恒温培养室、贮藏室、培养基制备室、动物房(如果有动物的话)、仪器室、微生物鉴定室、样品室(存放收到的待检验样品以及保存已检验的样品)等,房间之间相互隔离。如都安置在一个大实验室内,则无菌操作区与清洗、消毒灭菌区应分别位于两端,而培养基制备、贮藏和培养区位于此两区之间。在实验室禁止吃

东西、喝饮料,所以需要为这些活动另外提供适当的区域。此外,要考虑设计洗手间、接待室、档案室、实验数据处理室等。

1. 办公室

实验室的办公室是检验工作人员办公的地方,其面积在 $20m^2$ 左右,通风采光好,内设基本的办公桌、椅、电脑等办公设施。检验工作人员可以在办公室里登记待检验的样品、出检验报告和处理有关的文件资料等,也可供工作人员在工作过程中放松休息,以便更清醒地思考、分析和解决问题。

2. 通用实验室

通用实验室是供进行微生物检验准备工作和非无菌操作实验时使用的,也可供理化检验及科研工作使用。室内陈设因工作侧重点不同而有很大的差异。一般应设有较大的长方形工作台作为实验操作台,台下设计各专用仪器柜,台面平整光滑,铺设不易腐蚀的塑胶垫,并设有专用搁物架。另外,还应设置一个适当大小的通风橱,配有排气系统和安装给排水系统,如水槽及水槽上的各种水龙头。实验室的地面设计光滑,保证容易清洁和不易积水,方便工作,并有良好的通风照明设备和消防设施。

通用实验室为了方便实验工作的开展,应配备一些常用仪器(如天平、显微镜、pH计、烘箱、电炉等)及常用的各种玻璃器皿和常用的各种化学试剂、药品。此外,还应配有清洁用工具和工作服。如果工厂条件许可,检验人员可以根据分工,各自拥有专用的实验工作台或工作地方,以便快速、高效地完成检验任务。

3. 洗涤室

由于微生物检验过程使用过的器皿已被微生物污染,有时还会存在病原微生物,因此,在条件允许的情况下,最好设置洗涤室。洗涤室是主要用于洗刷器皿等的场所,室内一定是水泥或瓷砖地面,墙角及拐弯应设计为弧形,四壁由地面起1.5m高的水磨石或瓷砖墙面,或在一般的石灰墙上涂漆,以便于清洗防水。洗涤室应备有工作台、水池、加热器、干燥箱、蒸锅、洗刷器皿用的盆及桶等,水池两侧或一应配置干燥架,还应有各种瓶刷、去污粉、肥皂、洗衣粉等。

4. 灭菌室

灭菌室是培养基及有关的检验材料灭菌的场所。灭菌设备是高压设备,具有一定的危险性,所以灭菌室应与办公室保持一定距离,以保证安全,使用时应有专人操作,但也要方便工作,通常设在通用实验室附近并与之保持一定距离(如隔一条走廊的距离或小房间的距离),以减少影响。灭菌室内安装有高压蒸汽灭菌锅、干燥灭菌器、流动蒸汽釜等灭菌设备。如果有条件的工厂可以配置更好的仪器设备(如双扇高压灭菌柜和安全门等设施)。另外,灭菌室里应水电齐备,并有防火措施和设备,人员要遵守安全操作制度。

5. 更衣室

更衣室是为进行微生物检验时进入无菌室之前的工作人员更衣、洗手的地方。室内设置无菌室及缓冲室的电源控制开关,并放置无菌操作时穿的工作服、鞋、帽子、口罩等。有时还设有装有鼓风机的小型房间,其作用是减少工作人员带入的杂菌,但相应其成本也很高。

6. 缓冲室

缓冲室是进入无菌室之前所经过的房间,安装有鼓风机,以减少操作人员进入无菌室时的污染，保证实验结果的准确性。有条件的企业还可加装风淋室。缓冲室进口和出口通常是呈对角线位置，以减少空气直接对流造成的污染。要求比较高的微生物检验项目，如致病菌的检验，应设有多个缓冲室。

7. 无菌室

无菌室是微生物检验过程无菌操作的场所，要求密封、清洁，安装紫外灯和空调设备（带过滤设备）及传递物品用的传递小窗，传递小窗应向缓冲室内开口以减少污染和方便工作。另外，无菌室内还应配备超净工作台和普通工作台。有条件的企业可设置生物安全柜，或者设置二级及以上生物安全实验室。

8. 恒温培养室

恒温培养室是微生物检验时培养微生物的房间，通常要配备恒温培养箱、恒温水浴锅及振荡培养箱等设备，或整个房间安装保温、控温设备。房间要求保持清洁，有防尘、隔噪声等功能。出于实际工作情况考虑，灭菌室与准备室可以合并在一起使用，有条件的工厂还可以设置样品室和仪器室。总的来说，微生物检验室的硬件建设要合理和实用，讲究科学性。

二、食品微生物检验实验室配备仪器设备的校验

实验室设备分为无需校验的设备、需要校验的设备、安装后性能确认并且需要连续监控的设备、需要验证和持续监控的设备四大类进行质量保证和管理要求。

1. 无需校验的设备

微生物检验实验室常用到的此类设备主要有：自动涡旋混合器、菌落计数器、往复轨道振荡器、全封闭智能集菌仪、真空泵、搅拌加热器、管碟投放器、电动匀浆仪、蠕动泵和光学显微镜等。

2. 需要校验的设备

微生物检验实验室需定期核验的仪器设备主要有：天平、砝码、pH 计、分光光度计、温度或压力仪表、消毒压力容器、灭菌柜安全阀以及游标卡尺等。

3. 安装后性能确认并且需要连续监控的设备

主要是常用温控设备，包括：培养箱（室）、冷藏箱、冷冻冰箱及水浴箱等。这些温控设备共同特点是具有控制性腔室环境。

4. 需要验证和持续监控的设备

这类设备主要有：高压灭菌柜（或锅）、电热恒温干燥箱等。

实验室通常用三种颜色的标识（图1-4）表明仪器设备的校验状态：合格证——绿色；准用证——黄色；停用证——红色。同时应制定此类设备的使用和维护规程。

  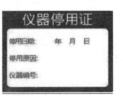

图 1-4 实验室检验标识举例

课外巩固

一、判断题

1. 违反《食品安全法》规定，受到刑事处罚或者开除处分的食品检验机构人员，自刑法执行完毕或者处分决定之日起 5 年内不得从事食品检验工作。
2. 专业学历是评价食品微生物检验员能力的唯一要素。
3. 实验过程中如遇火险，必须立即用水灭火。
4. 一般样品应在二级生物安全实验室进行。
5. 微生物检测所需要的电子天平的感量一般为 0.001g。
6. 微生物学检验用的刻度吸管其刻度指示的容量不包括管尖的液体体积。
7. 宜选择陶瓦皿盖的培养皿测定抗生素生物效价。
8. 凡需避光保存药品试剂宜用棕色瓶盛放。

二、不定项选择题

1. 食品微生物检验员应具备（　　）等职业道德规范。
   A. 依法开展检验工作，遵章守纪
   B. 按企业要求开展检验工作，为企业经济效益服务
   C. 严格遵守纪律要求，廉洁自律，严守秘密
   D. 严格遵守检验规范，科学求实、公正高效

2. 以下说法错误的是（　　）。
   A. 食品微生物检验员工作经验非常重要，是专业技术能力的长期累积
   B. 只需要有符合要求的品德素养和能力素养就能胜任食品微生物检验员的工作
   C. 食品微生物检验工作的技术理论和技术经验都很重要
   D. 食品微生物检验员要坚持以事实为依据，同时也要善于听取不同意见

3. 以下做法正确的是（　　）。
   A. 病原微生物污染桌面或地面，要立即湿抹布擦去，并用流水冲洗抹布
   B. 对周围环境造成污染的化学试剂必须倒入垃圾桶中
   C. 易挥发性的药品应单独放在专门的药品库房中
   D. 浓酸、浓碱不慎溅在实验台上或地面，必须及时用湿抹布擦洗干净

4. 以下做法正确的是（　　）。
   A. 强碱灼伤皮肤，要立即用大量自来水冲洗，再用 5％甲酸溶液或 5％乙酸溶液涂洗
   B. 强酸灼伤皮肤，要立即用大量自来水冲洗，再以 5％碳酸氢钠溶液或 5％氢氧化铵溶液洗涤
   C. 强碱灼伤眼睛，应以 5％硼酸溶液冲洗后，滴入橄榄油或液体石蜡 1～2 滴
   D. 强酸灼伤眼睛，应以 5％碳酸氢钠溶液冲洗后，滴入橄榄油或液体石蜡 1～2 滴

5. 对食品病原微生物分离鉴定工作应在（　　）实验室进行。
   A. 一级　　　　　B. 二级　　　　　C. 三级　　　　　D. 四级

6. 微生物的镜检计数设备有（　　）。
   A. 显微镜　　　　B. 放大镜　　　　C. 游标卡尺　　　D. 培养箱

7. 德汉氏试管一般规格约为（　　）。
   A. 18mm×180mm　B. 15mm×150mm　C. 12mm×100mm　D. 6mm×36mm

8. 凹玻片在微生物实验中主要用于（　　）。

A. 制作悬滴标本　　　　　　　　　　B. 制作涂片染色标本

C. 血清学试验　　　　　　　　　　　D. 微室培养

三、请仔细观察你所在的食品微生物检验实验室配备仪器设备，完成下表。

序号	设备名称	型号	适用范围

数字资源

高压蒸汽灭菌锅　　　红外灭菌器　　　霉菌培养箱　　　生化培养箱

项目二
食品微生物的形态学检验

项目描述

微生物的检验鉴定工作不仅是微生物分类学中一个重要组成部分，也是在具体食品微生物检验工作中经常遇到的问题。一般来说，对一株从自然界或其他样品中分离纯化的未知菌种进行分类鉴定，往往需要首先对菌种的菌落形态和菌体形态进行鉴别，即对未知菌种的菌落进行形态、大小、边缘情况、表面情况、隆起度、透明度、色泽、质地、气味等特征的观察鉴别，以及对未知菌种进行革兰氏染色，辨别是G^+菌还是G^-菌，并观察其形状、大小、有无芽孢及其着生位置等；必要时还需要进行微生物动力学反应鉴别，通过观察未知菌种能否运动及其鞭毛类别（端生或周生）进行鉴别；之后再对纯化菌种进行生理生化学反应鉴别和/或动力学反应鉴别，必要时还需要进行免疫学反应鉴别和现代分子生物学鉴别。

本项目就微生物鉴别的第一步——对未知的纯化菌种进行形态学检验，介绍食品微生物检验的最基础性工作。

食安先锋说

检测人生（一）

1. 微生物很小，但是经过合适条件的培养，就能长成肉眼可见的菌落。人生需要积淀，沉下心来，聚集力量。

2. 细菌的生长需要在合适的培养基上，人的成长，也需要合适的"土壤"，请为自己选择优秀的平台，结交优秀的朋友。

3. 接种环要想无菌，必须经过烈火的灼烧；人生要想成功，必须耐受千锤百炼。

4. 显微镜下，有一个漂亮的微生物世界；生活中，仔细观察，处处都是美好。

5. 每种微生物都有自己的特点，每个人都与众不同！

6. 移液管在调整液面时，视线一定要和凹液面平齐；无论人生处于哪一个台阶，你抬头自卑，低头自得，唯有平视，才能看见真实的自己。

7. 人生的形状就像斜面培养基，当你高傲地站立，你的面积就很小；当你谦虚地弯下腰，你的面积就拓宽了。

8. 酒精灯燃烧自己，把热量贡献给了别人，我们也应有奉献的精神，有责任有担当。

9. 微生物检测需要酒精灯的火焰，人生亦需要"烤焰"（考验）。

10. 一个培养基上，许多微生物经过激烈的竞争，其中一种或几种获得优势，长势良好；生活就是场竞争，你强大才能脱颖而出。

食安先锋说2

任务 2-1 食品微生物菌落形态的检验

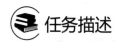 任务描述

你所在的食品企业微生物化验室自留的某细菌菌种发生了污染，你已经对污染菌种进行纯化，分离出纯培养菌种，请你根据要求，对其进行菌落形态的检验，主要是观察不同微生物的菌落特征并做相应记录。

 任务目标

① 掌握细菌、酵母菌、霉菌的菌落形态特征。
② 会描述平板细菌菌落特征。
③ 会区分细菌菌落、霉菌菌落和酵母菌菌落。

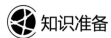 知识准备

对微生物的形态学检验主要包括群体形态（菌落形态）和个体形态（菌体形态）两个方面。群体形态检验主要观察菌落的形态特征，个体形态检验主要对微生物个体进行显微镜观察，有时候为了更好地观察微生物细胞结构，还需要对微生物细胞进行特定染色后再镜检，完成形态观察与分类。这些是微生物鉴定工作的重要内容，通过形态学检验，可以对微生物进行初步的分类鉴定。

根据微生物细胞结构的明显差异，可将微生物分为原核微生物、真核微生物和非细胞型微生物三类，其中与食品安全相关的微生物主要有原核微生物中的细菌、真核微生物中的霉菌与酵母菌、非细胞型微生物中的病毒。但由于病毒无完整的细胞结构，只能在活细胞内营专性寄生，故食品安全微生物形态学检验主要针对的是细菌、霉菌和酵母菌等具有细胞结构的微生物。

由于具有细胞结构的微生物，细胞内有完整的酶系统，可以吸收利用外界的无机、有机物质实现自我繁殖，所以这些微生物能在培养基上或培养基内，由单个细胞在局部位置不断增殖形成肉眼可见的、有一定形态特征的、稠密的细胞群体，即菌落；如果多个细胞在培养基上（内）培养一段时间后所形成的大量菌落会相互连成一片，这就是菌苔。

菌落是由某一微生物的一个或少数几个细胞（包括孢子）在固体培养基上繁殖后所形成的子细胞集团。其形态和构造是细胞形态和构造在宏观层次上的反映，两者有密切的相关性。不同的微生物细胞形态和构造明显不同，因此所形成的菌落都有自己特定的特征。识别微生物最简便的方法就是观察其菌落形态特征，这对菌种筛选、鉴定和杂菌识别等实际工作十分重要。在描述菌落特征时，应选择经稀释分离或划线分离形成的单个菌落进行观察。一般从大小、形态、隆起、边缘、表面状况、质地、颜色、透明度等方面对菌落进行形态特征的观察描述。一般来说，细菌和酵母菌落形态较接近，而霉菌菌落相对差异性较大些。

一、细菌菌落形态特征

细菌和酵母菌都呈单细胞生长，菌落内各子细胞间都充满毛细管水，从而两者产生相似菌落，包括质地均匀、较湿润、透明、黏稠、表面较光滑、易挑起，菌落正反面和边缘与中央部位的颜色较一致等。

但细菌细胞较小，故形成的菌落一般也较小、较薄、较透明并较"细腻"。不同的细菌常产生不同的色素，故会形成相应颜色的菌落。更重要的是，有的细菌具有某些特殊构造，于是其也形成特有的菌落形态特征，例如有鞭毛的细菌常会形成大而扁平、边缘很不圆整的菌落，而一些运动能力强的细菌，甚至会形成迁移性树枝状菌落，如变形杆菌就较突出。一般无鞭毛的细菌，只形成形态较小、凸起和边缘光滑的菌落。具有荚膜的细菌可形成黏稠光滑、透明或半透明鼻涕状的大而圆的菌落。有芽孢的细菌常因其芽孢与菌体细胞有不同的光折射率以及细胞会呈链杆状排列，致使其菌落出现不透明、表面较粗糙、有时还有曲折的沟槽样外观等特征。此外，由于许多细菌在生长过程中会产生较多有机酸或蛋白质分解产物，故使得菌落常散发出一股酸败味或腐臭味。

二、酵母菌菌落形态特征

酵母菌细胞比细菌大（直径大5~10倍），且不能运动，繁殖速度较快，一般形成较大、较厚和较透明的圆形菌落。酵母菌一般不产色素，只有少数种类产红色素（如红酵母属），个别产黑色素。假丝酵母属酵母菌因可形成藕节状的假菌丝，使菌落的边缘较快向外蔓延，因而会形成较扁平和边缘较不整齐的菌落。此外，由于酵母菌普遍生长在含糖量高的有机养料上并产生乙醇等代谢产物，故其菌落常伴有酒香味。

三、霉菌菌落形态特征

霉菌属于真核生物，细胞呈丝状生长，当在固体培养基上生长时，会分化出直径大、长度长、生长速度快的营养菌丝（或基内菌丝）和气生菌丝，后者伸向空中，菌丝相互分离，之间无毛细管水形成，故产生外观干燥、不透明，且多呈丝状、绒毛状或毡状的大而疏松或大而较致密的菌落。由于营养菌丝伸向培养基内层，因此菌落不易被挑起。由于气生菌丝、营养菌丝、孢子和子实体有不同的构造、颜色和发育阶段，因此菌落的正反面以及边缘与中央会呈现不同的构造和颜色。在一般情况下，菌落中心具有较大的生理年龄，会较早分化出子实体和形成孢子，故颜色较深。此外，霉菌因营养菌丝分泌的水溶性色素或气生菌丝或孢子的丰富颜色，而使培养基或菌落呈现各种相应的色泽。由于其气生菌丝随生理年龄的增长会形成一定形状、构造和色泽的子实体，所以菌落表面会形成各种肉眼可见的构造。细菌、霉菌和酵母菌菌落的识别要点如图2-1。

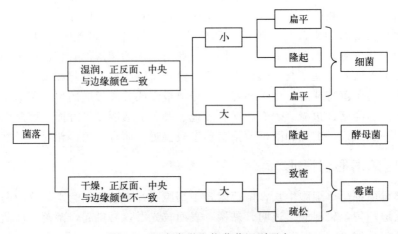

图2-1　三大类微生物菌落识别要点

📋 任务实施

【主要设备与常规用品】

放大镜或体视显微镜、格尺等。

【材料】

细菌（大肠杆菌或枯草芽孢杆菌等）、霉菌（根霉或青霉等）、酵母菌（啤酒酵母或葡萄汁酵母等）分离纯化后的平板培养物各一。

【操作流程】

材料准备→检测→记录→判断结果。

【技术提示】

1. 细菌的菌落特征

在平板上稀释分离或划线分离培养，出现单个菌落后，通过肉眼，必要时可借助放大镜或体视显微镜观察，描述平板上不同细菌菌落的以下 9 个方面特征内容，了解其具有代表性的菌属特征。

① 菌落大小：用格尺测量菌落的直径。大菌落（5mm 以上）、中等菌落（3~5mm）、小菌落（1~2mm）、露滴状菌落（1mm 以下）。

② 菌落形状：圆形、放射状、假根状、不规则状等（图 2-2）。

③ 边缘状况：整齐、波浪状、裂叶状、齿轮状、锯齿形等（图 2-2）。

④ 表面形状：光滑、皱褶、颗粒状、龟裂状、同心环状等（图 2-2）。

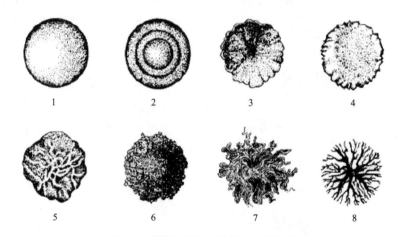

图 2-2 菌落的形状、边缘和表面状况

1—圆形，边缘整齐，表面光滑；2—圆形，边缘整齐，表面有同心环；3—圆形，叶状边缘，表面有放射状皱褶；4—圆形，锯齿状边缘，表面较不光滑；5—不规则形，波浪状边缘，表面有不规则皱纹；6—圆形，边缘残缺不全，表面呈颗粒状；7—毛状；8—根状

⑤ 凸起情况：扩展、扁平、低凸起、凸起、高凸起、台状、草帽状、脐状、乳头状等（图 2-3）。

⑥ 表面光泽：闪光、金属光泽、无光泽等。

⑦ 菌落质地：于酒精灯火焰旁以无菌操作打开培养皿盖，用接种环挑动菌落，判别菌

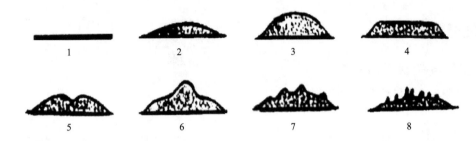

图 2-3　菌落凸起状况

1—扁平、扩展；2—低凸面；3—高凸面；4—台状；5—脐状；6—草帽状；7—乳头状；8—褶皱凸面

落质地。有油脂状、膜状、松软（黏稠）、脆硬等。

⑧ 菌落颜色：注意观察培养皿正反面或菌落边缘与中央部位的颜色不同。有乳白色、灰白色、柠檬色、橘黄色、金黄色、玫瑰红色、品粉红色等。

⑨ 透明程度：透明、半透明、不透明等。

2．霉菌的菌落特征

在一定培养条件下（包括培养基的性状、培养温度和培养时间等），不同种属的霉菌菌落形态（图 2-4 的 1、2）显示一定的特征，用肉眼或放大镜（低倍镜）即可观察。霉菌在固体培养基上生长菌落呈棉絮状（毛霉）、蜘蛛网状（根霉）、绒毛状（曲霉）和地毯状（青霉）。霉菌的菌丝体及其菌落形态特征是霉菌分类、鉴定的重要依据。霉菌的菌落特征观察内容不同于细菌和酵母菌，主要包括下面一些内容。

① 菌落大小：用格尺测量菌落的直径和高度，有局限生长和蔓延生长两种。

② 菌落颜色：主要观察表面和反面的颜色、基质的颜色变化（有无分泌水溶性色素）。

③ 菌落表面情况：有同心轮纹、放射状、疏松或紧密的菌丝，有无水滴等。

④ 菌落组织形状：棉絮状、蜘蛛网状、绒毛状、地毯状等。

3．酵母菌的菌落特征

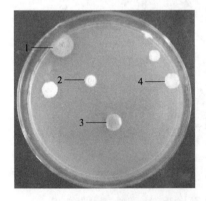

图 2-4　霉菌和酵母菌 PDA 平板菌落形态

1，2—霉菌；3，4—酵母菌

酵母菌在固体培养基上的菌落（图 2-4 的 3、4）比细菌大而厚（凸起）。其表面光滑而湿润（有的酵母菌老龄时呈干燥而皱缩状），质地柔软而黏稠，容易用接种环挑起，不透明，颜色多为乳白色或奶油色，少数为红色，如黏红酵母等。多数酵母菌的菌落还会散发诱人的酒香味。此外，凡不产生假菌丝的酵母菌，其菌落更为凸起，边缘十分圆整；而能产大量假菌丝的酵母，则菌落较平坦，表面和边缘较粗糙。菌落的颜色、光泽、质地、表面和边缘形状等特征都是酵母菌分类鉴定的依据。

① 菌落大小：用格尺测量菌落的直径。大菌落（5mm 以上）、中等菌落（3～5mm）、小菌落（1～2mm）、露滴状菌落（1mm 以下）。

② 菌落形状：圆形、不规则状等。

③ 边缘情况：整齐、边缘较粗糙呈波浪状、锯齿形等。

④ 表面情况：光滑而湿润、皱缩而干燥等。
⑤ 凸起情况：平坦、低凸起、凸起、高凸起等。
⑥ 表面光泽：闪光、金属光泽、无光泽等。
⑦ 菌落质地：于酒精灯旁以无菌操作打开培养皿盖，用接种针挑动菌落，判别菌落质地是否为松软（黏稠）、脆硬等。
⑧ 菌落颜色：乳白色或奶油色，红色或粉红色等。
⑨ 透明程度：透明、半透明、不透明等。
⑩ 气味：有无酿酒香味或面包发酵香味。

结果与评价

根据结果，填写《食品微生物检验技术任务工单》。

知识拓展

放线菌的菌落

放线菌是一类由分枝状菌丝组成的、以孢子繁殖的 G^+ 细菌。其菌丝可分为基内菌丝（营养菌丝）、气生菌丝和孢子丝3种。

放线菌的菌落由菌丝体构成。菌落局限生长，较小而薄，多为圆形，边缘有辐射状，质地致密干燥，不透明，表面呈紧密的丝绒状或有多皱褶，其上有一层色彩鲜艳的干粉（粉状孢子），着生牢固，用接种针不易挑起。早期的菌落较光滑，与细菌菌落相似；后期产生孢子，使菌落表面呈干燥粉末状、絮状，有各种颜色，呈同心圆放射状。菌丝和孢子常具有色素，使菌落正面和背面的颜色不同。正面是气生菌丝和孢子的颜色，背面是基内菌丝或其分泌水溶性色素的颜色。孢子的颜色有白、灰、黄、橙、红、蓝、绿等。各种放线菌在平板上形成的菌落均具有一定特征，它对放线菌的分类、鉴定有重要意义。

① 菌落大小：用格尺测量菌落在培养基上的直径和高度，有局限生长或蔓延生长。
② 菌落形状：圆形、边缘放射状、不规则状等。
③ 表面情况：有干燥粉末状、絮状（丝绒状）、皱褶、颗粒状、同心圆放射状等。
④ 菌落质地：于酒精灯旁以无菌操作打培养皿盖，用接种针挑动菌落，判别质地是否为致密干燥、着生牢固、用接种针不易挑起等。有松软（黏稠）、致密干燥、脆硬等质地。
⑤ 菌落颜色：白色、灰色、黄色、橙色、红色、蓝色、天蓝色、绿色、灰绿色等。注意观察培养皿正反面或菌落边缘与中央部位的颜色不同。
⑥ 透明程度：透明、半透明、不透明等。

课外巩固

一、判断题
1. 因为同属真菌，所以酵母菌和霉菌菌落形态较接近，而细菌菌落相对差异性较大。
2. 霉菌菌落的正反面以及边缘与中央会呈现不同的构造和颜色。
3. 酵母菌菌落可能伴有酒香气产生。

4. 霉菌菌落根据大小可分为大菌落、中等菌落、小菌落和露滴状菌落。

5. 细菌菌落比酵母菌菌落大而厚。

二、不定项选择题

1. 以下关于酵母菌菌落，说法正确的有（　　）。
   A. 酵母菌菌落没有颜色　　　　　　B. 酵母菌菌落边缘整齐
   C. 酵母菌菌落一般较大　　　　　　D. 酵母菌菌落常伴有酒香味

2. 霉菌在固体培养基上生长的菌落，毛霉呈（　　）、根霉呈（　　）、曲霉呈（　　），以及青霉呈（　　）。
   A. 地毯状　　　　B. 蜘蛛网状　　　　C. 绒毛状　　　　D. 棉絮状

3. 以下关于细菌菌落，说法错误的是（　　）。
   A. 有鞭毛的细菌通常会形成大而扁平、边缘很不圆整的菌落
   B. 无鞭毛的细菌通常会形成形态较小、凸起和边缘光滑的菌落
   C. 有荚膜的细菌通常会形成黏稠光滑、不透明、大而圆的菌落
   D. 有芽孢的细菌通常会形成不透明，表面较粗糙，有时还有曲折的沟槽样外观的菌落

4. 细菌菌落的形态有（　　）。
   A. 圆形　　　　B. 放射状　　　　C. 假根状　　　　D. 不规则形

5. 能产生大量假菌丝的酵母菌菌落（　　）。
   A. 更为凸起　　　B. 较平坦　　　C. 边缘十分圆整　　　D. 表面和边缘较粗糙

任务 2-2　食品微生物菌体形态的检验

任务描述

你所在的食品企业微生物化验室自留的某细菌菌种发生了污染,你已经对污染菌种分离培养后的培养物完成菌落特征的记录,请对可疑菌落进行革兰氏染色镜检,完成初步的微生物鉴定工作。(本任务为全国职业院校技能大赛食品安全与质量检测赛项模块二任务 3 内容)

任务目标

① 了解细菌菌体形态检测法种类。
② 掌握死菌染色法的种类、原理和适用范围。
③ 会规范制备细菌涂片。
④ 会对细菌涂片进行革兰氏染色,并通过革兰氏染色正确区分 G^+ 菌和 G^- 菌。
⑤ 正确使用光学显微镜油镜进行革兰氏标本的观察,会正确调焦,使用之后能正确保养光学显微镜。

知识准备

细菌、霉菌和酵母菌的菌体一般都十分微小,大小通常以微米(μm)表示,须借助光学显微镜才能观察到,用电子显微镜可以观察细胞构造。病毒比细菌小得多,通常以纳米(nm)表示,在普通光学显微镜下不可见,必须借助电子显微镜放大几万甚至几十万倍后才能观察。

细菌的基本形态主要可分为球菌、杆菌、螺旋菌三大类,其菌体形态观察一般应在其生长活跃阶段,这时菌体呈现出特定的形态,正常而整齐;观察细菌芽孢时,则应在其生长后期。但若培养条件发生变化或是其老龄培养物,则常出现异常,其形态受培养基成分、浓度、培养温度、培养时间等环境条件的影响而变化。

根据是否染色,细菌菌体形态学检验(图 2-5),可分为活菌不染色直接镜检法和死菌染色标本镜检,其中特殊染色法主要是对细菌的一些特殊细胞结构进行染色观察。

一、活菌不染色直接镜检

一般对于细菌活体不染色进行镜检,细菌未染色时无色透明,直接在普通光学显微镜下,不能清楚地看到细菌的形态与结构特征。但在显微镜下凭借细菌的折射率与周围环境的不同可观察到,有鞭毛的细菌呈活泼有方向的运动,无鞭毛的细菌则呈不规则的布朗运动。

活菌不染色标本检查法是指采用悬滴法、压滴法等在明视野、暗视野或相差显微镜下对细菌活体进行直接观察。由于该方法可以避免一般染色制样的固定作用对微生物细胞结构的破坏,因此常用于研究微生物的运动能力、摄食特性以及细胞分裂、芽孢萌发等细菌生长的动态过程。

二、死菌染色标本镜检

细菌的菌体微小且较透明,制成死菌标本后通过染色,可强化细胞或细胞组分与周围环

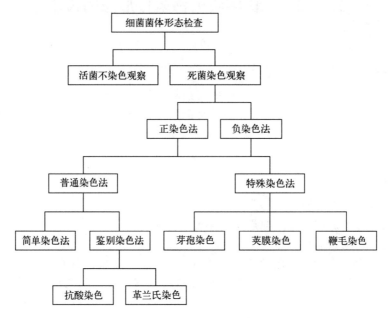

图 2-5　细菌菌体形态检验法种类

境之间的反差，借助油镜，不仅能更清晰地观察到细菌的形态、大小和构造，而且还可以通过细菌的染色反应进行细菌鉴别。

1. 简单染色

这是最基本的染色方法，由于细菌在中性环境中一般带负电荷，所以通过采用一种碱性染料，如亚甲蓝、碱性品红、结晶紫、孔雀绿、番红等进行染色。这类染料解离后，染料离子带正电荷，故使细菌着色。

2. 革兰氏染色

在死菌标本的各种染色法中，以革兰氏染色法最为重要，是细菌学中广泛使用的重要鉴别染色法。革兰氏染色有着重要的理论与实践意义，其染色原理是利用细菌的细胞壁组成成分和结构的不同，通过染色加以鉴别。革兰氏阳性菌的细胞壁肽聚糖层厚，交联而成的肽聚糖网状结构致密，经乙醇处理发生脱水作用，使其孔径缩小，通透性降低，由结晶紫与碘形成的大分子复合物保留在细胞内而不被脱色，结果使细胞呈现紫色。而革兰氏阴性菌肽聚糖层薄，网状结构交联少，而且类脂含量较高，经乙醇处理后，细胞壁孔径变大，通透性增加，结晶紫与碘的复合物被溶出细胞壁，因而细胞被脱色，再经番红复染后，细胞呈红色。通过此法染色，可将细菌鉴别为染成紫色的革兰氏阳性菌（G^+）和染成红色的革兰氏阴性菌（G^-）两大类（图2-6）。一般来说，大多数病原球菌属于革兰氏阳性菌，大多数病原性杆菌为革兰氏阴性菌，病原性弧菌为革兰氏阴性菌。

图 2-6　细菌革兰氏染色镜检图

革兰氏染色过程所用四种不同溶液，其作用如下：

(1) 碱性染料 草酸铵结晶紫液。

(2) 媒染剂 碘液，其作用是增强染料与菌体的亲和力，加强染料与细胞的结合。

(3) 脱色剂 乙醇将被染色的细胞脱色。利用不同细菌对染料脱色的难易程度不同而加以区分。

(4) 复染液 番红溶液，目的是使脱色的细菌重新染上另一种颜色，以便与未脱色菌进行比较。

3. 抗酸染色

抗酸染色是鉴别分枝杆菌属细菌的染色法。分枝杆菌属细菌的菌体中含有分枝菌酸，用普通染色法不被着色，需在加热条件下与石炭酸复红牢固结合形成复合物。而且用酸性乙醇处理不能使其脱色，故菌体被染成红色。

这种抗酸染色性也与抗酸菌细胞壁的完整性有关。若由于机械作用或自溶使细胞破裂，则抗酸染色性也随之消失。

三、普通光学显微镜构造

食品微生物检验中常要借助显微镜观察微生物个体的形态和结构。显微镜的种类很多，在检验室中常用的有普通光学显微镜、暗视野显微镜、相差显微镜、荧光显微镜和电子显微镜等，而在食品微生物检验中最常用的还是普通光学显微镜。

光学显微镜是一种精密的光学仪器，用于放大微小物体的物像，使之肉眼可见。光学显微镜发明于16世纪，初期的显微镜仅有一个透镜，放大倍数不高。现在的普通光学显微镜一般包含目镜和物镜两组透镜系统来放大成像，放大倍数可达100倍，故又常被称为复式显微镜。

光学显微镜按使用目镜的数目可分为三目、双目和单目显微镜；按图像是否有立体感可分为立体视觉和非立体视觉显微镜；按观察对象可分为生物和金相显微镜等；按光学原理可分为偏光、相差和微分干涉差显微镜等；按所观察的光线类型可分为可见光、荧光、红外光和激光显微镜等；按接收器类型可分为目视、摄影和电视显微镜等。微生物实验中，常用的显微镜是可见光为光源的光学显微镜，即普通光学显微镜。

普通光学显微镜（图2-7）可分为机械部分和光学部分。

1. 机械部分

显微镜的机械部分包括镜座、镜臂、载物台、标本移动器、粗调螺旋、微调螺旋、镜筒、物镜转换器等部件。

(1) 镜座、镜臂 镜座是显微镜的底座，支撑整个显微镜。镜座上面为固定或可调节角度的镜臂。镜座、镜臂是显微镜的基础支架，其他各部分都是在此基础之上安装。

(2) 载物台、标本移动器 载物台是放置标

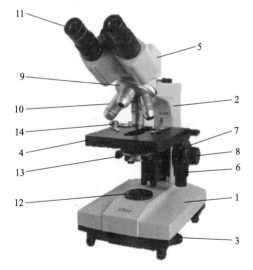

图2-7 普通光学显微镜
1—镜座；2—镜臂；3—电源开关；4—载物台；
5—镜筒；6—标本移动器；7—粗调螺旋；8—微调螺旋；9—物镜转换器；10—物镜；11—目镜；
12—光源；13—聚光器；14—标本夹

本片的平台。平台中央有个孔，即通光孔，光线从通光孔通过，照射在标本片上。载物台上

有一个标本移动器，标本移动器是由一横一纵两个推进齿轴的金属架构成的精密平面坐标系。标本移动器的夹子固定标本片后，旋动标本移动器的旋钮，可以向前后左右4个方向移动标本片。

(3) 粗调螺旋、微调螺旋　粗调螺旋、微调螺旋都是用于上下调节载物台（或镜筒），转动粗调螺旋可以较大幅度升降载物台（或镜筒），一般用于低倍镜下调焦找物像。转动微调螺旋只能很小幅度地升降载物台（或镜筒），一般用于细微调节焦距观察物像。

(4) 镜筒　上接目镜，下接物镜转换器，形成目镜与物镜间的暗室。从物镜的后缘到镜筒尾端的距离称为机械筒长。国际上将显微镜的标准筒长定为10mm，此数字标在物镜的外壳。

(5) 物镜转换器　可安装3~4个物镜，图中显微镜上的物镜转换器上安装了4×、10×、40×、100×（油镜）共4个物镜。转动转换器，可以按需要将其中的任何一个物镜和镜筒接通，与镜筒上面的目镜构成一个放大系统。

2. 光学部分

显微镜的光学部分包括物镜、目镜、光源、聚光器等。

(1) 物镜　物镜（图2-8）也称接物镜，是决定显微镜性能的最重要部件，安装于物镜转换器上，每台显微镜上通常有3个放大倍数不同的物镜，即低倍镜（10×）、高倍镜（40×）和油镜（100×）。放大倍数不同的物镜长度不同，放大倍数越大的物镜越长。另外，物镜的放大倍数越大，其工作距离（调节到物像最清晰时，物镜到玻片的距离）越小。

物镜上标有100/1.25、160/0.17字样，表示其光学性能和使用条件。100或者100×表示该物镜放大倍数为100倍，1.25表示该物镜的数值孔径为1.25，160表示该物镜需在160mm镜筒下使用，0.17是指使用该物镜时盖玻片的厚度不能超过0.17mm。数值孔径（NA值）是反映光学透镜基本性能的一个重要参数，为0.1~1.5。一般而言，放大倍数越大，数值孔径越大。为了区别不同放大倍数的物镜，物镜下缘常刻有一圈带颜色的线，如油镜下方有一圈白线。

图2-8　物镜　　　　　　　　　　　图2-9　目镜

(2) 目镜　目镜（图2-9）也称接目镜，位于镜筒上端。不同显微镜的目镜数量不一，单目显微镜只有1个目镜，而一些特殊用途的显微镜如教学用显微镜有3个或者4个目镜。常用显微镜是双目显微镜，具有两个目镜。目镜上面标有10×或者15×字样，表示其放大倍数。为了便于指示物像，目镜中常装有指针，有的目镜上还装有目镜测微尺。

双目显微镜目镜镜筒之间的距离可以调节，使用者可以自行调节以适合自己的瞳距。右边的目镜筒上有屈光度调节（即视力调节）装置，使用者的两眼视力不一样时，应该调节该装置，使两眼均看到同样清晰的物像。

显微镜的总放大倍数为物镜放大倍数乘以目镜放大倍数，如某时刻显微镜使用100×的物镜、10×的目镜，则此时的总放大倍数为100×10＝1000倍。

(3) 光源　显微镜的光源包括自然光和电光源两种。自然光为光源的显微镜，仅在镜座上设一反射镜，通过该镜反射自然光为标本提供照明。放大倍数高的显微镜一般需使用电光源才能提供足够的照明度。通常其电光源安装于显微镜的镜座，并设有光调节旋钮来调节亮度。

(4) 聚光器　聚光器位于载物台通光孔下方，由一个聚光镜和一个光圈组成。聚光镜的作用是汇聚光线照射在标本上，以增强标本的照明。聚光器的位置（聚光器到标本片的距离）可以调节，使用显微镜时应该确保聚光器处于适合的位置，使光源射出的光线通过聚光器后刚好聚焦在标本上。

(5) 光圈　光圈（图2-10）又称可变光阑，位于聚光镜下方，用于调节通光量。光圈外方有一个可旋转的调节环，转动时可调节光阑孔径的大小，进而调节通光量和光照射范围。

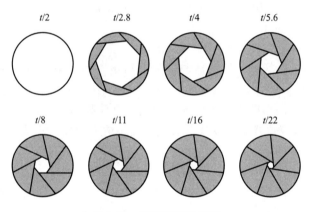

图2-10　光圈调节示意图

任务实施

【主要设备与常规用品】

普通光学显微镜、接种环、酒精灯、载玻片、载玻片夹、染色架、染色缸、吸水纸、洗瓶、吸水纸、擦镜纸等。

【材料】

① 菌种：分离纯化后的细菌培养物；革兰氏阳性标准菌株（如枯草杆菌或金黄色葡萄球菌）和革兰氏阴性标准菌株（如大肠杆菌）12～18h斜面培养物各一管。

② 试剂：0.85％生理盐水；革兰氏染料；香柏油和二甲苯（置于双层瓶中）。

【操作流程】

涂片制备→染色→光学显微镜镜检（菌体形态观察）→结果记录。

【技术提示】

1. 细菌的革兰氏染色

(1) 细菌涂片的制备 细菌涂片标准片的制备是死菌染色法的前提,涂片标本制备完成后,再根据相应染色方法,对标本进行简单染色或复杂染色或特殊染色等。一般涂片制备有三个步骤:涂片→干燥→固定。

① 涂片

a. 在洁净无油脂的载玻片上分三个区域,在每个区域中间滴一小滴生理盐水(如是液体菌悬液,可不滴)(图 2-11 的 1)。

b. 用灭菌接种环挑取 G^+ 标准菌株菌苔少许,在载玻片左边区域的生理盐水内轻轻涂布成面积 1~1.5cm² 薄膜;灼烧接种环灭菌,再用冷却后的灭菌接种环挑取 G^- 标准菌株菌苔少许,在载玻片右边区域的生理盐水内轻轻涂布成面积 1~1.5cm² 薄膜;再灼烧接种环灭菌,用冷却后的灭菌接种环挑取平板上某一欲鉴定菌落少许,在载玻片中间区域的生理盐水内轻轻涂布成面积 1~1.5cm² 薄膜(图 2-11 的 2)。

② 干燥 涂片之后的标本,一般在室温下自然干燥,若需加速干燥,则可在酒精灯火焰上方利用其热空气加温,切忌火烤和温度过高。如果涂片标本要进行鞭毛或荚膜染色,则必须自然干燥(图 2-11 的 3)。

③ 固定

a. 目的:使细菌蛋白凝固,使菌体与玻片粘得更牢固,染色时不被染液或水冲掉;增加菌体对染料的通透性,使涂片更易着色;杀死细菌,比较安全。

b. 方法:火焰加热法,即手执干燥涂片一端,有菌膜的一面向上,迅速通过火焰 2~3 次,温度不宜过高,以玻片背面触及皮肤有热感而不烫手为度。不能将玻片在火上烤,否则细菌形态毁坏(图 2-11 的 4)。

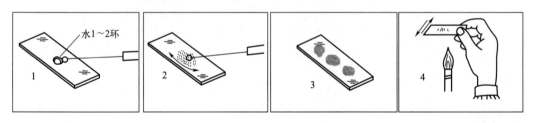

图 2-11 细菌涂片标本的制备
1—加水;2—挑菌涂片;3—干燥;4—固定

(2) 革兰氏染色 革兰氏染色是一种复染色法,由两种或多种染料染色的方法,称复染色法,又叫鉴别染色法。通过革兰氏染色,不仅能观察到细菌的形态,而且可将细菌分成蓝色的革兰氏阳性菌(G^+)和红色的革兰氏阴性菌(G^-)两大类。革兰氏染色步骤分初染、媒染、脱色、复染四步(图 2-12)。

① 初染 待固定后的涂片冷却后,将涂片标本置于染色架上,滴加草酸铵结晶紫染色液(加量以盖满菌膜为度),染色 1min,用水冲去染液。

② 媒染 控净载玻片上多余水分,滴加碘液覆盖媒染,倾去碘液,用水冲去染液。

③ 脱色 控净载玻片上多余水分,加 95% 乙醇数滴于菌膜上,频频摇 3~5s 后,斜持玻片,使乙醇流去,再加乙醇。如此重复 2~3 次,直至流下的乙醇无色时为止(约 30s),立即用水冲去乙醇。

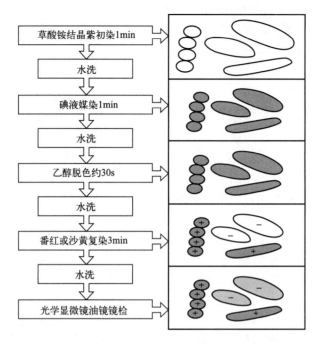

图 2-12 革兰氏染色步骤

注意，脱色是革兰氏染色成败的关键，必须严格掌握乙醇脱色的程度，若脱色过度，则阳性菌被误染为阴性菌；而脱色不够时，阴性菌被误染为阳性菌。

④ 复染　控净载玻片上多余水分，滴加番红复染 2～3min（或用石炭酸复红复染 1min），用水冲去染液。

⑤ 干燥　自然晾干或用吸水纸轻轻地吸干载玻片上的水分，注意不要擦掉菌体细胞。

⑥ 镜检　待标本完全干燥后，先用光学普通镜低倍镜和高倍镜观察，将典型部位移至显微镜视野中央，再用油镜观察细胞形态及染色结果。

(3) 注意事项　在进行涂片制备和革兰氏染色操作时，需要特别注意以下几点。

① 涂片时生理盐水不宜过多，涂片必须均匀。

② 应选用培养 18～24h 的幼龄菌，老龄的革兰氏阳性菌会由于菌体死亡或自溶被染成红色而造成假阴性。

③ 固定时不能在火焰上烤，否则细菌形态变形。鞭毛染色制片时加热固定会破坏鞭毛，所以只能风干，不进行固定。荚膜很薄，易变形，因此制片时一般不能用加热法固定。

④ 革兰氏染色法的配方很多，但是染色成功与否，在很大程度上取决于个人经验及操作熟练程度。没有多大把握时，最好是在同一载玻片上同时用已知大肠杆菌和金黄色葡萄球菌来作革兰氏阴性和阳性对照。

⑤ 操作过程中最为关键的两步是涂片和脱色。

涂片越薄越好，过分浓厚则细菌密集，常呈假阳性。镜检时，应以分散、均匀部位的革兰氏染色结果为准。对易乳化的细菌，将沾有菌苔的接种环在液滴边轻涂一二下即可。

脱色也可用丙酮或丙酮乙醇混合物。但是对纯细菌的涂片应选用 95% 无水乙醇为宜。如乙醇中含水分太多，则容易形成假阴性。因此，要尽可能减少载玻片上的残水，若是甩净或用乙醇冲去残水，脱色时间 20s 为宜；如用滤纸吸干残水，用乙醇脱色则需要 30s。

⑥ 染色时要用草酸铵结晶紫，不要用龙胆紫。因为后者往往容易出现假阳性，染色液必须过滤，久置未用出现沉淀者不宜使用。

2．普通光学显微镜镜检

(1) 观察前的准备

① 取镜、摆放　右手握镜臂，左手托镜座，从显微镜柜取出显微镜，摆放在工作台上。摆放位置应在身体正前方或稍偏左，离工作台边缘 5~10cm 处。取下显微镜防尘罩。镜检者姿势要端正，左眼观察，绘图或记录，观察时两眼要同时睁开，以减少疲劳。

② 调光　接上电源，打开光源开关。旋转物镜转换器，将低倍物镜（10×物镜）转至光路。上升聚光器，完全打开光圈，从目镜观察视野亮度，并转动光调节旋钮调节视野的亮度，使视野明亮而不刺眼，此时为合适的亮度。对光时，要使全视野的明亮度均匀。检查染色标本时，光线应强；检查未染色的标本，光线不宜太强。可通过扩缩光圈，升降聚光器、调节光调节旋钮等办法调节光线。

③ 放置标本　转动粗调螺旋，下降载物台（或上升镜筒），将标本片放置于载物台上。用标本夹夹住，然后上升载物台（或下降低倍镜），使物镜下端最接近于标本片。转动标本移动器的两个旋钮，将标本移到物镜光孔中央。

(2) 观察革兰氏染色涂片标本　由于细菌个体微小，需要用油镜进行观察。观察的程序，可根据显微镜使用的熟练程度采用：低倍镜观察→高倍镜观察→油镜观察；低倍镜观察→油镜观察；直接油镜观察。对于初学者，还是采用第一种方式较好。

① 低倍镜观察　目视目镜，然后缓慢转动粗调螺旋，逐渐下降载物台（或上升镜筒）至看见模糊物像时，再转动微调螺旋，直至视野出现清晰物像，再用标本移动器移动标本片，将欲观察的部位移至视野中央。

② 高倍镜观察　将高倍物镜镜头（40×物镜）转至镜筒下方，显微镜在设计制造时，都是共焦点的，即低倍物镜对焦后，转换高位物镜时一般都能对准焦点。由目镜观察时都看到物像，只需要用微调螺旋慢慢转动调节即可使物像清楚。通过调节光圈或光调节旋钮，使视野光线明亮度合适。

③ 油镜观察　高倍物镜下找到清晰物像，旋转物镜转换器，使油镜（100×物镜）转出光路，并呈"八"字，在已校正的观察部位加香柏油一滴于标本上，再旋转物镜转换器，将油镜镜头转至光路。

用粗调螺旋慢慢将镜头向下降，同时用眼从侧面观察，直至镜头浸入油滴，并几乎与标本接触为止。注意：切不可使油镜镜头压到玻片，以防损坏镜头和标本。目视目镜，微微转动粗调螺旋下降载物台（或上升镜筒），当视野中有模糊的标本形象时，改用微调螺旋，直至被检物清晰为止。若油镜已离开油面而未见物像，需重新按上述步骤操作，直到观察到清晰的物像为止。注意：切不可在目视目镜调节视野清晰度时，使载物台上升（或镜筒下降），这样易使镜头撞击玻片，损坏镜头和标本。

使用油浸镜的时候，镜台要保持水平，防止油流动。若视野不够明亮，可通过调节光圈或光调节旋钮，使视野获得最佳照明度。

(3) 镜检完毕的保养与维护工作　观察完后，关闭电源开关。下降载物台至最低（或上升镜筒至最高），取出观察的载玻片标本。旋转物镜转换器将用过的油镜镜头转出光路，再清洁油镜镜头。清洁油镜镜头的步骤是先用擦镜纸轻轻擦去镜头上的香柏油，再用擦镜纸蘸取少量二甲苯拭擦镜头 2~3 次，再用擦镜纸擦去残余镜头上的香柏油。注意：用擦镜纸擦镜头时，只能向一个方向擦，切忌来回摩擦。然后把镜头转成"八"字形，上升载物台至最高（或下降镜筒至最低），套上镜罩，轻轻放回原来的镜箱或镜柜中，登记使用记录本。

在油镜观察完成后的标本片上加2~3滴二甲苯，使香柏油溶解，再用吸水纸轻轻压在涂片上吸掉二甲苯和香柏油。这样处理不会损坏细菌涂片，并可保存以供以后再观察。如不需要保留涂片，可用肥皂水煮沸后再清洗干净。

显微镜是精密贵重的仪器，必须很好地保养。其中镜头的保护最为重要。镜头要保持清洁，只能用软而没有短绒毛的擦镜纸擦拭。擦镜纸要放在纸盒中，以防沾染灰尘。切勿用手绢或纱布等擦镜头。物镜在必要时可以用溶剂清洗，但要注意防止溶解固定透镜的胶固剂。根据不同的胶固剂，可选用不同的溶剂，如乙醇、丙酮和二甲苯等，其中最安全的是二甲苯。方法是用脱脂棉花团蘸取少量的二甲苯，轻擦，并立即用擦镜纸将二甲苯擦去，然后用洗耳球吹去可能残留的短绒。目镜是否清洁可以在显微镜下检视。转动目镜，如果视野中可以看到污点随之转动，则说明目镜已沾有污物，可用擦镜纸擦拭目镜。如果还不能除去，再擦拭下面的透镜，擦过后用洗耳球将短绒吹去。在擦拭目镜或其他原因需要取下目镜时，都要用擦镜纸将镜筒的口盖好，以防灰尘进入镜筒内，落在镜筒下面的物镜上。

(4) 注意事项 普通光学显微镜在使用时，一定要正确操作，小心谨慎。操作大意或操作方法不当都可能会损坏仪器元件，在使用过程中，需注意以下各项。

① 搬运显微镜时应一手握住镜臂，另一手托住底座，镜身保持直立，并紧靠身体，步态稳健。切忌单手拎提，以免目镜镜头从镜筒上掉出而砸坏。

② 微调螺旋（微调）是显微镜机械装置中较为精细而又容易损坏的元件，在使用时，将其拧到位限后，不能强拧，否则会造成元件损坏。调节焦距时，当微调拧不动时，应将微调退回3~5圈，重新用粗调螺旋（粗调）调焦，待初见物像后，再改用微调。

③ 显微镜所有镜头都不可用手涂抹，以免手上油脂、汗液污染镜面，造成发霉、腐蚀。

④ 因油镜的工作距离很短，故操作时要特别谨慎，切忌边目视目镜，边上升载物台（或下降镜筒）。

⑤ 油镜使用后，一定要擦拭干净，否则香柏油在空气中暴露时间过长，就会变得黏稠和干涸，很难擦拭。镜片残留的油渍，会使镜片的清晰度下降。

⑥ 使用二甲苯擦拭油镜镜头时，二甲苯用量不可过多，以免溶解胶合透镜的树脂，使透镜脱落。

⑦ 当显微镜出现仪器故障时，不要勉强使用，否则，可能引起更大的故障和不良后果。

⑧ 显微镜应放在干燥阴凉的地方，潮湿季节要勤擦镜头，切忌放在强烈阳光下。

结果与评价

根据结果，填写《食品微生物检验技术任务工单》。

知识拓展

一、活菌不染色直接镜检法

观察细菌有无动力时，应选用新鲜的培养物，并在20℃以上室温中进行，同时应注意区分是细菌的真正运动还是布朗运动。螺旋体由于菌体过于纤细而且透明故不能用普通显微镜直接观察动力，可用暗视野映光法观察。根据标本制作方法的不同，本检查法分为悬滴法和压滴法。

1. 悬滴法

① 取凹玻片，为了防止滴液蒸发变干，要于凹窝周围涂抹少许凡士林［图2-13(a)］。

② 在盖玻片中央放一接种环细菌的肉汤培养物（或将少许固体培养物混悬于一滴0.85％盐水中）［图2-13(b)］。

③ 将凹玻片反转，使凹窝对准盖玻片中央并盖于其上，然后翻转凹玻片，使菌液正好悬在凹窝中央，以小镊子或接种环柄轻加压力，使盖玻片与凹窝边缘黏紧。如无凹玻片时，亦可于载玻片适当位置加凡士林，其中垫以其他物体，然后使盖玻片重叠于玻片之上，也可观察到结果［图2-13(c)(d)］。

④ 将制备好的悬液标本置于显微镜的载物台中央，先以低倍镜找到悬滴的边缘以后，将聚光器下降，缩小光圈，再换高倍镜观察（油镜工作距离很短，易压碎盖玻片，故一般不用油镜检查）。

⑤ 观察结果。有鞭毛的细菌为真正运动，无鞭毛的细菌则为布朗运动。

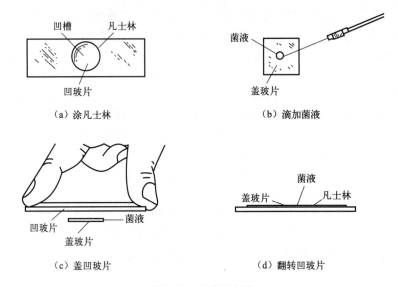

图2-13 悬滴法制片

2. 压滴法（又称水封片法）

① 用接种环取菌液（或将少许固体培养物混悬于一滴0.85％盐水中）2~3环（菌落不可加得太多，否则会使过多的菌液在盖玻片下流动，影响对细菌正常运动的观察），置于载玻片中央。

② 用镊子夹好盖玻片，覆盖于菌液上。在放置时，先使盖玻片一边接触菌液，缓慢放下，以不产生气泡为佳。

③ 先以低倍镜找好位置，再以高倍镜或油镜观察。

④ 观察结果。与悬滴法结果相同。

二、细菌特殊结构染色

芽孢、荚膜、鞭毛等都是细菌细胞的特殊结构，把细菌制成涂片标本后，可以通过特殊染色法对这些结构进行观察，这也是菌种分类鉴定的重要技术，所用到的一些常用染液见表2-1。

表 2-1 特殊染色法常用染液

方法	常用染液
荚膜染色	甲基紫染液（干墨水负染法）、结晶紫染液（Hiss染色法）、石炭酸复红染液（石炭酸复红染色法）
芽孢染色	孔雀绿染液（初染剂）、番红染液（复染剂）
鞭毛染色	硝酸银鞭毛染液、Leifson鞭毛染液

1．芽孢染色

细菌能否生芽孢，以及芽孢的形状和位置都是细菌重要的特征。细菌的芽孢壁比营养细胞的细胞壁结构复杂，而且致密、透性低，着色和脱色都比营养细胞困难，有较强的抗热和抗化学药品的性能。因此，一般采用碱性染料并在微火上加热，或延长染色时间，使菌体和芽孢都同时染上色后，再用蒸馏水冲洗，脱去菌体的颜色，但仍保留芽孢的颜色。并用另一种对比鲜明的染料使菌体着色，如此可以在显微镜下明显区分芽孢和营养体的形态。

注意：芽孢形成在生长发育后期，准备观察芽孢的菌株应当在成熟期，但也不可过久，否则只能见到芽孢，而营养体已消失。

2．荚膜染色

荚膜是某些细菌细胞壁外存在的一层胶状黏液性物质，易溶于水，与染料亲和力低，一般采用负染色的方法，使背景与菌体之间形成一透明区，将菌体衬托出来便于观察分辨，故又称衬托法染色。

注意：因荚膜薄，且易变形，所以在制片时，不能用加热法干燥和固定。

3．鞭毛染色

细菌是否有鞭毛，以及鞭毛的数目和着生的位置都是细菌重要的特征。细菌鞭毛非常纤细，超过了一般光学显微镜的分辨力。因此，观察时需通过特殊的鞭毛染色法。鞭毛的染色法较多，主要原理是经媒染剂处理，如以丹宁酸（鞣酸）作媒染剂，促使染料分子吸附于鞭毛上，并形成沉淀，使鞭毛直径加粗，才能在显微镜下观察到鞭毛。

三、显微镜油镜的工作原理

油镜镜头上常有 OIL 或 HI 字样，有的还有一圈白线的标记。在低倍物镜、高倍物镜和油镜3种物镜中，油镜的放大倍数和数值孔径最大，而工作距离最短，使用也比较特殊，需要在载玻片与镜头之间滴加香柏油，这主要有两方面原因。

1．增加照明亮度

油镜的放大倍数虽然可达100×，但因焦距很短，镜头直径很小，进入镜头中的光线亦较少，故所需要的光照强度应最大（图2-14）。当物镜与载玻片之间的介质为空气时，由于空气的折射率（$n=1.0$）与玻璃的折射率（$n=1.52$）不同，光线会发生折射，会有一部分光线被折射而不能进入镜头内［图2-15(a)］，使视野更暗，物像显现不清。若在镜头与标本玻片之间滴上与玻璃的折射率相仿的油类如香柏油（$n=1.515$），由于它的折射率与玻璃相近，光线经过玻璃后可直接通过香柏油进入物镜而不发生折射，从而增加了视野的亮度［图2-15(b)］。

2．增加显微镜的分辨率

显微镜性能的优劣不只是看它的放大倍数，更重要的是看它分辨率的大小。分辨率是指

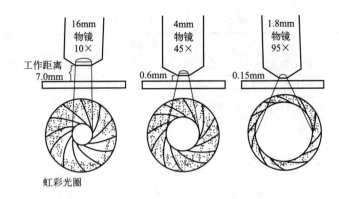

图 2-14　物镜的焦距、工作距离和虹彩光圈的关系

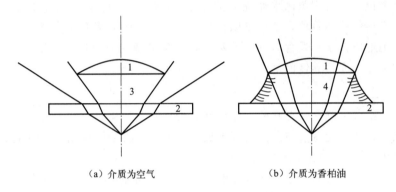

（a）介质为空气　　　　　　（b）介质为香柏油

图 2-15　介质不同时光线通路的比较
1—油镜镜片；2—玻片；3—空气；4—香柏油

显微镜能分辨出物体两点间的最短距离（D）的能力。D 值愈小表明显微镜的分辨率愈高。D 值与光线的波长（λ）成正比，与显微镜物镜的数值孔径（NA）成反比。

$$D = \lambda/(2NA)$$

从上式可以看出，缩短光线的波长及增大物镜的数值孔径都可提高显微镜的分辨率，而可见光的波长一般是固定的，因此，一般采用增大物镜的数值孔径来提高显微镜的分辨率。

数值孔径是指光线投射到物镜上的最大角度（称镜口角）的一半的正弦与介质折射率（n）的乘积，即 $NA = n \cdot \sin\alpha$。从式中可以看出，影响数值孔径大小的因素一是镜口角，二是介质的折射率。当物镜与载玻片之间的介质为空气时，光线发生折射会减小镜口角，当采用香柏油为介质时，光线不发生折射，增加物镜的数值孔径，从而达到提高分辨率的目的。

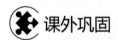 课外巩固

一、判断题

1. 微生物都可以借助光学显微镜观察。
2. 大多数病原性球菌属于 G^-，大多数病原性杆菌和病原性弧菌为 G^+。
3. 抗酸染色是专用于鉴别分枝杆菌属细菌的染色法。

二、不定项选择题

1.（　　）用于细菌形态和运动性观察，（　　）用于观察带有荧光物质的或经荧光染

料染色后的微小物体，（　　）用于观察活的微生物细胞结构、鞭毛运动等。

A. 普通光学显微镜　　B. 电子显微镜　　　　C. 相差显微镜　　　　D. 荧光显微镜

2. 光学显微镜按使用目镜的数目可分为（　　）。

A. 单目显微镜　　　　B. 双目显微镜　　　　C. 三目显微镜　　　　D. 四目显微镜

3. 光学显微镜使用油镜时，要把油镜镜头浸入（　　）中进行观察，使用完毕要用（　　）擦拭油镜镜头。

A. 石蜡油　　　　　　B. 香柏油　　　　　　C. 二甲苯　　　　　　D. 甲苯

4. 要在显微镜下观察细菌芽孢，则应在其培养生长的（　　）。

A. 前期　　　　　　　B. 中期　　　　　　　C. 后期　　　　　　　D. 任意时期

5. 活菌不染色标本制备的方法有（　　）。

A. 悬滴法　　　　　　B. 压滴法　　　　　　C. 抹片法　　　　　　D. 涂片法

6. 下面关于细菌涂片标本的制备，说法正确的是（　　）。

A. 涂片时生理盐水不宜过多，涂片必须越薄越好

B. 为加速干燥速度，可把涂片之后的标本在酒精灯火焰上加热烤干

C. 固定时，可把标本放在酒精灯火焰上方烘烤2～3次

D. 所有染色法涂片标本的制备，都必须经涂片、干燥、加热固定三步

7. 革兰氏染色法每步具体时间为初染（　　）、媒染（　　）、脱色（　　）、复染（　　）。

A. 20～30s　　　　　　B. 30～40s　　　　　　C. 1min　　　　　　　D. 2～3min

8. 下面关于革兰氏染色，说法正确的有（　　）。

A. 老龄菌的革兰氏染色常会出现假阳性现象

B. 脱色是革兰氏染色成败的关键，过度脱色有可能产生假阴性，脱色不足有可能产生假阳性

C. 染色完成，可用吸水纸擦拭标本片

D. 革兰氏染液久置未用出现沉淀者不宜使用

9. 下面关于光学显微镜使用的说法，错误的有（　　）。

A. 如果观察时发现镜头有脏，必须用手擦干净才能观察清楚

B. 搬运显微镜时应一手握住镜臂，另一手托住底座，切忌单手拎提

C. 使用油镜观察时，边目视目镜，前后旋转粗调螺旋和细调螺旋至镜头出现清晰视野

D. 用二甲苯擦拭用过的油镜镜头时，二甲苯用量一定要多点，防止香柏油残留

数字资源

普通光学显微镜的构造

细菌涂片制备

革兰氏染色

普通光学显微镜的使用

项目三
食品微生物的生理生化学检验

项目描述

细菌鉴定是微生物工作者的基础工作之一。除了观察微生物的形态特征（菌落与菌体特征）外，还须借助于它们在生理生化上的不同反应作为分类鉴定的主要依据，故生理生化实验是建立在菌落特征和菌体染色反应及形态特征基础上的。

不同微生物具有各自独特的酶系统，因而对底物的分解能力各异。微生物细胞在酶的催化下进行各种各样的生理生化反应。在一定条件下培养微生物细胞，通过观察生理现象和检查代谢产物，可以了解微生物的代谢过程和代谢特点。我们可以对微生物的不同生化反应进行实验，以此证明微生物生理特征的多样性，也是微生物分类鉴别的依据。生理生化实验相比其他鉴别方法而言相对简便、快捷、经济实用，在一般的实验室中都可以进行，因此在微生物种类的初步鉴别中被广泛使用，是微生物分类鉴定的重要指标之一。

微生物的生理生化学检验内容很多，本项目就从一些经典的生理生化学实验任务入手，给大家分析介绍如何通过微生物生理生化学特性对食品中微生物进行鉴别检验。

食安先锋说

历史传承透视食品安全基础实验的重要性

中国历史上有"神农尝百草"的传说，"日遇七十二毒，得茶而解之"，说明了古人通过无数次的验证才从各类植物中选择无毒可食用植物。

中国人对粮食作物的选择，经历了一个从"百谷"到"五谷"的过程。"百谷"具有广谱性，最终定位于"五谷"，就是一个验证选择能吃和排除不能吃的过程。

古人在漫长摸索过程中，通过发明熟化、粉碎、腌制、干制、发酵等食品加工技术，形成了我们今天能够品尝到的美味食物。

通过改造和加工，增加可食性资源，这是人类面对生存资源短缺做出的理性选择。试想，如果没有一代代先民在食品加工技术上的尝试创新，人类的餐桌上不会有今天琳琅满目的美味佳肴。现代的我们可以用先进的技术手段鉴定验证食品的可食性，但我们更应传承和弘扬先民对烹饪、饮食安全的探索与实践精神。

食安先锋说3

任务 3-1　食品微生物的糖（醇、苷）类发酵实验鉴别

任务描述

你所在的食品企业微生物化验室自留的某细菌菌种发生了污染，你已经完成对污染菌种的分离纯化和形态学检验工作，现需要你对所分离出的纯培养菌种进行糖（醇、苷）类发酵实验，以期对其进行进一步鉴定。

任务目标

① 了解微生物鉴定常规生理生化实验的种类和原理。
② 知道常规生理生化实验基本方法思路。
③ 知道生理生化实验的注意事项。
④ 知道糖（醇、苷）类发酵实验的鉴别目的与检验原理。
⑤ 会根据检验目的选择正确的生理生化实验鉴定微生物。
⑥ 能正确制备糖（醇、苷）类发酵实验所用的培养基与试剂。
⑦ 能采用正确方法进行糖（醇、苷）类发酵实验操作。
⑧ 能正确判定糖（醇、苷）类发酵实验结果。

知识准备

微生物代谢与其他生物代谢有着许多相似之处，但也有不同之处。微生物代谢重要特征之一，就是代谢类型的多样性。例如能量代谢类型多样性，自然界中存在光能自养菌、化能自养菌、光能异养菌和化能异养菌之分。即使同属化能异养菌中的不同微生物，由于细胞中具有不同的酶类，而使其在分解生物大分子物质、含碳化合物、含氮化合物的能力，代谢途径和代谢产物也各不相同。正是由于微生物代谢类型多样性，微生物在自然界的物质循环中起着重要作用，为人类开发利用微生物资源提供更多的机会与途径，同时人们也常利用微生物生理生化反应的多样性，作为菌种分类鉴定的重要依据。

一、常规生理生化实验方法的设计思路

① 在培养物中加入某种底物与指示剂，经接种、培养后，观察培养基的 pH 值变化。
② 在培养物中加入试剂，观察它们同细菌代谢产物所生成的颜色反应。
③ 根据酶作用的反应特性，测定酶的存在。
④ 根据细菌对理化条件和药品的敏感性，观察细菌的生长情况。

二、微生物生理生化学检验常见方法类型

微生物生理生化学检验是指利用生物化学的方法来测定微生物的代谢产物、代谢方式和条件等，并依此鉴别细菌的类别、属种的检验方法。

不同的微生物就可以利用不同的生物化学方法来分析微生物对营养物质和能源利用情况及其代谢产物、代谢方式和条件等，鉴别一些在形态和其他方面不易被区别的细菌，常见的一些生理生化实验类型及原理见表 3-1。

表 3-1 常见生理生化实验类型及原理

类型	原理	实验举例
碳源代谢实验	通过检测微生物利用碳源时的代谢途径及方式,利用碳源后所产生的特定代谢产物等来进行微生物鉴别	糖(醇、苷)类发酵实验 葡萄糖代谢类型鉴别实验(O/F实验) 甲基红实验(M.R.实验) β-半乳糖苷酶实验(ONPG实验) 乙酰甲基甲醇实验(VP实验) 胆汁七叶苷水解实验 淀粉水解实验 甘油复红实验 葡萄糖酸氧化实验
氮源代谢实验	通过检测微生物对氮源利用的选择性,利用氮源时的代谢途径、方式,利用氮源后所产生的特定代谢产物等来进行微生物鉴别	硫化氢实验 明胶液化实验 吲哚实验(靛基质实验) 苯丙氨酸脱氨酶实验 氨基酸脱羧酶实验 精氨酸双水解酶实验 尿素酶实验 霍乱红实验
碳源和氮源利用实验	通过检测细菌对单一来源的碳源和氮源利用进行微生物鉴定	柠檬(枸橼)酸盐利用实验 丙二酸盐利用实验 醋酸钠利用实验 马尿酸盐水解实验
酶类实验	通过检测细菌细胞中或代谢过程中产生的不同酶进行微生物鉴定	氧化酶实验 触酶实验 血浆凝固酶实验 DNA酶实验 胆汁溶菌实验 硝酸盐还原实验 卵磷脂酶实验(Nagler实验) 磷酸酶实验 脂酶实验 CAMP实验 石蕊牛乳实验
抑菌实验	通过不同物质对不同微生物生长代谢能或不能产生干扰抑制进行微生物鉴定	Optochin敏感实验 杆菌肽敏感实验 新生霉素敏感实验 O/129实验 氰化钾实验
其他实验		三糖铁(TSI)实验(或克氏双糖铁实验) 氢氧化钾拉丝实验

三、生理生化学检验的注意事项

（1）待检菌应是新鲜培养物，一般需培养 18～24h 生化实验的培养基中需接种活跃生长的培养物。用新培养的菌液或斜面培养物制成菌悬浮液作为接种物,并使用注射器接种为宜。

(2) 待检菌应是纯种培养物 对细菌进行分类鉴定首要的条件是所鉴定的菌必须是纯菌。在生化特性的测定中当然也必须要有此要求,以避免可能污染的其他菌干扰测定结果而导致错误的结论。因此在实验开始时,要先通过琼脂平板划线稀释法或厌氧滚管分离培养法对生长于培养基内分散的单个菌落进行观察,并结合对培养物进行革兰氏染色镜检的形态,确认菌株的纯度。

(3) 遵守实验反应的时间,观察结果的时间多为 24~48h 多数生化反应培养一天后即可测定。对于一些生长缓慢的实验菌株则需适当延长培养时间。生化实验测定时间的确定一般可待其中的培养物生长好后再培养 8~18h,如生长物未见继续增长时即可进行测定。

观察结果的时间多为 24~48h,具体每种实验结果的观察时间要根据国标方法要求的时间观察。

(4) 应做必要的对照实验 为确保实验结果的准确性,应按照实验的要求,同时接种阳性对照管、阴性对照管或空白对照管,对比各实验管结果后,报告结论。

(5) 至少挑取 2~3 个待检的疑似菌落 分别进行实验以提高阳性检出率。

四、糖(醇、苷)类发酵实验的鉴别目的

检查细菌对各种糖、醇和糖苷的发酵能力,从而进行各种细菌鉴别,是鉴定细菌最主要和最基本的实验,特别对肠杆菌科细菌的鉴定尤为重要。在食品中大肠菌群测定的国标方法中,就使用此类实验来定性定量检测食品大肠菌群的污染情况。

五、糖(醇、苷)类发酵实验的检验原理

多数细菌都能利用糖、醇和糖苷等作为碳源和能量来源,但是它们分解能力及代谢产物各不同。有的能分解多种糖醇,有的只能分解 1~2 种糖醇;有的能分解某种单糖或醇,产生有机酸(如乳酸、甲酸、乙酸、丙酸、琥珀酸等)和气体(如氢气、甲烷、二氧化碳等),有些只产酸不产气。如大肠杆菌能发酵葡萄糖及乳糖;沙门氏菌只发酵葡萄糖,不发酵乳糖;大肠杆菌和志贺氏菌均可发酵葡萄糖,但前者产酸产气,后者只产酸不产气;沙门氏菌分解葡萄糖只产酸不产气。

糖(醇、苷)类发酵实验通常是采用不含碳的无机氮培养基作为基础培养基,然后加入指定的碳源物质配成培养基,其中常用的糖、醇类物质有:单糖类的葡萄糖、果糖、木糖、半乳糖、鼠李糖;双糖类的乳糖、蔗糖、麦芽糖、海藻糖;三糖类的棉籽糖;多糖类的菊糖、肝糖、淀粉、纤维素;醇类的甘露醇、山梨醇、肌醇、卫矛醇等,并加入合适的指示剂,用于微生物培养实验。培养基可为液体、半固体、固体或微量生化管几种类型。一般常用的指示剂为酚红、溴甲酚紫和溴百里蓝等。此碳源能否被微生物利用,首先可以通过观察培养基中指示剂是否变色进行判定,如使用溴甲酚紫作为指示剂,其在 pH 中性时为紫色,碱性时为深红色,而在酸性时呈现黄色,当溴甲酚紫颜色由紫色变为黄色,即培养基颜色也发生相应变化时,表明微生物利用碳源产生了酸性物质;其次可根据液体培养基接种培养后,倒置的杜氏小管内有无小气泡(图 3-1 1~3),或者固体、半固体培养基穿

刺接种培养后培养基有无气泡或龟裂（图 3-1 4、5），来判断微生物是否利用碳源产生了气体。

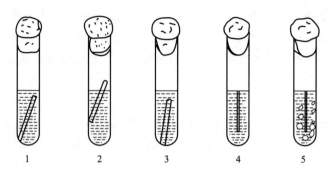

图 3-1 糖（醇、苷）发酵实验产气情况
液体培养情况：1—培养前的情况；2,3—培养后产气固体、半固体培养情况；
4—培养前情况；5—培养后产气

任务实施

【主要设备与常规用品】

高压灭菌锅、电磁炉、pH 计、恒温培养箱、冰箱、超净工作台、接种环、酒精灯、镊子、剪刀、药匙、消毒棉球、吸管及吸球（或移液器及吸头）、试管和试管硅胶塞、杜氏小管、锥形瓶和锥形瓶硅胶塞（或蓝盖瓶）、玻璃烧杯、搪瓷烧杯、量筒、玻璃棒、漏斗、记号笔、试管架、灭菌手套等。

【材料】

① 菌种：大肠杆菌、沙门氏菌、产气肠杆菌、普通变形杆菌斜面培养物各 1 支，欲鉴定菌种分离纯化后的培养物平板一块。

② 培养基（制备方法参考附录一）：葡萄糖、乳糖、麦芽糖、蔗糖、甘露醇发酵管各 6 管。

【操作流程】

材料准备→检测→记录→判断结果。

【技术提示】

1. 菌种接种

取 5 种糖发酵管各 6 支（做好接种菌种的标记），用接种环分别接入大肠杆菌、沙门氏菌、产气肠杆菌、普通变形杆菌，第 5 支接种未知菌种，第 6 支作为空白对照不接种。

2. 培养

接种后，轻缓摇动试管（注意防止倒置的小管进入气泡），使其均匀，在各试管外壁上分别注明菌名和培养基名称，置于 37℃ 培养 1~2d。

结果与评价

根据结果，填写《食品微生物检验技术任务工单》。

知识拓展

微生物利用的碳源物质种类

营养物质是微生物生命活动的物质基础，没有这个基础，生命活动就无法进行。微生物生长时需要大量的水分，足够量的碳、氮，适量的磷，一些含硫、镁、钙、钾、钠的盐类，以及微量的铁、铜、锌、锰等元素。在微生物细胞的干物质中，碳占了50%左右，在微生物的各种营养需求中，对碳的需要量也最大。在微生物生长过程中为微生物提供碳素来源的物质称为碳源。碳水化合物及其衍生物（包括单糖、寡糖、多糖、醇和多元醇）、有机酸（包括氨基酸）、脂肪、烃类，甚至二氧化碳或碳酸盐类均可作为微生物的碳源，具体参考表3-2。

表3-2 微生物利用的碳源物质

种类	碳源物质	备注
碳水化合物	葡萄糖、果糖、麦芽糖、蔗糖、淀粉、半乳糖、乳糖、甘露糖、纤维二糖、纤维素、半纤维素、甲壳素、木质素等	单糖优于双糖，己糖优于戊糖，淀粉优于纤维素，纯多糖优于杂多糖
有机酸	糖酸、乳酸、柠檬酸、延胡索酸、低级脂肪酸、高级脂肪酸、氨基酸等	与糖类比效果较差，有机酸较难进入细胞，进入细胞后会导致pH下降。当环境中缺乏碳源物质时，氨基酸可被微生物作为碳源利用
醇	乙醇	在低浓度条件下被某些酵母菌和醋酸菌利用
脂	脂肪、磷脂	主要利用脂肪，在特定条件下，将磷脂分解为甘油和脂肪酸而加以利用
烃	天然气、石油、石油馏分、石蜡油等	利用烃的微生物细胞表面有一种由糖脂组成的特殊吸收系统，可将难溶的烃充分乳化后吸收利用
CO_2	CO_2	为自养微生物所利用
碳酸盐	$NaHCO_3$、$CaCO_3$等	为自养微生物所利用
其他	芳香族化合物、氰化物、蛋白质、核酸等	利用这些物质的微生物在环境保护方面有重要作用，当环境中缺乏碳源物质时，可被微生物作为碳源而降解利用

课外巩固

一、判断题

1. 可使用保存在冰箱中的斜面保藏菌种直接进行生理生化实验。
2. 采集的样品可直接进行生理生化学检验。
3. 糖（醇、苷）发酵实验培养基均需制成液体发酵管。

二、不定项选择题

1. 为了提高对未知菌种生理生化实验的检出率，应（　　）。

A. 选择培养24～48h的新鲜纯培养物

B. 挑取最可疑的一个菌落进行实验

C. 做阳性和阴性对照实验

D. 为保证现象观察准确，观察结果时间多为 24~48h

2. 在生理生化实验中，使用溴甲酚紫作为指示，其在 pH 中性时为（　　），碱性时为（　　），酸性时为（　　）。

A. 橙色　　　　　B. 黄色　　　　　C. 红色　　　　　D. 紫色

3. 糖（醇、苷）发酵实验培养基可制成（　　）。

A. 液体培养基　　B. 半固体培养基　　C. 固体培养基　　D. 微量生化管

任务 3-2　食品微生物的 IMViC 和苯丙氨酸脱氨酶实验鉴别

任务描述

你所在的食品企业微生物化验室自留的某细菌菌种发生了污染,你已经完成对污染菌种的分离纯化和形态学检验工作,现需要你对所分离出的纯培养菌种进行 IMViC 和苯丙氨酸脱氨酶实验,以期对其进行进一步鉴定。

任务目标

① 知道 IMViC 实验的具体组成。
② 知道 IMViC 实验的鉴别目的与检验原理。
③ 知道苯丙氨酸脱氨酶实验的鉴别目的与检验原理。
④ 会根据检验目的选择正确的生理生化实验鉴定微生物。
⑤ 能正确制备 IMViC 和苯丙氨酸脱氨酶实验所需的培养基与试剂。
⑥ 能采用正确方法进行 IMViC 和苯丙氨酸脱氨酶实验操作。
⑦ 能正确判定 IMViC 和苯丙氨酸脱氨酶实验结果。

知识准备

一、鉴别目的

1. IMViC 实验

IMViC 是吲哚实验(indol test,又称靛基质实验)、甲基红实验(methyl red test,简称 M. R. 实验)、乙酰甲基甲醇实验(Voges-Proskauer test,简称 VP 实验)和柠檬酸盐实验(citrate test,又称枸橼酸盐实验)4 个实验的缩写(i 是在英文中为了发音方便而加上去的)。IMViC 实验多用于食品和饮用水的细菌学检验,主要用来快速鉴别大肠杆菌和产气肠杆菌等肠杆菌科细菌。

2. 苯丙氨酸脱氨酶实验

检测细菌分解苯丙氨酸的脱氨作用,主要用于肠杆菌科细菌的鉴定。

二、检验原理

1. IMViC 实验

(1) 吲哚实验(靛基质实验)　用于检测细菌分解色氨酸产生吲哚(靛基质)的能力。有些细菌如大肠杆菌、变形杆菌、霍乱弧菌含有色氨酸水解酶,能分解培养基中的色氨酸生成吲哚(靛基质)。靛基质在培养基中积累可以由柯凡克试剂或欧-波试剂检测出来。这两种试剂中都含有对二甲基氨基苯甲醛,该化合物可以在酸性条件下和靛基质反应形成红色的化合物,即玫瑰吲哚,以此鉴别细菌。

(2) 甲基红实验(M. R. 实验)　用于检测细菌分解葡萄糖产生有机酸的能力。甲基红为酸性指示剂,在 pH5.0 以上,其颜色随 pH 增大而黄色增强。当细菌分解葡萄糖产生丙酮酸后，有的细菌可使丙酮酸转化成大量有机酸（如乳酸、甲酸等），使培养基pH下降至4.5以下，使甲基红指示剂变红色，为甲基红实验阳性；有的细菌使丙酮酸脱羧后形成酮、醇类中性产物，使培养基pH上升至5.4以上，甲基红指示剂呈橘黄色，为甲基红实验阴性。该实验主要用于大肠杆菌和产气肠杆菌的鉴别，前者为阳性，后者为阴性。此外沙门氏菌、志贺氏菌、柠檬酸杆菌、变形杆菌等为阳性；肠杆菌、克雷伯菌等为阴性。

（3）乙酰甲基甲醇实验（VP实验） 用于检测细菌利用葡萄糖产生非酸性或中性末端产物的能力。某些细菌能分解葡萄糖产生丙酮酸，丙酮酸经缩合、脱羧生成乙酰甲基甲醇，后者在强碱性环境下，被空气中的氧气氧化成二乙酰（丁二酮），二乙酰与培养基蛋白胨中精氨酸的胍基作用，生成红色化合物，即VP实验阳性；而若不产生红色化合物，则反应阴性。大肠杆菌、沙门氏菌、志贺氏菌、柠檬酸杆菌、变形杆菌等为阴性，肠杆菌、克雷伯菌为阳性。

注意：M.R.实验与VP实验经常一起使用。前者为阳性的细菌，后者为阴性，反之亦如此。

（4）柠檬酸盐实验（枸橼酸盐实验） 用来检测肠杆菌科各属细菌利用柠檬酸的能力。某些细菌能利用柠檬（枸橼）酸盐作为唯一碳源，分解柠檬酸盐生成碳酸盐；同时分解培养基中的铵盐生成氨，使培养基变为碱性，使指示剂颜色发生改变。如使用溴麝香草酚蓝时，当培养基颜色由绿色（pH6.0~7.0）转为蓝色（pH＞7.6）时，即为阳性反应。大肠杆菌、变形杆菌、志贺氏菌、爱德华菌和耶尔森菌均为阴性，肠杆菌科其他菌属为阳性。

2．苯丙氨酸脱氨酶实验

具有苯丙氨酸脱氨酶的细菌，可使培养基中的苯丙氨酸脱氨生成苯丙酮酸，苯丙酮酸与$FeCl_3$指示剂反应生成绿色化合物。变形杆菌、普罗威登斯菌和摩根菌细菌均为阳性，肠杆菌科中其他细菌均为阴性。

任务实施

【主要设备与常规用品】

高压灭菌锅、电磁炉、pH计、恒温培养箱、冰箱、超净工作台、接种环、酒精灯、镊子、剪刀、药匙、消毒棉球、吸管及吸球（或移液器及吸头）、试管和试管硅胶塞、杜氏小管、锥形瓶和锥形瓶硅胶塞（或蓝盖瓶）、玻璃烧杯、搪瓷烧杯、量筒、玻璃棒、漏斗、记号笔、试管架、灭菌手套等。

【材料】

① 菌种：大肠杆菌、沙门氏菌、产气肠杆菌、普通变形杆菌斜面培养物各1支，欲鉴定菌种分离纯化后的培养物平板一块。

② 培养基（制备方法参考附录一）：蛋白胨水培养基、葡萄糖蛋白胨水培养基、西蒙氏柠檬酸盐固体斜面培养基、苯丙氨酸固体斜面培养基各6管。

③ 试剂（制备方法参考附录一）：吲哚试剂、乙醚、40% KOH、5%α-萘酚无水乙醇溶液（或肌酸）、甲基红指示剂等。

【操作流程】

材料准备→检测→记录→判断结果。

【技术提示】

1. 吲哚实验

取 6 管蛋白胨水培养基（做好接种菌种的标记），用接种环分别接入大肠杆菌、沙门氏菌、产气肠杆菌、普通变形杆菌，第 5 支接种未知菌种，第 6 支作为空白对照不接种，置 37℃培养 2d 后，加入约 10 滴乙醚（0.5～1mL），经充分振荡使吲哚萃取于乙醚中，静置 1～3min，待乙醚浮于培养基液面分层后，沿试管壁徐徐加入数滴（约 0.5mL）吲哚试剂，静置勿摇动以免破坏乙醚层，液面有玫瑰红色环者为阳性反应。

2. VP 实验

取 6 管葡萄糖蛋白胨水培养基（做好接种菌种的标记），用接种环分别接入大肠杆菌、沙门氏菌、产气肠杆菌、普通变形杆菌，第 5 支接种未知菌种，第 6 支作为空白对照不接种（做好接种菌种的标记），置 37℃培养 2d 后，取出试管，振荡 2min。另取 6 支空试管相应标记菌名，分别加入 3～5mL 以上对应管中的培养液，加入 5～10 滴 40%KOH，并用牙签挑入少量肌酸（0.5～1.0mg）或等量 5%的 α-萘酚无水乙醇溶液，然后激烈振荡试管，以使空气中的氧溶入，置于 37℃温箱中保温 15～30min 后，若培养液呈红色者为阳性反应，黄色者为阴性反应。

注意：原试管中留下的培养液用于甲基红实验。

3. 甲基红实验

于 VP 实验留下的培养液中，各加入甲基红试剂 2～3 滴，应沿管壁加入，若培养液的上层变成红色者为阳性反应，仍呈黄色者为阴性反应。

注意：甲基红试剂不要加得太多，以免出现假阳性反应。

4. 柠檬酸盐实验

取 6 管西蒙氏柠檬酸盐培养基斜面（做好接种菌种的标记），用接种环分别接入大肠杆菌、沙门氏菌、产气肠杆菌、普通变形杆菌，第 5 支接种未知菌种，第 6 支作为空白对照不接种，置 37℃培养 2～4d，每天观察结果。阳性者斜面上有菌苔生长，培养基由绿色转为蓝色；阴性者仍为培养基的绿色。

5. 苯丙氨酸脱氨酶实验

取 6 管苯丙氨酸培养基斜面（做好接种菌种的标记），用接种环分别接入（接种量要大）大肠杆菌、沙门氏菌、产气肠杆菌、普通变形杆菌，第 5 支接种未知菌种，第 6 支作为空白对照不接种，置 37℃培养 18～24h 后，滴入 4～5 滴 10%的 $FeCl_3$ 溶液于长菌斜面上，变绿色者为阳性反应。

结果与评价

根据结果，填写《食品微生物检验技术任务工单》。

知识拓展

微生物利用的氮源物质种类

氮与碳一样，也是微生物合成细胞物质的必需营养元素。凡是可以被微生物用来构成细胞物质的或代谢产物中氮素来源的营养物质通称为氮源物质。氮源物质常被微生物用来合成细胞中含氮物质，少数情况下可作为能源物质，如某些厌氧微生物在厌氧条件下可利用某些氨基酸作为能源。这些能被微生物所利用的氮源物质有蛋白质及其各类降解产物、铵盐、硝酸盐、亚硝酸盐、分子态氮、嘌呤、嘧啶、脲、酰胺，甚至是氰化物，具体参考表3-3。

表3-3 微生物利用的氮源物质

种类	氮源物质	备注
蛋白质类	蛋白质及其不同程度降解产物（胨、肽、氨基酸等）	大分子蛋白质难进入细胞，一些真菌和少数细菌能分泌胞外蛋白酶，将大分子蛋白质降解利用，而多数细菌只能利用分子量较小的降解产物
氨及铵盐	NH_3、$(NH_4)_2SO_4$ 等	容易被微生物吸收利用
硝酸盐	KNO_3 等	容易被微生物吸收利用
分子氮	N_2	固氮微生物可利用，但当环境中有化合态氮源时，固氮微生物就失去固氮能力
其他	嘌呤、嘧啶、脲、胺、酰胺、氰化物	大肠杆菌不能以嘧啶作为唯一氮源，在氮限量的葡萄糖培养基上生长时，可通过诱导作用先合成分解嘧啶的酶，然后再分解并利用，嘧啶可不同程度地被微生物作为氮源加以利用

课外巩固

一、判断题

1. IMViC 实验是快速鉴别肠杆菌科细菌的一个经典生理生化实验。
2. M.R. 实验与 VP 实验经常一起使用。前者为阴性的细菌，后者为阳性。
3. 进行吲哚实验时，加入乙醚后要充分振荡，但加入吲哚试剂后，不可振荡或摇动。

二、不定项选择题

1. M.R. 实验所用的指示剂为（　　）。
A. 溴甲酚紫　　　　B. 甲基红　　　　C. 酚红　　　　D. 溴麝香草酚蓝

2. 关于 IMViC 实验结果，判断正确的是（　　）。
A. 产生玫瑰吲哚，即为吲哚实验阳性
B. 甲基红指示剂呈红色，即甲基红实验阳性
C. 生成红色化合物，即 VP 实验阳性
D. 培养基变红色，即柠檬酸盐实验阳性

3. 苯丙氨酸脱氨酶实验所用的指示剂为（　　）。
A. 次甲基蓝　　　　B. 甲基红　　　　C. $FeCl_3$　　　　D. $FeCl_2$

任务 3-3　食品微生物的尿素分解、H_2O_2 酶和石蕊牛乳实验鉴别

任务描述

你所在的食品企业微生物化验室自留的某细菌菌种发生了污染，你已经完成对污染菌种的分离纯化和形态学检验工作，现需要你对所分离出的纯培养菌种进行尿素分解、H_2O_2 酶和石蕊牛乳实验，以期对其进行进一步鉴定。

任务目标

① 知道尿素分解实验的鉴别目的与检验原理。
② 知道 H_2O_2 酶实验的鉴别目的与检验原理。
③ 知道石蕊牛乳实验的鉴别目的与检验原理。
④ 会根据检验目的选择正确的生理生化实验鉴定微生物。
⑤ 能正确制备尿素分解、H_2O_2 酶和石蕊牛乳实验所用的培养基与试剂。
⑥ 能采用正确方法进行尿素分解、H_2O_2 酶和石蕊牛乳实验操作。
⑦ 能正确判定尿素分解、H_2O_2 酶和石蕊牛乳实验结果。

知识准备

一、鉴别目的

1. 尿素分解实验

用于检测细菌是否具有尿素酶的活性，在沙门氏菌和志贺氏菌的国标检测法中，都选用尿素分解实验作为定性检测的生理生化实验。

2. H_2O_2 酶实验（触酶实验）

检测细菌是否具有 H_2O_2 酶的活性，绝大多数细菌均可产生该酶，但链球菌属 H_2O_2 酶阴性。

3. 石蕊牛乳实验

检测细菌对牛乳的分解和利用情况，通过观察培养基的主要变化来鉴定微生物的种类。

二、检验原理

1. 尿素分解实验

产生尿素酶的细菌可以分解培养基中的尿素产生氨，氨使培养基变为碱性，从而使其中酚红指示剂由黄色（pH6.3~6.8）变成红色（pH8.0~8.4）。奇异变形杆菌和普通变形杆菌、雷氏普鲁威登菌和摩氏摩根氏菌为阳性，斯氏普鲁威登菌和产碱普鲁威登菌为阴性。

2. H_2O_2 酶实验（触酶实验）

H_2O_2 酶，又称触酶、接触酶。某些细菌含有黄素蛋白，可将 O_2 还原，产生 H_2O_2 或超氧化物（O_2^-）。这些物质是强氧化剂，可迅速破坏细菌组分，对活细胞有毒，故许多专

性好氧菌和兼性厌氧菌细胞中常含有超氧化物歧化酶和过氧化氢酶或过氧化物酶，它们可催化过氧化物或过氧化氢的破坏，而专性厌氧菌则缺乏这两类酶，因此可通过检测是否具有H_2O_2酶来对细菌进行鉴定。

3. 石蕊牛乳实验

培养基中的石蕊为反应指示剂。首先石蕊是一种酸碱指示剂，当pH升至8.3时碱性显蓝色，pH降至4.5时酸性显红色；pH接近中性，未接种的石蕊牛乳培养基为紫蓝色，故称紫乳。石蕊也是一种氧化还原指示剂，可以还原为白色。紫乳培养基中牛乳含有大量的乳糖、酪蛋白等成分，细菌对紫乳的利用主要是指对乳糖和酪蛋白的分解和利用。各种细菌对这些成分的作用不同，引起紫乳的变化也有不同。细菌对紫乳的分解和利用可分以下3种情况。

① 酸凝固作用：分泌乳糖酶的细菌发酵乳糖产生乳酸后，使石蕊牛乳变红，当酸度较高时，可使牛乳凝固，此称为酸凝固。若发酵乳糖产酸的同时又产生气体，可冲开覆盖于培养基上的凡士林。

② 凝乳酶凝固作用：某些细菌能分泌凝乳酶，使牛乳中的酪蛋白凝固，这种凝固在中性环境中发生。通常这种菌还具有酪蛋白水解酶，能分解酪蛋白产生氨和胺类等碱性物质，使石蕊牛乳变蓝色或紫蓝色，同时使牛乳变得清亮。

③ 胨化作用：分泌蛋白酶的细菌水解酪蛋白，使牛乳变成清亮透明的液体。胨化作用可以在酸性或碱性条件下进行。有时石蕊色素呈红色或蓝色，而有时因细菌旺盛生长，使培养基氧化还原电位降低，石蕊被还原而褪色。

若发酵剧烈，产酸、产气、凝固、胨化同时产生的现象称汹涌发酵。此现象为产气荚膜梭菌所特有。细菌能否在牛乳中产酸凝固或分解酪蛋白胨化，决定于其本身的特性（主要为酶系统）。因此，细菌利用和分解牛乳的不同反应现象，即可作为鉴定细菌的依据。

任务实施

【主要设备与常规用品】

高压灭菌锅、电磁炉、pH计、恒温培养箱、冰箱、超净工作台、接种环、酒精灯、镊子、剪刀、药匙、消毒棉球、吸管及吸球（或移液器及吸头）、试管和试管硅胶塞、杜氏小管、锥形瓶和锥形瓶硅胶塞（或蓝盖瓶）、玻璃烧杯、搪瓷烧杯、量筒、玻璃棒、漏斗、记号笔、试管架、灭菌手套等。

【材料】

① 菌种：大肠杆菌、沙门氏菌、产气肠杆菌、普通变形杆菌斜面培养物各1支，欲鉴定菌种分离纯化后的培养物平板一块。

② 培养基（制备方法参考附录一）：尿素液体培养基6管。

③ 试剂（制备方法参考附录一）：3% H_2O_2溶液（临用时配制），1%～2%石蕊乙醇溶液，5%石蕊水溶液。

【操作流程】

材料准备→检测→记录→判断结果。

【技术提示】

1. 尿素分解实验

取 6 管尿素液体培养基（做好接种菌种的标记），用接种环分别接入大肠杆菌、沙门氏菌、产气肠杆菌、普通变形杆菌，第 5 支接种未知菌种，第 6 支作为空白对照不接种，置 37℃培养 1d 后观察结果。尿素酶阳性者由于产碱而使培养基变为红色。若在 4d 内培养基仍为黄色，判为阴性反应。

2. H_2O_2 酶实验（触酶实验）

取 5 块干净的载玻片（做好接种菌种的标记），每块载玻片上滴一滴 3% H_2O_2 溶液，用接种环分别挑取菌苔一小环涂抹于载玻片上 H_2O_2 中，前 4 块载玻片分别涂抹大肠杆菌、普通变形杆菌等纯培养物，第 5 块载玻片涂未知菌种，0.5min 内如有气泡产生即为阳性反应，不发生气泡者为阴性。检验注意事项：

① 过氧化氢酶是一种以正铁血红素作为辅基的酶，所以用于培养试验菌培养基中不能含有血红素或红细胞，否则产生假阳性反应。

② 过氧化氢浓度过高（30%）会产生气泡，出现假阳性。

③ 若鉴定乳酸菌，使用的培养基中应至少含有 1% 的葡萄糖。因为乳酸菌在无糖或少糖培养基上生长时，可能产生一种称为"假过氧化氢酶"的非血红素酶。

④ 用陈旧菌落进行实验可能会出现假阴性结果。

3. 石蕊牛乳实验

取 6 管石蕊牛乳培养基试管（做好接种菌种的标记），用接种环分别接入大肠杆菌、普通变形杆菌等纯培养物，第 5 支接种未知菌种，第 6 支作为空白对照不接种，37℃培养 2～3d 后观察结果。如果石蕊牛乳褪去淡紫色，恢复牛乳颜色，表明产酸；牛乳变得黏稠不易流动者，为凝固；石蕊牛乳变蓝色者，表明产碱；牛乳变澄清者，为胨化。若在 7d 后培养基仍无变化，此为阴性反应。检验注意事项：

① 石蕊在牛乳中随时间延长而下沉，使用前要摇匀。而在观察时，勿摇动试管。

② 接入菌种培养产酸时，一般不呈现红色，而是石蕊牛乳的淡紫色消退，但是延长培养时间，表面出现浅红色。

③ 由于牛乳的产酸、凝固和胨化现象为相继变化，因此必须连续观察结果。当观察到某种现象（如胨化）出现的同时，另一种现象已经消失。

结果与评价

根据结果，填写《食品微生物检验技术任务工单》。

知识拓展

微量生理生化实验管的制备

为了节约材料和免于清洗（观察完毕，经加压蒸汽灭菌后即可丢弃）操作，可将微生物生理生化实验用培养液分装于小玻管中。其制法介绍如下：

1. 小玻管制备

将口径 3mm 硬质中性玻管截成 10cm 长，用塑料丝扎成捆，置洗液中浸泡过夜，取出用自来水冲洗干净，注意不能残留洗液，再烘干后，将其中一端用煤气灯火焰融封，注意封口要密封不漏气。

2. 分装液体培养基

将液体培养基 80mL 倾入 250mL 烧杯中，将小玻管开口端插入烧杯中使烧杯装满玻管，然后将烧杯置干燥器中进行抽气，抽 8~10s 立即切断电源，培养液即充入玻管内（约占玻管长度 1/2）。然后取出玻管，离心，使培养液下沉至封闭端。装液玻管内应无气泡，且装量应达全管长度 1/2。检查合格后，将玻管外壁的培养液擦净。并封闭管口，置灭菌锅内加压灭菌，灭菌温度按培养基耐热性而定。再将装培养液玻管置 37℃ 培养，做无菌检查，合格者装于盒中，贴上标签，注明培养基名称及制备日期，放置阴凉处保存，备用。

3. 微量生理生化实验管使用

使用时将玻管无培养液端，用砂轮锯一痕，折断后，开口处通过火焰灭菌，用接种针挑少量菌苔接入管内，然后将数根微量玻管放入 15mm×150mm 无菌试管中塞上试管塞，或放入 9cm 无菌培养皿中，置 37℃ 培养，按常规方法观察生化反应结果。如培养时间较长，可在试管底部或培养皿内放一团无菌吸水棉球，其目的是防玻管内培养液干涸。

课外巩固

一、判断题

1. 尿素分解实验主要用于检测细菌是否具有尿素酶的活性。
2. 链球菌属 H_2O_2 酶阳性。
3. 石蕊牛乳培养基为紫蓝色。

二、不定项选择题

1. 尿素分解实验为阳性反应的细菌有（　　）。
   A. 雷氏普鲁威登菌   B. 斯氏普鲁威登菌   C. 产碱普鲁威登菌   D. 摩氏摩根氏菌
2. 以下（　　）会导致 H_2O_2 酶实验出现假阳性。
   A. 用血琼脂培养基分离培养试验菌
   B. 用 30% 的 H_2O_2 溶液进行实验
   C. 鉴定的乳酸菌使用含有 10% 葡萄糖的培养基培养
   D. 用陈旧菌落进行实验
3. 关于石蕊牛乳实验，错误的说法是（　　）。
   A. 分泌乳糖酶的细菌可使紫乳褪色并凝固
   B. 分泌凝乳酶的细菌可使紫乳褪色并凝固
   C. 分泌蛋白酶的细菌可使紫乳褪色并凝固
   D. 分泌蛋白酶的细菌可使紫乳褪色并澄清

任务 3-4　食品微生物的硫化氢和三糖铁实验鉴别

 任务描述

你所在的食品企业微生物化验室自留的某细菌菌种发生了污染,你已经完成对污染菌种的分离纯化和形态学检验工作,现需要你对所分离出的纯培养菌种进行硫化氢和三糖铁实验,以期对其进行进一步鉴定。

 任务目标

① 知道硫化氢实验的鉴别目的与检验原理。
② 知道三糖铁实验的鉴别目的与检验原理。
③ 会根据检验目的选择正确的生理生化实验鉴定微生物。
④ 能正确制备硫化氢和三糖铁实验所用的培养基与试剂。
⑤ 能采用正确方法进行硫化氢和三糖铁实验操作。
⑥ 能正确判定硫化氢和三糖铁实验结果。

 **知识准备**

一、鉴别目的

1. 硫化氢实验

硫化氢实验主要用于检测肠杆菌科各属细菌分解含硫氨基酸释放硫化氢的能力,也是用于肠道细菌检查的常用生化实验。

2. 三糖铁实验（TSI 实验）

用于观察 G^- 细菌对糖的利用和硫化氢（变黑）的产生,在沙门氏菌和志贺氏菌的国家标准检测法中,都选用三糖铁实验作为定性检测的初步生理生化实验。

二、检验原理

1. 硫化氢实验

有些细菌（如沙门氏菌、变形杆菌等）能分解含硫氨基酸（胱氨酸、半胱氨酸、甲硫氨酸等）产生硫化氢,硫化氢一旦遇到培养基中的铅盐（乙酸铅）或铁盐（$FeSO_4$）等,就形成黑色的硫化铅或硫化铁沉淀物,以此鉴别细菌。肠杆菌科中沙门氏菌、柠檬酸杆菌、爱德华菌和变形杆菌多为阳性,其他菌属为阴性。大肠杆菌为阴性,产气肠杆菌、腐败假单胞菌、口腔类杆菌和某些布鲁氏菌是阳性。沙门氏菌中甲型副伤寒沙门氏菌、仙台沙门氏菌和猪霍乱沙门氏菌等为阴性,部分伤寒沙门氏菌菌株也为阴性。

2. 三糖铁实验（TSI 实验）

三糖铁培养基成分中,主要成分为蛋白胨、牛肉膏、氯化钠、乳糖、蔗糖、葡萄糖、酚红、硫酸亚铁铵和硫代硫酸钠。其中蛋白胨、牛肉膏、氯化钠为基本营养物;乳糖、蔗糖和葡萄糖比例为 10∶10∶1,用于检验微生物的发酵性;酚红为指示剂,pH1.2（橙）→

pH3.0（黄）→pH6.5（棕黄）→pH8.0（红）；若细菌产 H_2S 可与硫酸亚铁铵形成黑色的 FeS 沉淀，硫代硫酸钠可防止 Fe^{2+} 被氧化。

培养基制成高层短斜面固体培养基，因为接种方式既有划线，又有穿刺。通过此种接种，可把细菌对三种糖的利用和代谢分为以下几种情况。

① 三种糖都不分解：三种糖微生物都不分解，所以无酸产生，培养基中含氮物质产生碱性物质导致斜面和底层都变红。斜面产碱，颜色为红色，记为 K，底层产碱，颜色为红色，记为 K，这种现象称为 K/K 现象。

② 分解葡萄糖、乳糖和/或蔗糖：因为能分解 2～3 种糖产大量酸，使酚红变为黄色。因而斜面产酸，颜色为黄色，记为 A，底层产酸，颜色为黄色，记为 A，这种现象称为 A/A 现象。

③ 分解葡萄糖，不分解乳糖和蔗糖：只能利用葡萄糖的细菌使葡萄糖被分解产酸可使斜面先变黄，但因葡萄糖的量很少（1g/L），只能生成少量酸，因接触空气而氧化，加之细菌利用培养基中含氮物质，生成碱性产物，产碱的量大于产酸的量，故使斜面后来又变红，记为 K，底部由于是在厌氧状态下，酸类不被氧化，所以仍保持黄色记为 A，这种现象称为 K/A 现象。

④ 分解含硫氨基酸产生硫化氢：硫化氢与培养基中的二价铁盐反应生成 FeS 黑色沉淀，部分培养基变黑，记做硫化氢实验＋。

⑤ 分解糖类产气：若分解糖类产气，培养基中可见气泡或裂缝，产气多时，整个培养基被托起，脱离试管底部，记作＋。

任务实施

【主要设备与常规用品】

高压灭菌锅、电磁炉、pH 计、恒温培养箱、冰箱、超净工作台、接种针、接种环、酒精灯、镊子、剪刀、药匙、消毒棉球、吸管及吸球（或移液器及吸头）、试管和试管硅胶塞、锥形瓶和锥形瓶硅胶塞（或蓝盖瓶）、无菌培养皿、载玻片、玻璃烧杯、搪瓷烧杯、量筒、玻璃棒、漏斗、记号笔、试管架、灭菌手套等。

【材料】

① 菌种：大肠杆菌、沙门氏菌、产气肠杆菌、普通变形杆菌斜面培养物各 1 支，欲鉴定菌种分离纯化后的培养物平板一块。

② 培养基（制备方法参考附录一）：硫酸亚铁半固体培养基和三糖铁高层斜面培养基各 6 管。

【操作流程】

材料准备→检测→记录→判断结果。

【技术提示】

1. 硫化氢实验

取 6 管硫酸亚铁半固体培养基（做好接种菌种的标记），用接种针分别穿刺接入大肠杆菌、沙门氏菌、产气肠杆菌、普通变形杆菌，第 5 支接种未知菌种，第 6 支作为空白对照不接种，置 37℃ 培养 1～2d，观察结果。穿刺线上及试管基部培养基变为黑色，则为阳性反应。

2. 三糖铁实验（TSI 实验）

取 6 管三糖铁高层斜面培养基（做好接种菌种的标记），用接种环分别先斜面划线再底层穿刺（图 3-2）接入大肠杆菌、沙门氏菌、产气肠杆菌、普通变形杆菌，第 5 支接种未知菌种，第 6 支作为空白对照不接种，置 37℃培养 1～2d，观察结果。

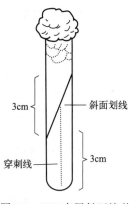

结果与评价

根据结果，填写《食品微生物检验技术任务工单》。

图 3-2 TSI 高层斜面接种

知识拓展

微生物工作者在科研和生产实践等工作中常需对有关菌种进行鉴定。用传统的常规单个生理生化实验方法既费材料又费时间，工作量大，显然不能适合当今科研和生产实践等工作要求。为了能在较短的时间内完成大量的生理生化实验和提高菌种的鉴定速度，自 20 世纪 70 年代起国外陆续出现了许多快速、准确、微量化和操作简便的生化实验方法。最初鉴定系统都是为肠杆菌科的鉴定而设计的。近年来由于不断地推陈出新，国外还推出了一些新的鉴定系统，用于鉴定肠杆菌科以外的一些微生物，如厌氧菌、淋球菌、酵母菌及不发酵的革兰氏阴性菌等鉴定系统。在微量、快速生化实验基础上，随着微型计算机的发展，国内外推出了许多以计算机编码和微量快速生化反应为特点、商品化的多种类型成套鉴定系统及编码鉴定方法，如法国的 API/ATB，瑞士的 Micro-ID、Enterotube、Minitek，美国的 Biolog 全自动微生物鉴定系统，我国上海市疾病预防控制中心也建立了发酵性革兰氏阴性杆菌鉴定系统 SWF-A，此外还有中国人民解放军联勤保障部队第九二四医院的厌氧菌快速生化鉴定系列 ARB-ID 等，从而使细菌鉴定逐步走向简易化、微量化和快速化的道路。

一、API-20E 系统

API-20E 系统是 API/ATB 中最早和最重要的产品，也是国际上应用最多的系统。该系统的鉴定卡是一块有 20 个分隔室的塑料条，分隔室由相连通的小管和小杯组成。针对各种微生物的生理生化特性差异，各小管中加有不同的脱水培养基、试剂或底物等，每一分隔室可进行一种生化反应，个别的分隔室可进行两种反应，主要用来鉴定肠杆菌科的细菌，如图 3-3 所示。

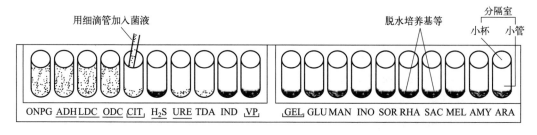

图 3-3 API-20E 细菌鉴定系统鉴定卡

实验时加入待鉴定菌的菌液，在37℃恒温培养18～24h，观察鉴定卡上各项反应。按生化实验项目及反应结果表来判定实验结果（某些反应需加入相应试剂后再观察结果）。然后用此结果编码查编码本（根据数码分类鉴定的原理编制成），判断被鉴细菌的鉴定结果或使用电脑检索（软件也是根据数码分类鉴定的原理编制），打印出被鉴细菌的鉴定结果。

目前，此细菌鉴定系统已广泛用于临床检验、食品卫生、环境保护和药品检验等领域。

二、Biolog 微生物鉴定系统

Biolog 自动微生物鉴定分析系统可以鉴定细菌、酵母菌和丝状真菌。其鉴定原理是以微生物细胞利用不同碳源进行新陈代谢过程中产生的酶与四唑类物质（如 TV）发生颜色反应（其中酵母菌和细菌的显色物质是四唑紫，其氧化态为无色，还原态为紫色；真菌的显色物质是 INT，其氧化态为无色，还原态为红色）和浊度差异为基础，运用独有的显型排列技术检测出每种微生物的特征指纹图谱，在大量实验和数学模型基础上，建立指纹图谱与微生物种类相对应的数据库。检测时通过智能软件将待鉴定微生物的图谱与数据库参比，即可得出鉴定结果。Biolog 微生物鉴定板由 8 行（即 A、B、C、D、E、F、G 和 H）和 12 列组成 96 个塑料分隔室（即 96 孔）。其中 A1 孔作为对照，其余 95 个孔分别含有 95 种不同碳源、胶质和四唑类物质，即每一个孔可进行一种生化反应。当鉴定细菌时，全部基于显色反应原理；当鉴定酵母菌时，A～C 行基于显色反应原理，D～H 行基于速度差异原理；当鉴定霉菌时，系统自动为 95 种碳源测定两套数据，即显色反应和浊度；最后，将所得的测定结果与数据库比对，由软件自动给出鉴定结果。

自动微生物鉴定分析系统与常规的生化反应鉴定方法比较，具有快速、准确、微量化、重复性好、操作简易，以及在人力、物力、时间、空间、经济上节约等优点，它是微生物学快速和自动化诊断、检查和鉴定发展的重要方向之一，在微生物学实验室中也被广泛应用。

课外巩固

一、判断题

1. 硫化氢实验主要用于检测肠杆菌科各属细菌分解含硫氨基酸释放硫化氢的能力。
2. H_2S 实验使用的是硫酸亚铁固体培养基斜面划线接种。
3. TSI 实验使用半固体培养基穿刺接种。

二、不定项选择题

1. 在生理生化实验中，使用酚红作为指示剂，其在 pH 中性时为（　　），碱性时为（　　），酸性时为（　　）。
   A. 橙色　　　　　　B. 黄色　　　　　　C. 红色　　　　　　D. 紫色
2. 使用酚红作指示剂的生理生化实验培养基有（　　）。
   A. 硫酸亚铁培养基　　　　　　B. 尿素培养基
   C. 三糖铁培养基　　　　　　　D. 西蒙氏柠檬酸盐培养基
3. 三糖铁实验所用的接种方式为（　　）。
   A. 划线　　　　　　B. 涂布　　　　　　C. 混浇　　　　　　D. 穿刺

三、请根据本次任务所介绍的微生物生理生化实验，归纳总结，填写表 3-4。

表 3-4　微生物鉴定用部分生理生化实验检验方法总结

检验项目	糖（醇、苷）发酵					尿素分解	石蕊牛乳	IMViC				苯丙氨酸脱氨酶	三糖铁	H_2S	H_2O_2酶
	葡萄糖	乳糖	麦芽糖	蔗糖	甘露醇			M.R.	VP	吲哚	柠檬酸盐				
检验用培养基															
接种法															
检验方法（添加试剂）															
检验结果 阳性															
检验结果 阴性															

注：项目有内容就填写相应内容，没有内容填写"—"。

数字资源

MR-VP 实验

IMViC 实验

苯丙氨酸脱氨酶实验

尿素分解实验

过氧化氢酶

石蕊牛乳实验

三糖铁实验

项目四
食品微生物的免疫学检验和分子生物学检验

项目描述

免疫学反应具有特异性强、灵敏度高、简便快速等优点。在微生物分类鉴定中，常用已知菌种制成抗血清，根据它是否与未知菌种发生特异性结合反应来鉴定，判断它们之间亲缘关系。综合形态学检验、生理生化学检验和免疫学反应等的结果，查阅权威性的菌种鉴定手册中微生物分类检索表，可给未知菌种对号入座进行鉴定和分类。

科学技术的发展，带动了食品微生物检测技术的现代化，使其提高到了一个新的层次，最突出的特点就是食品微生物检测技术与自动化检测设备、现代分子生物技术的结合。食品微生物现代免疫检测技术（如酶联免疫吸附/ELISA和免疫金）、食品微生物分子生物学检测技术（如PCR、基因芯片、环介导等温扩增/LAMP）、食品微生物生物传感器检测技术等快速、准确、高效的现代食品微生物检测技术的发展，以及自动化检测仪器在食品微生物检测上的应用，使得我们可以快速检出食品中的病原微生物，迅速对食品的卫生质量作出评价，防止食物中毒的发生，有效地控制食源性疾病。

本项目从免疫学检验和分子生物学检验中的两个经典任务入手，给大家介绍对食品中污染的微生物进行准确、快速定性甚至定量的有效方法。

食安先锋说

汤飞凡，著名微生物学家、病毒学家，被尊称为"中国疫苗之父"。

1938年，汤飞凡带领工作人员成功地回收利用废琼脂，采用乙醚处理牛痘苗杂菌，改良马丁氏白喉毒素培养基。后来改进生产方法，制出大批优质牛痘疫苗，推动了全国规模的普种牛痘运动。1949年底，汤飞凡采用牛痘"天体毒种"和乙醚杀菌法，快速制出大量优质的牛痘疫苗，在简陋的条件下迅速增加了痘苗产量，中国在20世纪50年代就实行普种牛痘，卫生部1951年10月报告，全国天花发病人数减少一半。汤飞凡对于天花病毒在中国绝迹做出了突出贡献。最终，中国在1960年就消灭了天花，比全球消灭天花早17年。此后，他赶制出中国自己的鼠疫减毒活疫苗，与其他科学家一起解决了病毒毒力变异问题，制成中国自己的黄热病减毒活疫苗；寻找沙眼病原体，成功分离出沙眼病毒，这项科研成果解决了困扰世界数千年的传染病问题。

汤飞凡长期从事微生物学、病毒学和免疫学的研究。他是中国第一位投身病毒学研究的人。汤飞凡是中国微生物科学的奠基者，他领头创立了中国第一个微生物学研究基地，创建了中国第一家生物制品检定机构，领衔研发生产了国产狂犬病疫苗、白喉疫苗、牛痘疫苗等多种疫苗和世界首支斑疹伤寒疫苗。

汤飞凡坚定、旗帜鲜明的爱国精神，专业上敬业的工匠精神，科研上的献身精神，以及文化传承上的践行与贯彻，是我们共同的精神财富，值得我们铭记。

食安先锋说4

任务 4-1 食品微生物的凝集实验鉴别

 任务描述

你所在的食品企业微生物化验室自留的某细菌菌种发生了污染,你已经完成对污染菌种的分离纯化、形态学检验和常规生理生化学检验鉴定工作,有了初步的结果,怀疑为大肠杆菌,现需要你对所分离出的纯培养菌种采用凝集实验进行定性,以期对其进行进一步验证。

 任务目标

① 知道抗原与抗体的概念、基本性质和种类。
② 知道影响抗原免疫原性的因素。
③ 了解免疫学实验的概念与种类。
④ 掌握抗原-抗体反应的特点。
⑤ 掌握抗原与抗体玻片凝集反应的原理和适用范围。
⑥ 能规范进行玻片凝集反应的操作,并能正确判定实验结果。

知识准备

免疫学检验技术是指利用相应的抗原与抗体在体外一定条件下发生特异性结合,所出现肉眼可见的如沉淀、凝集等各种抗原-抗体反应现象从而对微生物进行定性的方法。

因多数应用的抗体主要来自动物血清,又因早期实验采用血清抗体,故习惯将体外抗原-抗体反应称为血清学反应。但是,随着免疫学的发展,尤其是单克隆抗体技术和基因工程抗体技术的建立和发展,抗体的来源已不再局限于血清,故血清学的含义已经不能概括目前的研究内容,现在多以抗原-抗体反应代替血清学反应一词。

近年来,免疫学检验技术发展迅速,新的技术不断出现,应用范围越来越广,不仅在医学领域用于传染病诊断、病原微生物分类鉴定、抗原分析、毒素与抗毒素单位测定等,而且在食品科学、生物学、生物化学、遗传学等领域都广泛使用,如在 2020 年新冠肺炎的治疗过程,对于病人出院标准判断方法之一,就是采集病人的血液,利用免疫学技术中的 ELISA(酶联免疫吸附)技术检测其中是否含有已经生成的新型冠状病毒的抗体来进行准确判定是否治愈。在食品微生物检验中,常用免疫学反应来鉴定分离到的细菌,以最终确认检测结果。

一、抗原

抗原(Ag)是一类能刺激机体免疫系统产生特异性免疫应答(免疫反应),并能与相应抗体和/或致敏淋巴细胞在体内或体外发生特异性反应的物质。抗原物质可以是外源性的,在特定条件下也可以是内源性的。

1. 抗原的免疫原性和反应原性

机体对抗原的识别、记忆及特异反应性是免疫学实验的核心,抗原根据不同的特性可作不同的分类,但无论何物质作为抗原都必须具备两种基本性质:免疫原性和反应原性。

(1) 免疫原性 也称抗原性,指抗原能刺激机体产生免疫应答,诱导产生抗体与激活淋巴细胞的特性。

(2) 反应原性 也称特异反应性，指抗原能与相应的抗体或致敏淋巴细胞发生特异性结合反应的特性。

2. 影响抗原免疫原性的因素

影响抗原免疫原性的因素很多，抗原物质的异源性、分子大小、化学组成和结构复杂性等是决定免疫原性的几个主要因素。

(1) 异源性 异源性又称异质性或异物性，指进入机体内的抗原物质必须与该机体的组织、细胞和体液成分有差异。差异越大，免疫原性越强。在正常情况下，动物机体能识别自身物质与非自身物质。只有非自身物质进入机体内才能具有免疫原性。具备异源性的物质分为三种情况。

① 异种物质：来自不同物种的抗原。

不同物种之间的动物机体成分均有不同，因此，异种动物之间的组织、细胞及蛋白质均为良好的抗原。如马血清可引起家兔产生免疫应答而形成抗马血清抗体，反过来也如此。但马血清对马、兔血清对兔就无免疫原性。又如细菌或病毒对动物也是较好的抗原。实验证明，动物亲缘关系越远，其组织结构差异越大，则免疫原性越强，如鸡血清对鹅是弱抗原，而对兔则是较强的抗原。

② 同种异体物质：来自同种动物的不同个体的抗原。

同种动物的不同个体之间，相应的组织、细胞成分常不相同。如不同血型动物的血细胞（A、B、O血型抗原）、不同个体皮肤组织及所有的有核细胞均有不同的抗原成分，若将一个动物的皮肤移植到另外一个同种动物身上，常会引起后者产生特异性免疫产物。这些免疫产物与移植皮肤（抗原）发生反应，即移植排斥反应，导致被移植的皮肤不能长期存活。不同动物个体其他器官如肾脏等移植也是如此。

③ 自身物质变异或隐蔽成分暴露：来自自身机体正常组成成分发生变化而产生的抗原。

动物自身的组织细胞通常情况下不具有免疫原性，但在特殊情况下，自身成分也可成为抗原物质，成为自身抗原。如组织蛋白的结构发生变化（机体组织遭受烧伤、感染及电离辐射等作用，使原有结构发生改变而具有抗原性）；机体的免疫识别功能紊乱（将自身组织视为异物，可导致自身免疫病）；某些胚胎时期未与免疫活性细胞接触过的自身组织成分因外伤或感染而进入血液循环各级系统（如眼球晶状体蛋白、精子蛋白、甲状腺球蛋白进入血液循环，机体视之为异物引起免疫反应）等情况都可使动物自身组织成为自身抗原而引起自身免疫性疾病，如系统红斑狼疮、自身免疫溶血性贫血等。

注意：正常的自身组织蛋白对自身无抗原性。

(2) 分子大小 分子大小对免疫原性很重要，在一定条件下，分子量越大，免疫原性越强。抗原物质很多都是分子量相当大的化合物，分子量一般在一万以上。分子量小于5000的物质其免疫原性较弱；分子量在1000以下的物质为半抗原，没有免疫原性，但与大分子蛋白质载体结合后，可获得免疫原性。通常大于10万分子量以上的大分子具有极好的免疫原性，故绝大多数蛋白质分子是良好的抗原，如细菌、病毒、外毒素、异种动物血清等都是抗原性很强的物质。若蛋白质被降解为小分子物质，则丧失抗原性。但也有其他抗原分子量低至450。

(3) 化学结构与分子组成 抗原物质除了要求具有一定的分子量外，相同大小分子若化学组成不同，其免疫原性也有一定差异。构成抗原分子的物质有蛋白质，包括脂蛋白、糖蛋白、核蛋白等大分子物质。蛋白质是最主要的抗原。蛋白质与糖类、脂质、核酸等结合的复杂分子有些也呈现于细菌、细胞等表面，有的在细胞内，它们都具有很强的免疫原性。小分子的多肽、多糖也有免疫原性。单纯的脂肪和核酸几乎无免疫原性，而核酸和蛋白质结合起来的核蛋白具有更强的免疫原性，如病毒颗粒。

（4）分子结构和空间构象 相同分子量大小的抗原物质的分子结构不同，其免疫原性也有一定差异。一般而言，分子结构和空间构象愈复杂的物质，免疫原性愈强。一些低分子天然蛋白质如胰岛素，虽分子量小于6000，但由于其化学组成和结构复杂多样，也具有良好的抗原性。

（5）物理状态 不同物理状态的抗原物质，其免疫原性也有差异。呈聚合状态的抗原一般较单体抗原的免疫原性强；颗粒性抗原比可溶性抗原的免疫原性强。因此，可溶性抗原分子聚合后或吸附在颗粒表面，可增强其免疫原性；免疫原性弱的蛋白质如果吸附在脂质体等大分子颗粒上，可增强其抗原性。

（6）抗原决定簇 机体的免疫应答具有很强的特异性，即一种抗原物质只能引起机体产生相应的抗体，该种抗体只能与相应的抗原相结合。抗原分子的结构十分复杂，但抗原分子的活性和特异性并不是决定于整个抗原分子的。决定其免疫活性的只是其分子上的一小部分抗原区域，即抗原决定簇。

抗原决定簇即抗原分子表面或其他部位具有的特殊立体构型和免疫活性的化学基团。由于抗原决定簇通常位于抗原分子表面，因而又称为抗原表位。

抗原决定簇决定抗原的特异性，即决定抗原与抗体及致敏淋巴细胞发生特异性结合的能力，是免疫原引起免疫应答及与抗体产生特异反应的基本结构单位。

（7）抗原完整性 抗原经非口途径（非消化道）进入机体（包括注射、吸入和划痕伤口等），并接触免疫活性细胞，才能成为良好抗原。如果口服则蛋白质抗原等可被消化酶水解成多肽及氨基酸，破坏了抗原决定簇和载体，丧失了免疫原性。但如经修饰或者微胶囊化，避免抗原被消化降解，也能收到良好的免疫效果。

决定某一物质是否具有免疫原性，除与上述条件有关外，还受机体的遗传、年龄、生理状态、个体差异等诸多因素的影响。此外，抗原进入机体的方式和途径也与免疫原性的强弱有关。

3. 抗原的种类

抗原物质很多，分类方式至今也无统一标准。不同的分类角度可把抗原分成不同种类。

（1）依据来源分类

① 天然抗原：天然的生物、细胞及天然的生物产物，主要来自动物、植物、微生物，包括细胞、细菌和病毒；蛋白质类抗原；多糖类抗原；脂类抗原；核酸抗原等。

细菌虽是一种单细胞生物，但其抗原结构比较复杂，每个细菌的每种结构都由若干抗原组成，因此细菌是多种抗原成分的复合体。根据细菌各部分构造和组成成分的不同，可将细菌分为菌体抗原（O-Ag）、表面抗原（K-Ag）、鞭毛抗原（H-Ag）、菌毛抗原和毒素抗原等（图4-1）。

a. 菌体抗原：又称O抗原（O-Ag），是G⁻细胞壁抗原，其主要成分为脂多糖。细菌的O抗原往往由数种抗原成分所组成，近缘菌之间的O抗原可能部分或全部相同，因此对某些

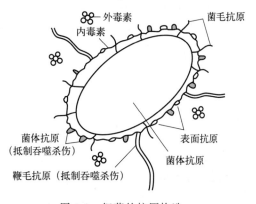

图4-1 细菌的抗原构造

细菌可根据O抗原的组成不同进行分群。如沙门氏菌，按O抗原的不同分成42个群。O抗原耐热，121℃、2h不被破坏。

b. 鞭毛抗原：又称H抗原（H-Ag），存在于鞭毛中，由蛋白质组成，具有不同的种和型特异性，故通过对H抗原构造的分析，可作菌型鉴别。H抗原易被乙醇破坏，不耐热，56～80℃、30～40min即遭破坏。在制取O抗原时，常据此用煮沸法消除H抗原。

c. 表面抗原：又称K抗原（K-Ag），包围在细菌细胞壁最外面的抗原，是细菌细胞主要的表面免疫原，故称为表面抗原。随菌种和结构的不同可有不同的名称，如肺炎双球菌、炭疽杆菌的表面抗原称为荚膜抗原，大肠杆菌、痢疾杆菌的表面抗原称为包膜抗原或K抗原，沙门氏菌的表面抗原称为Vi抗原等。

d. 菌毛抗原：菌毛由菌毛素组成，有很强的抗原性。某些G^-杆菌表面具有菌毛抗原，组成成分为蛋白质，如大肠杆菌具有菌毛抗原。

e. 毒素抗原：细菌毒素常分为外毒素和内毒素。

外毒素是细菌在生长过程中分泌到菌体外的毒性蛋白质，其成分是糖蛋白或蛋白质。如肉毒杆菌分泌的神经毒，大肠杆菌、金黄色葡萄球菌分泌的肠毒素，也有存在于胞内当细菌溶解后才释放的如痢疾志贺菌的肠毒素。外毒素具有高度的抗原性，能刺激机体产生抗体，即为抗毒素。外毒素毒性强，极少量即可使动物致死，如纯化的肉毒毒素1mg可杀死2亿白鼠。外毒素用0.3%～0.5%的甲醛在一定温度下处理，可获得毒性低而仍保持其抗原性的类毒素，可用于预防相应疾病，如破伤风类毒素、白喉类毒素。

内毒素是存在于革兰氏阴性菌细胞壁中的脂多糖，只有在细菌死亡裂解后才可释放出来，性质稳定，耐热。免疫原性弱，毒性较外毒素弱，不能被甲醛脱毒成为类毒素。

② 人工抗原：经过人工化学改造的天然抗原。目的主要是研究了解免疫原性的化学基础而将天然抗原的一部分用化学基团置换。

③ 合成抗原：化学合成的分子，目的为了解免疫原性分子基础。

(2) 依据抗原性分类

① 完全抗原：同时具有免疫原性和反应原性的物质，即免疫原。

大多数异种蛋白都是较好的完全抗原，如细菌、病毒和异种动物血清等。它们均具有复杂的大分子结构，能在机体久留，不易被机体内的酶消化分解等，而发挥异物免疫刺激作用。

② 不完全抗原：也称半抗原，是只具有反应原性（能与相应抗原或致敏淋巴细胞结合），而无免疫原性的物质。

半抗原大多是不含蛋白质的低分子量化合物，如芳香族化合物、糖类、氨基酸、青霉素、核酸、脂肪等。还有一些离子，如镍、铍也可以作为半抗原。还有一些简单的小分子物质、多糖和类脂等，单独作用时，无免疫原性，是半抗原。但与其他蛋白质（载体）结合后有免疫原性，成为完全抗原。半抗原又分为以下两类：

a. 简单半抗原：分子量较小，只有一个抗原决定簇，不能单独刺激机体产生抗体，与相应抗体结合后也不能出现可见反应，但却能阻止该抗体再与相应抗原结合。

b. 复合半抗原：分子量较大，有多个抗原决定簇，虽不能单独刺激机体产生抗体，但在一定条件下能与相应抗体发生肉眼可见的结合反应，如细菌的荚膜多糖、类脂、脂多糖等。

二、抗体

抗体（Ab）是动物体受到抗原刺激后，由免疫活性细胞所产生的一组具有免疫活性的球蛋白,即免疫球蛋白(Ig)。

抗体能特异性识别相应的抗原或含有相应抗原成分的物质,并与之发生特异性结合反应,并在一定程度上有清除相应病原体及其产物有毒作用的能力。

抗体是生物学功能上的概念,而免疫球蛋白是化学结构上的概念。抗体的本质即是免疫球蛋白,可以讲所有的抗体都是免疫球蛋白,而免疫球蛋白不都是抗体。抗体广泛存在于血液(血清)、体液和某些黏膜的分泌液中,是构成机体体液免疫的主要物质。血液或血浆凝固后,析出黄色液体称为血清,抗原免疫后的动物血清中含有大量免疫球蛋白,称为免疫血清或抗血清。

1. 抗体的基本性质

① 抗体是一些具有免疫活性的球蛋白,具有和一般球蛋白相似的特性,不耐热,加热60~70℃即被破坏。抗体可被中性盐沉淀,生产上常用硫酸铵从免疫血清中沉淀免疫球蛋白,以提纯抗体。

② 抗体在试管内能与相应抗原发生特异性结合,在机体内能在其他防御功能协同作用下,杀灭病原微生物。但某些抗体在机体内与相应抗原相遇时,能引起变态反应,如青霉素过敏等。

③ 抗体的分子量都很高。抗体主要由丙种球蛋白所组成,但不是所有的丙种球蛋白都是抗体。

2. 抗体的种类

抗体的分类也很不一致,目前提得较多的分类方法有以下几种。

(1)依据抗体获得方式分类

① 免疫抗体:动物患传染病后或经人工注射疫苗后产生的抗体。

② 天然抗体:动物先天就有的抗体,而且可以遗传给后代。

③ 自身抗体:机体对自身组织成分产生的抗体。这种抗体是引起自身免疫病的原因之一。

(2)依据抗体作用对象分类

① 抗菌性抗体:细菌或内毒素刺激机体所产生的抗体,如凝集素等。此抗体作用于细菌后,可凝集细菌。

② 抗毒性抗体:细菌外毒素刺激机体所产生的抗体,又称抗毒素,具有中和毒素的能力。

③ 抗病毒性抗体:病毒刺激机体而产生的抗体,具有阻止病毒侵害细胞的作用。

④ 过敏性抗体:异种动物血清进入机体后所产生的使动物发生过敏反应的一种抗体。

(3)依据与抗原在试管内是否出现可见反应分类

① 完全抗体:能与相应抗原结合,在一定条件下出现可见的抗体-抗原反应。

② 不完全抗体:该种抗体能与相应的抗原结合,但不出现可见的抗体-抗原反应。不完全抗体与抗原结合后,抗原表面具有抗球蛋白分子的特性,此时再与抗球蛋白抗体作用则出现可见的反应。

(4)依据细菌抗原结构刺激产生的抗体分类 抗O抗体、抗H抗体、抗K抗体、抗菌毛抗体、抗毒素抗体。

三、免疫学检验

免疫学检验的实质就是抗原-抗体反应,而抗原与相应抗体之间所发生的特异性结合反应，既可发生在体内，也可发生于体外。在体内发生的抗原-抗体反应即为体液免疫应答的效应作用，可表现为溶菌、杀菌、中和毒素及促进吞噬等免疫保护效应，但在某些情况下，也可引起变态反应或其他免疫性疾病，对机体造成免疫病理损伤。体外的抗原-抗体反应，可因参与反应的抗原物理性状及成分不同，而表现不同的肉眼可见的反应现象，如沉淀、凝集、细胞溶解、补体结合、中和反应等。我们可以利用抗原与相应抗体在体内和体外发生的特异性结合反应的原理，检测抗体或抗原。

1. 抗原-抗体反应的特点

（1）抗体与抗原结合的特异性 抗原与抗体结合实际上是抗原分子上的抗原决定簇和抗体分子的特异性结合，这是由两个分子间空间结构的互补性决定的，所以抗原-抗体反应具有高度的特异性，如同锁与钥匙的关系，也是可将抗原-抗体反应用于分析各种抗原和进行疾病诊断的基础。如白喉抗毒素只能与相应外毒素结合，而不能与破伤风外毒素结合。

（2）抗体与抗原结合的交叉性 多数天然抗原物质成分复杂，其物质表面常有多种抗原决定簇，若两种抗原分子具有部分相同或相似结构的抗原决定簇，则可出现交叉反应。如鼠伤寒沙门氏菌的血清能凝集肠炎沙门氏菌，反之亦然。一般种源越近，交叉反应的程度越高。

（3）抗原-抗体反应的可逆性 由于抗原与抗体结合是以分子表面弱能量的非共价键结合，其结合力决定于抗体的抗原结合点与抗原决定簇之间形成的非共价键的数量、性质和距离，故此结合形成的抗原-抗体复合物是不牢固的，受物理、化学、热力学的法则所制约。结合的温度应在 0～40℃，pH 在 4～9 范围内，若温度＞60℃，pH＜3，或处于冻融、高浓度盐类环境里，抗原-抗体复合物可重新解离为游离的抗原和抗体。分离后的抗原和抗体，理化性质和免疫活性仍然保留，这种特性称为抗原-抗体结合的可逆性。根据抗原与抗体结合的可逆性，常用免疫亲和色谱法纯化抗原或抗体。

（4）抗原与抗体结合的比例性 抗原与抗体特异性结合能否出现肉眼可见的反应，取决于两者的比例。只有在抗原与抗体呈适当比例时，才可出现可见反应，在最适比例时，反应最明显。若两者比例不恰当，虽能形成结合物，但结合物聚度小，肉眼不可见。由于这种分子比例的差异，分别形成了三种带现象（图 4-2）。如沉淀反应，两者分子比例合适，沉淀物产生既快又多，体积大。分子比例不合适，则沉淀物产生少，体积小，或者根本不产生沉淀物。为了克服前带和后带现象，在进行血清学实验时，须对抗原与抗体进行适当稀释。

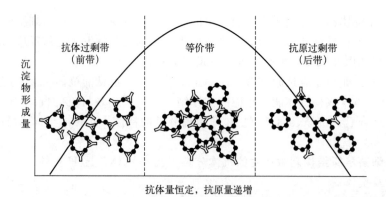

图 4-2 抗原、抗体比例与沉淀量的关系

(5) **抗原与抗体结合的敏感性** 抗原与抗体的结合不仅具有高度特异性，还具有高度敏感性；不仅可用于定性，还可用于定量、定位。其敏感性甚至超过化学方法。

(6) **抗原-抗体反应的阶段性** 抗原-抗体反应可分为两个阶段。第一个阶段为初级反应阶段，是抗原与抗体特异性结合阶段。当抗原与抗体相遇时，不论二者比例如何，都能很快发生特异性结合，此阶段反应快，仅需几秒至几分钟，但无肉眼可见反应。第二个阶段为次级反应阶段，是抗原与抗体反应阶段。此阶段抗原-抗体复合物在适当的电解质、pH、温度、补体存在等影响下，进一步交联和聚集，出现凝集、沉淀、细胞溶解、补体结合等肉眼可见反应，但反应较慢，常需几分钟、几小时甚至几天。

这两个阶段不能严格划分，往往第一阶段反应还未完成，即开始第二阶段反应。各阶段所需时间也受多种因素影响，如反应中抗原浓度较高，且抗体、抗原比例适当，形成可见反应现象就较快。

2．影响抗原-抗体反应的条件

(1) **电解质** 抗原与抗体一般均为蛋白质，它们在溶液中都具有胶体的性质，当溶液的pH大于它们的等电点时，如中性和弱碱性的水溶液中，它们大多表现为亲水性，且带有一定的负电荷。特异性抗体和抗原有相对应的极性基团。抗原与抗体的特异性结合，也就是这些极性基团的相互吸附。抗原和抗体结合后就由亲水性变为疏水性，此时已受电解质影响，如有适当浓度的电解质存在，就会使它们失去一部分负电荷而相互凝集，于是出现明显的凝集或沉淀现象。若无电解质存在，则不发生可见现象。因此血清学反应中，通常应用0.85%的NaCl水溶液作为抗原和抗体的稀释液，供应适当浓度的电解质。

(2) **温度** 抗原-抗体反应与温度有密切关系，一定的温度可以增加抗原与抗体碰撞结合机会，并加快反应速度。一般在37℃水浴锅中保持一定的时间，即出现可见的反应，但若温度过高，超过56℃后，抗原抗体将变性破坏，反应速度往往降低。

(3) **pH** 合适的pH是抗原-抗体反应的必要条件之一，pH过高过低可直接影响抗原、抗体的理化性质，如当pH为3时，因接近细菌抗原的等电点，将出现非特异性酸凝集，造成假象，严重影响血清学反应的可靠性。过高或过低的pH均可以使抗原-抗体复合物重新解离。大多数血清学反应的适宜pH为6～8。

(4) **杂质异物** 反应中如存在与反应无关的蛋白质、类脂、多糖等非特异性物质时，往往会抑制反应的进行，或引起非特异性反应。

3．抗原-抗体反应的类型

根据抗原和抗体性质的不同和反应条件的差别，抗原-抗体反应表现为不同的形式。颗粒性抗原表现为凝集反应；可溶性抗原表现为沉淀反应；补体参与下细菌抗原表现为溶菌反应、红细胞表现为溶血反应；毒素抗原表现为中和反应等。利用这些类型的抗原-抗体反应建立了现代各种免疫学技术，广泛用于抗原和抗体的检测。

(1) **凝集反应** 颗粒性抗原（如细菌、细胞等）悬液加入相应抗体，在适量电解质存在的条件下，抗原抗体发生特异性结合，且进一步凝集成肉眼可见的小块，称为凝集反应。参与反应的颗粒性抗原称为凝集原，参与反应的抗体称为凝集素。该类反应可分为直接凝集反应和间接凝集反应。

① 直接凝集反应是颗粒性抗原与相应抗体直接结合而发生的凝集。如细菌、红细胞等表面的结构抗原与相应抗体结合时所出现的凝集（图4-3）。直接凝集反应又分为玻片法和试管法，玻片法通常为定性试验，试管法通常为定量试验。因玻片法简便快速，是食品微生

物检验中最常用的血清学定性方法,除鉴定菌种外,还可用于菌种分型,测定人类红细胞的 ABO 血型等。

图 4-3　直接凝集反应

② 间接凝集反应是用人工方法将可溶性抗原(或抗体)先吸附或偶联于一种与免疫无关的且有一定大小的颗粒状载体的表面,再与相应抗体(或抗原)作用,在有电解质存在的适宜条件下,出现特异性凝集现象(图 4-4)。将抗原(或抗体)吸附或偶联于载体颗粒表面的过程称致敏,而吸附有已知抗原或抗体的颗粒称致敏性颗粒。

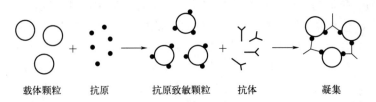

图 4-4　间接凝集反应

间接凝集实验由于载体颗粒增大了可溶性抗原(抗体)的反应面积,当颗粒上的抗原与微量抗体结合后,就足以出现肉眼可见的反应,敏感性比直接凝集反应高出 2~8 倍。这种实验适于各种可溶性抗原(抗体)的检测,其敏感度也高于沉淀反应。

(2) 沉淀反应　可溶性抗原(如血清蛋白、细菌培养滤液、细菌浸出液、组织浸出液等)与相应抗体发生特异性结合,在有适量电解质存在的条件下,形成肉眼可见的白色絮状沉淀物,出现白色沉淀线,这种现象称为沉淀反应。参加反应的可溶性抗原称为沉淀原,参加反应的抗体称为沉淀素。沉淀原可以是多糖、蛋白质或它们的结合物等。同凝集原比较,沉淀原的分子小,单位体积内所含的抗原量多,与抗体结合的总面积大。在做定量试验时,为了不使抗原过剩而生成不可见的可溶性抗原-抗体复合物,应稀释抗原,并以抗原的稀释度作为沉淀反应的效价。沉淀反应是免疫学方法的核心技术,现代免疫技术多是在沉淀反应的基础上建立起来的。

(3) 补体结合反应　这是一种有补体参与并以溶血现象为指示的抗原-抗体反应。有 5 种成分参与反应,分两个反应系统,一个为检验系统(溶菌系统),包括已知抗原(或抗体)、被检抗体(或抗原)和补体;另一个为指示系统(溶血系统),包括绵羊红细胞、溶血素和补体。

补体是一组球蛋白,存在于动物血清中,如果补体与绵羊红细胞、溶血素的复合物结合,就会出现溶血现象。补体本身没有特异性,能与任何抗原-抗体复合物结合,但不能与单独的抗原或抗体结合,被抗原-抗体复合物结合的补体不再游离。实验中常以新鲜的豚鼠血清作为补体来源。实验时,先将抗原与血清在试管内混合,然后加入补体。如果抗原与血清相对应,则发生特异性结合,加入的补体被它们的复合物结合而被固定。如果抗原与抗体不对应,则补体仍游离存在。但因补体是否已被抗原-抗体复合物结合,不能用肉眼观察,所以还需借助于溶血系统，即再加入绵羊红细胞和溶血素。如果不发生溶血，说明检验系统中的抗原与抗体相对应，补体已被它们的复合物结合而固定；如果发生溶血，说明被检系统中的抗原抗体不相对应，或者两者缺一，补体仍游离存在而激活了溶血系统。

（4）中和反应 中和反应是指毒素、酶、激素或病毒等与其相应的抗体结合后，导致它们的生物活性丧失的反应，是免疫学和病毒学中常用的一种抗原-抗体反应实验方法，用以测定抗体中和病毒感染性或细菌毒素的生物效应。凡能与病毒结合，使其失去感染力的抗体称为中和抗体；能与细菌外毒素结合，中和其毒性作用的抗体称为抗毒素。常用的中和实验有病毒中和实验和毒素中和实验。

中和实验是以测定病毒对宿主细胞的毒力为基础，可以在敏感动物体内（包括鸡胚）、体外组织（细胞）培养或试管内进行，观察特异性抗体能否保护易感的试验动物免于死亡，能否抑制病毒的细胞病变效应或中毒对细胞的毒性作用，然后测定其毒价。

任务实施

【主要设备与常规用品】

37℃恒温水浴锅（或37℃恒温培养箱）、显微镜、载玻片、接种环、巴氏吸管、酒精灯、记号笔、小试管、试管架、1mL无菌吸管、10mL无菌吸管。

【材料】

① 抗原：大肠杆菌18~24h斜面培养物一管，待鉴定菌种18~24h斜面培养物一管。
② 抗体：大肠杆菌免疫血清（抗体或称凝集素）。
③ 试剂：0.85%生理盐水。

【操作流程】

稀释抗体→分区→加抗体→加抗原→反应→判断结果。

【技术提示】

1. 玻片法凝集检验原理

玻片法通常为定性试验，用已知抗体检测未知抗原。鉴定分离菌种时，可取已知抗体滴加在载玻片上，用接种环取待检菌涂于抗体溶液中。轻轻转动载玻片，使其充分混匀，静置数分钟，观察结果。如出现细菌凝集成块的现象，即为阳性反应。

2. 检验步骤

① 稀释抗体：用生理盐水稀释大肠杆菌诊断血清，稀释度为1:10，装于小试管中备用。
② 分区：取洁净载玻片一块，平置于实验台，用记号笔分为三格，并标明1、2、3。
③ 加抗体：取一支干净的巴氏吸管吸取1:10稀释的大肠杆菌诊断血清分别滴加1滴于载玻片第1、2区域中心，另取一支巴氏吸管，吸取生理盐水1滴滴于第3区域中心。
④ 加抗原：将接种环在酒精灯火焰上灼烧灭菌，冷却后挑取少量大肠杆菌培养物与第3区中生理盐水混合并涂抹成均匀悬液，再用同法取少许大肠杆菌培养物与第1区中诊断血清混合并涂抹均匀，灼烧接种环，待冷却后取少许待鉴定菌种培养物与第2区中的诊断血清混合并涂抹成均匀悬液。
⑤ 反应：将混匀的玻片略微摆动后静置于室温中1~3min，观察凝集现象，若室温较

低，可把载玻片放在37℃恒温水浴锅上保温反应。

⑥ 判断结果：如混悬液由均匀浑浊状变为澄清透明，并出现大小不等的乳白色凝集块者即为阳性，如混悬液仍呈均匀浑浊状则为阴性。若肉眼观察不够清楚，可将载玻片置于显微镜下用低倍镜观察（图4-5）。

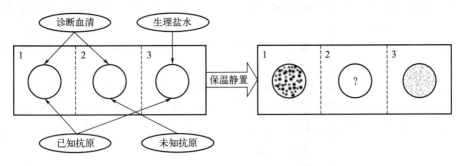

图4-5 玻片凝集反应操作示意图

3. 注意事项

① 用于检验用的载玻片、试管、吸管、滴管等均须洁净、干燥。

② 取细菌培养物时不宜过多，与诊断血清混合涂抹时，必须将细菌涂散、涂均匀，但不宜涂得太宽，以免很快干燥而影响结果观察。

③ 操作时，勿使液滴干燥，妨碍观察，但液滴也不可过大，避免转动时带菌液体碰到手上，防止实验室感染。

④ 实验中务必严格无菌操作，遵守实验规则，用后的载玻片应立即放入指定的容器中，接种环必须及时灭菌。

结果与评价

根据结果，填写《食品微生物检验技术任务工单》。

知识拓展

一、微量滴定板（试管法）凝集反应测定抗体效价

试管法通常为定量试验，用已知抗原测定待检血清中有无某种抗体及其相对含量（抗体效价或凝集素效价），现已发展为微量滴定板凝集法。操作时，先将待检标本（血清）用生理盐水在试管中做连续的倍比稀释，然后加入等量抗原（固定浓度），混合后孵育，使抗原抗体充分反应，最高稀释度仍有凝集现象者，为血清的效价，又称滴度，以表示血清中抗体的相对含量。此法常用来测定患传染病的人或家畜血清中的抗体效价，也是诊断肠道传染病的重要方法，如诊断伤寒、副伤寒病的肥达氏反应、布氏病的瑞特氏反应均属定量凝集反应。人或动物感染了病原菌，病原菌作为抗原会刺激机体产生抗体，检查血清中有无相应抗体，即可判定机体是否患了某种传染病。

1. 常规工具

微量滴定板、微量移液器（20～80μL）、微量移液器吸头、巴氏吸管、酒精灯、记号笔。

2. 操作步骤

① 制备抗原：用生理盐水洗下大肠杆菌斜面培养物，并稀释至一定程度，用标准比浊管法调整其浓度至 $9×10^8$ 个/mL 菌细胞，60℃水浴 0.5h。

② 稀释抗体：首先在微量滴定板上标记 1～10 个孔，再用微量移液器套上吸头于第 1 孔中加 80μL 生理盐水，其余各孔加 50μL。然后加 20μL 大肠杆菌免疫血清于第 1 孔中。换一新的吸头，在第 1 孔中吹吸三次，以充分混匀，再从第 1 孔中吸 50μL 至第 2 孔，以同样方法混匀，以此逐级稀释至第 9 孔，混匀后，弃去 50μL（图 4-6）。稀释后的大肠杆菌免疫血清稀释度见表 4-1。

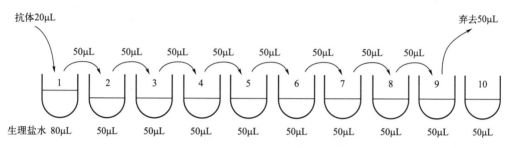

图 4-6 抗体稀释示意图

表 4-1 大肠杆菌免疫血清稀释度

孔号	1	2	3	4	5	6	7	8	9	10
生理盐水/μL	80	50	50	50	50	50	50	50	50	50
抗体（大肠杆菌免疫血清）/μL	20	50	50	50	50	50	50	50	50	
稀释度	1/5	1/10	1/20	1/40	1/80	1/160	1/320	1/640	1/1280	对照
抗原（大肠杆菌）/μL	50	50	50	50	50	50	50	50	50	50
最终稀释度	1/10	1/20	1/40	1/80	1/160	1/320	1/640	1/1280	1/2560	对照

③ 加抗原：从第 10 孔（对照孔）加起，逐个向前，每孔加入大肠杆菌 50μL，直到第 1 孔，而后将滴定板按水平方向摇动，以混合孔中内容物（表 4-2）。

④ 反应：将微量滴定板置于 37℃下 60min，初步观察结果。再置于 4℃冰箱过夜，次日再观察结果。

⑤ 判断结果：仔细观察孔底有无凝集现象。通常阴性和对照细菌沉于孔底，形成边缘整齐光滑的小圆块，而阳性孔的孔底为边缘不整齐的凝集块。当轻轻振荡滴定板后，阴性孔的圆块分散成均匀浑浊的悬液，阳性孔则是细小凝集块悬浮在透明的液体中。结果填写表 4-2。

表 4-2 微量滴定板凝集反应（试管法）实验结果记录

孔号	1	2	3	4	5	6	7	8	9	10
最终稀释度	1/10	1/20	1/40	1/80	1/160	1/320	1/640	1/1280	1/2560	对照
判断结果										
结论										

注：视不同凝集程度记录为＋＋＋（100%凝集）、＋＋＋（75%凝集）、＋＋（50%凝集）、＋（25%凝集）、－（不凝集），发生明显凝集现象（＋＋）的最高血清稀释倍数（稀释度的倒数），即为该血清中凝集素（抗体）的效价（也称滴度），以此表示血清中抗体的相对含量。

二、免疫学检验技术类型

免疫学技术自19世纪建立了最早的和最简单的凝集实验开始，不断发展，尤其是近30年来，各种新方法、新技术层出不穷，应用面也日益扩大，深入到生物科学各个研究领域。免疫学检验技术类型见表4-3。

表4-3 免疫学检验技术类型

反应类型		技术名称	
凝集反应	直接凝集实验	玻片法	
		试管法	
	间接凝集实验	正向间接凝集实验	
		反向间接凝集实验	
		间接凝集抑制实验	
		间接血凝实验	
		乳胶凝集实验	
	协同凝集实验		
	桥梁凝集实验		
沉淀反应	液相沉淀实验	环状沉淀实验	
		絮状沉淀实验	
	固相沉淀实验	琼脂凝胶扩散实验	单向单扩散
			单向双扩散
			双向单扩散
			双向双扩散
		免疫电泳实验	火箭电泳
			对流电泳
			免疫电泳
补体参与的反应		补体结合实验	
中和反应		病毒中和实验	
免疫标记技术		免疫荧光分析技术	
		酶联免疫吸附技术	
		放射免疫分析技术	
		化学发光标记技术	
免疫复合物散射实验		激光散射免疫测定技术	
电免疫实验		免疫传感器技术	
其他		免疫转印技术、免疫蛋白芯片技术等	

课外巩固

一、判断题

1. 只有来源于其他个体的物质才有可能成为抗原。
2. 抗原都具有免疫原性和反应原性。

3. 免疫球蛋白都是抗体。
4. 抗体对动物机体的作用既有有利的作用，也有不利的作用。
5. 直接凝集反应玻片法通常为定性试验，试管法通常为定量试验。

二、不定项选择题

1. 以下说法错误的是（　　）。
A. 一般而言，分子结构和空间构象越复杂的物质，免疫原性越强
B. 一定条件下，分子量越大，免疫原性越强
C. 一般来说，呈聚合状态的抗原比单体抗原的免疫原性强
D. 一般来说，分子大小相同的物质化学组成越简单，免疫原性越强

2. 细菌细胞的抗原有（　　）。
A. 菌体抗原　　　B. 鞭毛抗原　　　C. 表面抗原　　　D. 毒素抗原

3. 人体内的抗体来源主要有（　　）。
A. 患传染病后　　B. 接种疫苗后　　C. 遗传　　　　　D. 自身对自身组织免疫

4. 能与相应抗原产生肉眼可见的抗原-抗体反应的抗体是（　　）。
A. 天然抗体　　　B. 免疫抗体　　　C. 完全抗体　　　D. 不完全抗体

5. 以下不是抗原-抗体反应特点的是（　　）。
A. 特异性　　　　B. 交互性　　　　C. 可逆性　　　　D. 比例性

6. 抗原-抗体沉淀反应中沉淀原不包括（　　）。
A. 细菌浸出液　　B. 组织浸出液　　C. 血清　　　　　D. 红细胞

7. 关于抗原-抗体反应，以下说法错误的是（　　）。
A. 抗原-抗体反应总是初级反应完成后进行次级反应
B. 通常应用生理盐水作稀释液以供应抗原-抗体反应的适当浓度电解质
C. 37℃，pH 为 6～8 是抗原-抗体反应的适合条件
D. 存在与反应无关的非特异性物质会加速抗原-抗体反应的发生

8. 以下说法正确的是（　　）。
A. 沉淀反应做定量试验时，应稀释抗体，并以抗体的稀释度作为效价
B. 补体结合反应中如果发生肉眼可见的溶血现象，说明抗原抗体不对应
C. 补体结合反应中如果发生肉眼可见的溶血现象，说明抗原抗体对应
D. 沉淀原比凝集原分子小，单位体积内所含抗原量多，故沉淀反应敏感度高于凝集反应

9. 补体结合反应中，检验系统有（　　），指示系统有（　　）。
A. 抗原与抗体　　B. 补体　　　　　C. 绵羊红细胞　　D. 溶血素

10. 关于玻片法凝集实验，正确的说法是（　　）。
A. 用已知抗原测未知抗体的定性试验
B. 用已知抗体测未知抗原的定量试验
C. 抗原与抗体反应，出现细菌凝集成块的现象即为阳性
D. 操作时要避免液滴干燥而影响结果观察

任务 4-2　食品微生物的 PCR 检验

 任务描述

你所在的食品企业微生物化验室收到可能受金黄色葡萄球菌污染的牛奶原料，为了保证原料能及时供应生产，你需要在 24h 内通过 PCR 技术快速检测原料乳中是否含有金黄色葡萄球菌。

 任务目标

① 知道 PCR 技术的基本原理。
② 掌握 PCR 反应的基本步骤与反应体系。
③ 了解 PCR 反应产生的检验和鉴定方法。
④ 了解 PCR 技术的类型与应用于食品微生物检验的优势与问题。
⑤ 会准备 PCR 实验所用的设备、器材与试剂。
⑥ 知道 PCR 技术检测乳品中金黄色葡萄球菌的原理。
⑦ 会规范进行 PCR 技术检测乳品中金黄色葡萄球菌，并能正确判定结果。

 知识准备

关于食品安全的检测，对于细菌、病毒等会危害人体健康的小分子生物的检出，我国的检测方法还不太完善，对于一些变异或慢性的微生物的检测更加有难度。近年来，致病性微生物引发食品安全事故逐年上升，成为全世界头号食品安全问题。长期以来，微生物传统检测手段存在检测周期长、特异性差等缺点，虽然病原微生物体外培养是病原体检测的"金标准"，但采用目前的培养技术，仅有 1‰ 的细菌可以培养。

1953 年沃森、克里克提出 DNA 分子的双螺旋结构模型是分子生物学诞生的标志。分子生物学是从分子水平研究生物大分子的结构与功能，从而阐明生命现象本质的科学。自 20 世纪 50 年代以来，分子生物学作为生物学的前沿与生长点，其主要研究领域包括蛋白质体系、蛋白质-核酸体系（中心是分子遗传学）和蛋白质-脂质体系（即生物膜），是当前生命科学中发展最快并正在与其它学科广泛交叉与渗透的重要前沿领域。分子生物学促使人们对生物学等生命科学的认识从细胞进入分子水平，在农业、畜牧、林业、微生物等领域发展十分迅速。近年来，随着分子生物学的发展，分子生物学检测技术的方法学研究也取得了很大的进展，并不断地应用于病原微生物的检测，先后建立了核酸分子杂交、核酸探针、PCR、核酸等温扩增和基因芯片等检测病原微生物的方法，为病原微生物的快速、高效、精确检测提供了可能。食品微生物检测中最广泛采用的分子生物学技术就是 PCR 技术。

一、PCR 检验技术的基本原理

食品微生物检验方法通常主要使用基于微生物生理生化特性的培养法和微生物抗原特性的免疫法等，但这些方法需经过富集培养、形态观察、生理生化鉴定等多个长周期的繁杂流程，十分耗时耗力，很难满足现代政府监管部门及企业对大批量食品进行微生物快速准确检验的需要。因此，如果能够建立准确、快速、高效、灵敏的食源性致病菌检验方法，对于有效预防和控制食源性疾病的发生和传播将具有重要意义。PCR 反应即聚合酶链式反应，是一种 DNA 体外核酸扩增技术。该技术能在短时间内将极微量的目的基因或某 DNA 片段扩增至十万乃至百万倍，从极微量的标本中扩增出足量的 DNA，从而快速检验是否含有特定的病原微生物。由于具有操作简便快速、对标本纯度要求不高、特异性强、灵敏度高、成本较低等特点，PCR 技术在食品致病菌检验中受到了越来越多的关注。

PCR 技术的实质是一种无细胞的分子克隆法，是以 DNA 分子为模板、寡核苷酸为引物、4 种脱氧核糖核苷酸作为底物，在 Taq DNA 聚合酶和 Mg^{2+} 作用下完成酶促合成反应。在微量离心管中，加入适量的缓冲液，以待扩增的 DNA 分子为模板，利用一对分别与模板互补的寡核苷酸片段引物和 DNA 聚合酶，以半保留复制的机制，沿模板链延伸直至合成新的 DNA，并通过高温变性、低温退火和中温延伸三个阶段为一个循环不断重复，扩增了需要的特异区段 DNA 带。

二、PCR 反应的基本步骤

1. 模板 DNA 的高温变性

模板双链 DNA 或经 PCR 扩增得到的双链 DNA 在 90～95℃（通常为 94℃）加热 5～10min 后，DNA 双螺旋的氢键断裂，双链解离成为单链，以便它与引物结合，为下一轮反应作准备（图 4-7）。

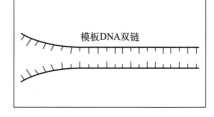

图 4-7　DNA 高温变性

2. 模板 DNA 与引物的低温退火（复性）

双链 DNA 经加热变性成单链后，将温度降至 40～60℃（通常为 50℃左右），引物与模板 DNA 的单链进行互补序列结合配对（图 4-8）。

3. 引物的中温延伸

在 70～75℃（通常为 72℃左右）下，DNA 模板-引物结合物在 Taq DNA 聚合酶的作用下，以 4 种 dNTP 底物为反应原料，靶序列为模板，发生酶促聚合反应，这一过程称为延伸。延伸时根据碱基互补配对原则，沿着 $5'\rightarrow 3'$ 合成的方向合成一条新的与模板 DNA 链互补的半保留复制链（图 4-9）。

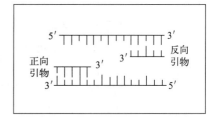

图 4-8　DNA 与引物低温退火

将高温变性、低温退火和中温延伸等几步反应重复进行，扩增产物的量将以指数级方式增加，一般单一拷贝的基因循环 25～30 次，目的 DNA 可扩增 100 万～200 万倍。

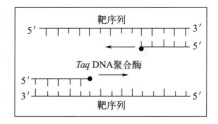

图 4-9　引物的中温延伸

三、PCR 反应体系及反应参数

PCR 技术的关键是一对引物、一个 Taq 酶、三个温度（变性温度、退火温度、延伸温度）。其标准反应的体系为：

10×扩增缓冲液	10μL
4 种 dNTP 混合物	200μmol/L
引物	1μmol/L
模板 DNA	0.1～2μg
Taq DNA 聚合酶	2.5U
Mg^{2+}	1.5mmol/L
加双蒸水或三蒸水至	100μL

在标准 PCR 反应中，双链 DNA 在 90～95℃变性，再迅速冷却至 40～60℃，使引物退火并结合到靶序列上，然后快速升温到 70～75℃，在 *Taq* DNA 聚合酶的作用下，使引物链沿模板按照从 $5'\rightarrow 3'$ 的方向进行延伸。

四、PCR 产物的检验和鉴定

PCR 扩增反应完成之后，必须通过检测，才能确定是否真正得到了准确可靠的预期特定扩增产物。凝胶电泳是检测 PCR 产物常用和最简便的方法，能初步判断产物的大小，有助于产物的鉴定。凝胶电泳常用的有琼脂糖凝胶电泳和聚丙烯酰胺凝胶电泳，前者主要用于 DNA 片段大于 100bp 者，后者主要用来检测小片段 DNA。

1. 琼脂糖凝胶电泳

琼脂糖凝胶电泳是 PCR 扩增产物分离、纯化和鉴定较常用的方法。扩增片段先经过琼脂糖凝胶电泳，然后用溴化乙锭进行染色操作，在紫外灯下便可直接确定 DNA 片段在凝胶板中的位置，其分辨率很高，可测出 1ng DNA。在一定范围内，DNA 片段在凝胶上的迁移率与其分子量成反比关系，分子量越大，迁移率越低。因此，比较待测 DNA 片段与标准 DNA 的迁移率，即可判断出其分子量。

2. 聚丙烯酰胺凝胶电泳

在电场作用下，聚丙烯酰胺凝胶电泳技术（PAGE）可使所带电荷或分子大小、形状存在差异的物质产生不同的泳动速度进而得到分离。这种电泳方法具有以下优点：分辨率高，可达 1bp；能装载的 DNA 量大，达每孔 10μg DNA；回收的 DNA 纯度高；采用的银染法灵敏度较高，且可保持较长时间。

另外还有其他的检测方法如 ELISA 检测、酶切分析、分子杂交、Southern 印迹杂交和核酸序列分析（测序），其中核酸序列分析是检测 PCR 产物特异性的最可靠方法。

五、PCR 技术的类型

PCR 的种类很多，在食品微生物检测中常用的有多重 PCR、反转录 PCR、免疫 PCR、实时荧光定量 PCR 等。

1. 多重 PCR（mPCR）

多重 PCR 也叫复合 PCR，是将两对以上引物和单一或多个模板 DNA 混合在同一个反应体系中，可以同时扩增一个物种的不同片段，也可以同时扩增多个物种的不同片段，并同时检验多个基因，可以避免错检和漏检，能够节约扩增和检验所需时间和成本，是一种快速、高效、经济的致病菌检验技术。其反应原理、反应试剂和操作过程与一般 PCR 相同。

mPCR 技术因其特异性强、敏感度高且操作便捷而被广泛用于食源性致病菌的快速检验。常规 PCR 方法只能针对单一菌进行检验，但食品中存在的致病菌往往是多类属种的，使用多重 PCR 技术就可突破这种局限性，并且提供了快速、特异、敏感的检验鉴定。

2. 反转录 PCR（RT-PCR）

RT-PCR 是将 RNA 的反转录（RT）和 cDNA 的聚合酶链式扩增（PCR）相结合的技术。首先经反转录酶的作用从 RNA 合成 cDNA，再以 cDNA 为模板，扩增合成目的片段。RNA 病毒可用此方法检测。

3. 免疫 PCR

免疫 PCR 是在 ELISA 的基础上建立起来的新方法，用 PCR 扩增代替 ELISA 的酶催化底物显色。PCR 具有很强的放大能力，其可以定量地检测 DNA 和 RNA，具有非常高的敏感性和特异性，因此将与抗原结合的特异性抗体通过连接分子与 DNA 结合，再经 PCR 扩增，以此定量检测抗原，敏感性高于 ELISA。

4. 实时荧光定量 PCR

实时荧光定量 PCR 是指在 PCR 反应体系中加入荧光基团，利用荧光信号积累实时监测整个 PCR 进程，最后通过标准曲线对未知模板进行定量分析的方法。

实时荧光定量 PCR 技术是在定性 PCR 技术基础上发展的一种核酸定量技术，通过探测 PCR 过程中的荧光信号来获得定量的结果，具有 PCR 技术的高灵敏度、DNA 探针杂交技术的强特异性以及光谱技术的精确定量的优点。

六、PCR 技术应用于食品微生物检测的优势与存在的问题

1. PCR 技术的优势

（1）**准确性** 食品中污染微生物种类很多，即使是同一种食品中微生物种类也相当多，所以，用传统的方法检测食品中微生物要分离出所有的微生物非常困难。PCR 技术从基因角度进行扩增检测，极大提高了目的微生物的检出率，提高了准确性。

（2）**快捷性** 传统的检测方法检测一般的腐败菌至少需要 2~5d，甚至 7d 以上，故传统方法最大的缺点就是检测需要时间长。检验结果出来时通常产品已经流向市场，对实际生产具有严重的滞后性。而 PCR 技术检测食品微生物可以在 1d 之内检测出结果，甚至在几个小时就可以得出检测结果，对食品工业生产具有相当好的指导作用。

2. PCR 技术存在的问题

（1）**污染问题** PCR 是一种极为灵敏的反应，一旦有极少量外源性 DNA 污染，就可能出现假阳性结果，所以在操作时必须加以注意。有条件的应在专门的 PCR 检测负压实验室中进行，没有条件的要在生物安全柜中进行，而实验用到的水、枪头、PCR 管都要灭菌，否则会有污染。

（2）**假阴性问题** 食品是复杂的反应基质，影响 PCR 反应的因素很多，如果不能有效排除各影响因素的干扰，很可能出现假阴性结果。此外，如果在 PCR 操作过程中各种实验条件控制不当，很容易导致产物突变，也会导致假阴性结果。对于这些问题必须有充分的考虑和排除措施。

（3）**引物设计及靶序列选择** 引物的设计及靶序列的选择是决定 PCR 结果的关键因素，引物不同则扩增物不同，如果引物的设计不当，则直接影响对关键靶序列的选择，降低 PCR 检测的灵敏度和特异性，甚至完全失败。因而，必须对扩增序列有充分的了解，并规范 PCR 实验室操作技术。尽管 PCR 技术在食品的微生物安全性检测方面还存在着一些问题，但相信随着研究的深入，这项技术必将得以完善，并迅速成为可以信赖的快速检测手段。

任务实施

【主要设备与常规用品】

PCR 仪；电泳仪；凝胶成像系统。

【材料】

待检乳品、10×PCR扩增缓冲液、dNTP混合液、Taq DNA聚合酶、DNA Marker DL2000、溶葡萄球菌酶、无水乙醇、石油醚、三氯甲烷、氨水、糖原、引物（正向引物：5′-GCGATTGATGGTGATACGGTT-3′；反向引物：5′-AGCCAAGCCTTGACGAACTAAAGC-3′）等。

【操作流程】

制备DNA模板→配制反应体系→PCR扩增→产物检测。

【技术提示】

食品的成分极为复杂，有些成分干扰PCR反应，可导致PCR检测灵敏度的下降。其中脂肪成分被认为是降低PCR检测灵敏度的主要因素之一，如乳及乳制品中的干扰因子主要为脂肪、金属离子、蛋白质等，所以可采用溶剂提取的方法来消除脂肪等干扰因子的抑制作用。从乳品中提取高纯度的金黄色葡萄球菌DNA模板，以金黄色葡萄球菌耐热核酸酶基因（nuc）为靶基因，经过PCR扩增后，无需增菌，直接快速检测乳品中的金黄色葡萄球菌。

1. DNA模板的制备

① 将1mL无水乙醇、1mL氨水和1mL石油醚分别加入5mL的待检乳品中，并混匀。

② 混合物以12000g，离心10min，弃去上清液，沉淀用300μL 10mmol/L的pH7.8 TE（由Tris-HCl与EDTA配制而成，主要用于溶解核酸，能稳定储存DNA和RNA）溶解后，加入5μL 10mg/mL溶葡萄球菌酶，37℃温育1h，其间不断剧烈振荡。然后加入50μL 10%的十二烷基硫酸钠（SDS），煮沸5min。

③ 将等体积的三氯甲烷加入上述混合液中，充分振荡混匀，17000g离心10min，弃沉淀，保留上清液。

④ 将上清液移入一支新的离心管中，用0.1倍体积2.5mol/L乙酸铵（pH5.4）、2.5倍体积预冷无水乙醇和5μL的10mg/mL糖原沉淀DNA，混合物17000g，离心20min。DNA沉淀干燥后用30μL 10mmol/L的TE（pH7.8）溶解，备用。

2. 配制反应体系

总反应体系为50μL，其中包括5μL 10×PCR扩增缓冲液、4μL 10mmol/L dNTP混合物、0.5μL 40μmol/L正向引物、0.5μL 40μmol反向引物、0.25μL（5U/μL）Taq酶、模板2μL、水37.75μL。

3. PCR扩增

PCR扩增反应采用冷启动。94℃预变性4min，再按94℃ 1min→52℃ 0.5min→72℃ 1.5min进行35个循环，最后72℃延伸3.5min。

4. PCR扩增产物的检测

取5μL的PCR产物在2%的琼脂糖凝胶上进行电泳，利用凝胶成像系统观察结果并成像。

5. 报告结果

根据引物的位置可知目的扩增产物大小，根据PCR扩增产物在琼脂糖凝胶上是否形成相应位置的条带来判断扩增是否发生。如果有条带，证明乳品中有金黄色葡萄球菌的存在。

6. 注意事项

如果操作不规范，样品间的交叉污染是很容易出现的，从而产生假阳性问题。因此，不仅要在进行扩增反应时谨慎对待，在样品的收集、抽提和扩增的所有环节都应谨慎操作，一般需做到以下几点：

① 戴一次性手套，若不小心溅上反应液，应立即更换手套。

② 避免反应液飞溅，若不小心溅到手套或桌面上，应立刻更换手套并用稀酸擦拭桌面。

③ 使用一次性吸头，严禁吸头混用，吸头不要长时间暴露于空气中，避免空气中气溶胶的污染。

④ 操作多份样品时，制备反应混合液，先将 dNTP、缓冲液、引物和酶混合好，然后再分装，这样既可以减少操作次数，避免污染，又可以增加反应速度。

⑤ 加入反应模板，加入后盖紧反应管。

⑥ 操作时设立空白对照和阴阳性对照，既可验证 PCR 反应的可靠性，又可以协助判断扩增系统的可信性。

⑦ 由于实际操作时加样器很容易受产物气溶胶或标本 DNA 的污染，所以操作者最好使用高压处理过的或可替换的加样器。假如没有这种特殊的加样器，至少在 PCR 操作过程中加样器应该专用，严禁交叉使用，尤其是 PCR 产物分析所用加样器不能拿到其它两个相邻区域使用。

⑧ 重复实验，验证结果，慎下结论。

结果与评价

根据结果，填写《食品微生物检验技术任务工单》。

知识拓展

随着生命科学和化学的不断发展，人们对生物体的认知已经逐渐深入到微观水平。从单个的生物体到器官到组织到细胞，再从细胞结构到核酸和蛋白质的分子水平，我们对于食品中污染的微生物的检测技术已经从发现微生物细胞个体发展到检测微生物分子水平的线性结构（如核酸序列），PCR 技术就是一个从生物分子的角度进行微生物检测的经典技术。分子生物学技术应用于食品微生物检测上，还有其他的一些技术代表。

一、基因芯片技术

基因芯片又可称作 DNA 芯片、DNA 微阵列，是指由按照预定位置固定在固相载体上很小面积内的千万个核酸探针分子所组成的微点阵阵列。如果把样品中的核酸片段进行标记，在一定条件下，来自样品的互补核酸片段可以与载体上的核酸分子杂交，在专用的芯片阅读仪上就可以检测到杂交信号。

基因芯片技术是近十几年来在生命科学领域迅速发展起来的一项高新技术，是一项基于基因表达和基因功能研究的革命性技术，它综合了分子生物学、半导体微电子、激光、化学染料等领域的最新科学技术，在生命科学和信息科学之间架起了一道桥梁，是当今世界上高度交叉、高度综合的前沿学科和研究热点。目前基因芯片正在成为食品和食品原料检测中一种较新的方法，检测食品的营养成分，监督食品的卫生、安全和食品质量，保证人类健康，是鉴别微生物和转基因成分最有效的手段之一，为全面、快速、准确地进行食品安全检测提供了一个崭新的平台,并且将对整个食品领域产生深刻的影响。

二、核酸探针技术

核酸探针是指带有标记的特异 DNA 片段。根据碱基互补原则,核酸探针能特异性地与目的 DNA 杂交,最后用特定的方法测定标记物。探针标记方式分为放射性标记、非放射性标记。放射性标记的核酸探针的特异性非常强,检测病原微生物速度比常规方法快得多,但在食品微生物检测中常用的是非放射性标记。

非放射性标记法可将生物素、地高辛连接在 dNTP 上,然后像放射性标记一样用酶促聚合法掺入核酸链中制备标记探针。也可让生物素、地高辛等直接与核酸进行化学反应而连接上核酸链。其中,生物素的光化学标记法较为常用。其原理是利用能被可见光激活的生物素衍生物——光敏生物素,光敏生物素与核酸探针混合后,在强的可见光照射下,可与核酸共价相连,形成生物素标记的核酸探针。可适用于单、双链 DNA 及 RNA 的标记,探针可在 $-20℃$ 下保存 $8\sim10$ 个月以上。

三、环介导等温扩增技术

环介导等温扩增技术,简称 LAMP,是一种简单、快速、特异、经济、新颖的核酸扩增方法。LAMP 法的特点是针对靶基因的 6 个区域设计 4 种特异的引物,利用一种链置换 DNA 聚合酶,在恒温条件下(65℃左右)保温几十分钟,即可完成核酸扩增反应,具有高特异性和等温快速扩增的特点。可以在 1h 之内,将靶 DNA 片段扩增 $10^9\sim10^{10}$ 倍。在 DNA 延伸合成时,从脱氧核苷三磷酸基质(dNTP)中析出的焦磷酸离子与反应溶液中的镁离子结合,会产生一种焦磷酸镁的衍生物,而高效扩增的 LAMP 法能生成大量这样的衍生物,并呈现白色沉淀。可以把浑浊度作为鉴定指标,只要用肉眼观察白色浑浊沉淀,就能鉴定扩增与否,而不需要烦琐的电泳、紫外观察等过程。因为 LAMP 反应不需要 PCR 仪和昂贵的试剂,利于在一些基层机构的应用,有着极为广泛的应用前景。

课外巩固

一、判断题

1. 高温变性指模板双链 DNA 在 $90\sim95℃$ 加热 $5\sim10min$ 后,DNA 双链解离成为单链。
2. 低温退火指在温度 $40\sim60℃$ 下底物与模板 DNA 的单链进行互补序列结合配对。
3. 中温延伸指在 $70\sim75℃$ 下,DNA 模板-引物结合物在聚合酶的作用下,沿着 $3'\rightarrow5'$ 的方向合成一条新的与模板 DNA 链互补的半保留复制链。
4. 琼脂糖凝胶电泳可用来检测小片段 DNA。
5. PCR 技术比传统食品检测技术更加准确和快捷。

二、不定项选择题

1. 下列说法正确的是(   )。

A. PCR 技术是一种 DNA 体外核酸扩增技术。

B. PCR 技术是一种无细胞的分子克隆技术。

C. PCR 技术是通过一次高温变性、低温退火和中温延伸,扩增了 DNA 片段。

D. PCR 技术是以 DNA 分子为模板、脱氧核糖核苷酸为引物、寡核苷酸作为底物进行的酶促合成反应

2. 决定 PCR 结果的关键因素不包括（　　）。
A. 引物设计　　　　　　　B. 靶序列选择
C. DNA 聚合酶选择　　　　D. 变性、退火和延伸的温度控制
3. 能够对 PCR 过程进行实时监测的技术是（　　）。
A. 多重 PCR　　　　　　　B. 反转录 PCR
C. 免疫 PCR　　　　　　　D. 实时荧光定量 PCR
4. 进行 PCR 检测时，要重视（　　）等问题。
A. 外源性 DNA 污染　　　B. 假阴性　　　C. 引物设计　　　D. 靶序列选择
5. 关于 PCR 技术检测乳品中金黄色葡萄球菌的方法，正确的说法有（　　）。
A. 要用溶剂提取的方法来去除脂肪等干扰因子对灵敏度的干扰
B. 可用金黄色葡萄球菌耐热核酸酶基因为模板 DNA 进行 PCR 扩增
C. PCR 扩增反应要进行 15 个循环，实现模板 DNA 的扩增
D. PCR 凝胶电泳后如果琼脂糖凝胶上无条带，证明乳品中有金黄色葡萄球菌的存在

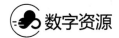

数字资源

PCR 综合大实验

项目五
食品微生物指标的检验程序

项目描述

通过食品微生物检验技术确定食品中是否存在微生物、微生物的数量，甚至微生物的种类，是评估食品卫生质量的一种科学手段。但是食品中微生物种类繁多，检验方法也各不相同，要客观反映食品卫生质量必须采用规范的程序进行食品的微生物指标安全性评价。总体来说，食品中微生物指标的检验程序包括样品采集前的准备、样品的采集、样品的前处理、样品的检验以及检验报告等基本环节。

进行食品微生物指标的检验通常首先需要采集样品，如果马上检测，则需要选择参考菌群，做检验前准备工作，进而进行检验。如果不能马上检测，则需要对样品进行保存，并作处理。通常在食品微生物检测时，除了菌落总数和大肠菌群是必检项目外，则应该根据不同食品、不同检测目的来选择恰当的检验方法和待检菌。不同的检验方法和操作过程可能得出不同的检验结果，因此，必须有一种固定统一的检验方法和操作规程，以便得出具有可比性的检测结果。一般的常规检验方法主要参考现行国家标准。如水产品中副溶血性弧菌为必检项目，粮食米面制品中黄曲霉毒素则是必检项目。如果现行国标中有多种检验方法，则首选第一种方法。有些疑难微生物的检测，可以进行预镜检，作为疑似微生物的初步判定依据。

在致病菌检测过程中，由于通常致病菌数量较少，需要做增菌处理，有的微生物还需要进行预增菌。增菌后，再进行纯化分离，必要时，需要多次分离纯化，通过染色镜检，确认纯化的微生物，再进行生化实验以确定群属，把分好群属的微生物进行免疫学实验以确定种型，必要时候还可以进行动物实验，以进一步确定微生物的种类，并出具报告。

由于食品中微生物指标繁多，检验方法也各不相同，本项目从不同食品微生物检验的程序中，选择两个共性的任务——样品采集、样品的前处理与后处理进行详细介绍。

食安先锋说

规范检验流程，铸就工匠精神

工匠精神不仅仅是指机械的、重复的技术传承，而是代表着一个时代的气质，以及坚定、创新、精益求精的精神传承。食品微生物检验的基本程序要求学生严格规范检验流程，夯实操作能力，提倡实验创新，鼓励选择实验项目和探索不同实验方法解决问题、设计实验方案、实际动手操作、分析结果数据、撰写实验报告。全面培养创新意识和创新思维，提高科技创新能力及团队协作能力。推进在各自的专业领域里执着忠诚、不懈努力、不断进步，在工作岗位上恪尽职守、认真负责，以激发对职业不断探索的动力，并不断提升自己的专业技能，推动铸就工匠精神。

食安先锋说 5

任务 5-1　食品微生物检验常见样品的采集

任务描述

为加强对食品生产企业卫生状况监控及保障食品安全,你所在的食品企业微生物化验室要对生产的食品进行常规微生物检验,作为采样员,你需要前往生产车间进行采样。

任务目标

① 了解食品微生物检验的采样点。
② 理解食品微生物检验的采样方案及内涵。
③ 理解食品微生物检验采样的原则。
④ 理解食品中微生物检验样品的采集方法。
⑤ 会根据不同的食品标准,制定相应的微生物检验采样方案。
⑥ 会根据不同种类的食品,完成采样前的准备工作。
⑦ 能够正确完成食品企业常见的微生物检验用样品的采集及采样单填写。

知识准备

食品微生物指标繁多,检验的方法也各不相同,总体来说基本可按以下程序(图 5-1)

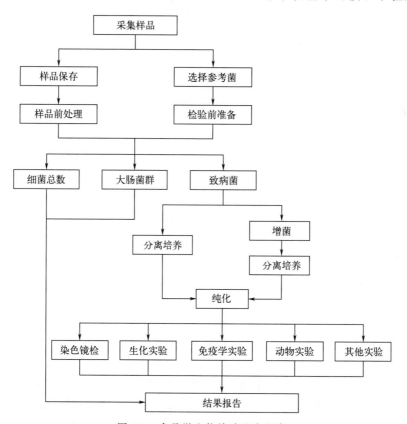

图 5-1　食品微生物检验基本程序

进行,此图对各类食品各项微生物指标的检验具有一定指导性。

在食品检验中,采样是极其重要的,是做好检验工作的前提。正确的样品采集与处理直接影响到检验结果,也是食品微生物检验工作非常重要的环节。如果样品在采集、运送、保存或制备等过程中的任一环节出现操作不当,都会使微生物的检验结果毫无意义,甚至产生负面影响。总之,特定批次食品所抽取样品的数量、样品的状态、样品的代表性及随机性等,对产品质量的评价及质量控制具有重要意义。

一、采样的定义与重要性

采样是指在一定质量或数量的产品中,取一个或多个单元用于检测的过程。

为了从源头上控制食品安全,食品微生物检验样品的采集对象包括原材料、生产环境、生产流通各个环节及各种食品,所采集的样品必须具有代表性,即所取样品能够代表食品的所有部分,其检测结果才具有统计学有效性。这就要求检验人员不但要掌握正确的采样方法,而且还要了解食品加工批号、原料情况(来源、种类、地区、季节等)、加工方法、运输保藏条件、销售中的各个环节(例如有无防蝇、防污染、防蟑螂及防鼠等设备)及销售人员的责任心和卫生认识水平等情况,保证每个样品被抽取的概率相等。

二、样品采集的原则

① 根据检验目的、食品特点、批量、检验方法、微生物的危害程度等确定采样方案。

② 应采用随机原则进行采样,确保所采集的样品具有代表性。

每批食品应随机抽取一定数量的样品,在生产过程中,在不同时间内各取少量样品予以混合。固体或半固体的食品应从表层、中层和底层,中间和四周等不同部位取样。

③ 采样过程遵循无菌操作程序,防止一切可能的外来污染。

食品微生物学检验样品的采集必须严格按照无菌操作程序进行,防止一切外来污染,一件用具只能用于一个样品,防止交叉污染。

④ 样品在保存和运输过程中,应采取必要的措施防止样品中原有微生物的数量变化,保持样品的原有状态。

三、食品样品的类型

1. 根据样品数量分类

食品样品可分为大样、中样、小样3种。大样指一整批产品,如一个班组的产品或一日的产量。中样是从大样的各部分取的混样,用于送检的样品,一般为200g。小样又称为检样,是从中样中取出直接用于检验的部分,一般以25g为准。

2. 根据采样点分类

食品微生物检验的采样点常包括:原料、生产线(半成品、环境)、成品、库存样品、零售商店或批发市场、进口或出口口岸、种植场或养殖场。

原料的采样包括食品生产所用的原始材料、添加剂、辅助材料及生产用水等。

生产线样品是指食品生产过程中不同加工环节所取的样品,包括半成品、加工台面、与被加工食品接触的仪器面以及操作器具等。对生产线样品的采集能够确定微生物污染的来源,可用于食品加工企业对产品加工过程卫生状况的了解和控制,同时能够用于特定产品生产环节中关键控制点的确定和HACCP的验证工作。另外,还可以配合生产加工,在生产前后或生产过程中对环境样品（如地面、墙壁、天花板及空气等）进行采样检验，以了解加工环境的卫生状况。

库存样品的采样检验可以测定产品在保质期内微生物种群以及数量的变化情况，同时也可以间接对产品的保质期是否合理进行验证。

零售商店或批发市场的样品的检测结果，能够反映产品在流通过程中微生物的变化情况，能够对改进产品的加工工艺起到反馈作用。

进口或出口样品通常是按照进出口商所签订的合同进行采样和检测的。但要特别注意的是，进出口食品的微生物指标除满足进出口合同或信用证条款的要求外，还必须符合进口国的相关法律规定。如世界很多国家禁止含有致病菌的食品进口。

四、食品微生物检验的采样方案

样品的规模和种类不同，采样的数量及采样的方法也不一样。以检验结果的准确性来说，实验室收到的样品是否具代表性及其状态如何是关键问题。如果取样没有代表性或对样品的处理不当，得出的检验结果可能毫无意义。如果要根据一小份样品的检验结果去说明一大批食品的质量或一起食物中毒的性质，那么设计一种科学的取样方案及采取正确的采样和样品处理方法是必不可少的条件。

采样方案通常指以数理统计为基础的取样方法，也叫统计采样。采样方案通常要根据生产者过去的工作情况来选择，将反映生产者工作情况的取样水平（即加严、正常或放宽），体现在计划当中，还应包括被测产品被接受或被拒绝的标准。在执行计划前，必须首先征求统计专家的意见，以保证所取样品能够满足这个计划的要求。

采用什么样的采样方案主要取决于检验的目的，检验目的可以是判定一批食品合格与否，也可以是查找食物中毒病原微生物，还可以是鉴定畜禽产品中是否有人畜共患的病原体。目的不同，采样方案不同。目前国内外使用的采样方案多种多样，如一批产品采若干个样后混在一起检验，按百分比采样；按食品的危害程度不同采样；按数理统计的方法决定采样的个数等。不管采用何种采样方案，对于采样代表性的要求是一致的。最好对整批产品的单位包装进行编号，实行随机采样。

按照《食品安全国家标准 食品微生物学检验 总则》（GB 4789.1—2016）要求，食品微生物检验的采样方案分为二级和三级采样方案。

二级采样方案有 n、c、m 值；三级采样方案有 n、c、m、M 值。n：同一批次产品中应采集（检验）的样品件数；c：最大可允许超出 m 值的样品件数；m：微生物指标可接受水平的限量值（三级采样方案）或最高安全限量值（二级采样方案）；M：微生物指标的最高安全限量值。

按照二级采样方案设定的指标，在 n 个样品中，允许有 $\leq c$ 个样品其相应微生物指标检验值 $> m$ 值。按照三级采样方案设定的指标，在 n 个样品中，允许全部样品中相应微生物指标值 $\leq m$ 值；允许有 $\leq c$ 个样品其相应微生物指标检验值在 m 和 M 值之间，不允许有样品相应微生物指标检验值 $> M$ 值。

以《食品安全国家标准 乳粉》（GB 19644—2010）中微生物指标（表 5-1）为例进行说明。

根据 GB 19644—2010，乳粉的微生物检验采用三级采样方案，要对某批次乳粉进行菌落总数指标评价，需对此批乳粉随机采集 5 个样品检验。

表 5-1　乳粉微生物限量（GB 19644—2010）

项目	采样方案[a] 及限量(若非指定,均以 CFU/g 表示)				检验方法
	n	c	m	M	
菌落总数[b]	5	2	50000	200000	GB 4789.2
大肠菌群	5	1	10	100	GB 4789.3 平板计数法
金黄色葡萄球菌	5	2	10	100	GB 4789.10 平板计数法
沙门氏菌	5	0	0/25g	—	GB 4789.4

a 样品的分析及处理按 GB 4789.1 和 GB 4789.18 执行。
b 不适用于添加活性菌种（好氧和兼性厌氧益生菌）的产品。

若 5 包乳粉菌落总数均≤50000CFU/g，则该批次产品合格；若有 1～2 包乳粉菌落总数在 50000～200000CFU/g 之间，则该批次产品合格；若有 3 包或以上乳粉菌落总数大于 50000CFU/g，则该批次乳粉全部不合格；若有任何 1 包乳粉菌落总数大于 200000CFU/g，则该批次乳粉都不合格。

对于暂时还未颁布食品安全标准采样方案的食品，可参考 GB/T 4789.1—2003 取样方案（表 5-2）。

表 5-2　我国的食品取样方案

检样种类	采样数量	备注
进口粮油	粮:按三层五点采样法进行(表、中、下 3 层); 油:重点采取表层及底层油	每增加 10000t,增加 1 个混样
肉及肉制品	生肉:取屠宰后两腿侧肌或最长肌 100g/只; 脏器:根据检验目的而定; 光禽:每份样品 1 只; 熟肉:酱卤制品、肴肉及灌肠取样不少于 200g,烧烤制品应取样 50cm^2; 熟禽:每份样品 1 只; 肉松:每份样品 200g; 香肚:每份样品 1 个	要在检样的不同部位采样
乳及乳制品	生乳:1 瓶; 奶酪:1 个; 消毒乳:1 瓶; 乳粉:1 袋或 1 瓶,大包装 200g; 奶油:1 包,大包装 200g; 酸乳:1 瓶或 1 罐; 炼乳:1 瓶或 1 听; 淡炼乳:1 罐	每批样品按千分之一采样,不足千件者抽一件
蛋品	全蛋粉:每件 200g; 巴氏消毒全蛋粉:每件 200g; 蛋黄粉:每件 200g; 蛋白粉:每件 200g	一日或一班生产为一批,检验沙门氏菌按 5%采样,但每批不少于 3 个检样;测菌落总数、大肠菌群,每批按装听过程前、中、后流动取样 3 次,每次取样 50g,每批合为一个样品
	冰全蛋:每件 200g; 冰蛋黄:每件 200g; 冰蛋白:每件 200g	在装听时流动采样,检验沙门氏菌,第 250kg 取样一件
	巴氏消毒全蛋:每件 200g	检验沙门氏菌,每 500kg 取样一件,测菌落总数、大肠菌群,每批按装听过程前、中、后流动取样 3 次,每次取样 50g

续表

检样种类	采样数量	备注
水产品	鱼:1条; 虾:200g; 蟹:2只; 贝壳类:按检验目的而定; 鱼松:1袋	不足200g者加量
罐头	可按下列方法之一: 1. 按杀菌锅采样: (1)低酸性食品罐头杀菌冷却后采样2罐,3kg以上大罐每锅采样1罐; (2)酸性食品罐头每锅抽1罐,一般一个班的产品组成一个检验批,各锅的样罐组成一个检验组,每批每个品种取样基数不得少于3罐。 2. 按生产班(批)次采样: (1)取样数为1/6000,尾数超过2000者增取1罐,每班(批)每个品种不得少于3罐; (2)某些产品班产量较大,则以30000罐为基准,其取样数为1/6000;超过30000罐的按1/20000;尾数超过4000者增取1罐; (3)个别产品量较小,同品种同规格可合并批次为一批取样,但并班总数不超过5000罐,每个班次取样数不得少于3罐	产品如按锅堆放,在遇到由于杀菌操作不当想起问题时,也可以按锅处理
冰冻饮品	冰棍、雪糕:每批不得少于3件,每件不得少于3只; 冰淇淋:原装4杯为1件,散装200g; 食用冰块:500g为1件	班产量20万只以下者,一班为一批;以上者以工作台为一批
软饮料	碳酸饮料及果汁饮料:原装2瓶为一件,散装500mL; 散装饮料:500mL为一件; 固体饮料:原装1袋	每批3件,每件2瓶
调味品	酱油、醋、酱等:原装1瓿,散装500mL; 味精:1袋; 袋装调味料:1袋	
冷食菜、豆制品	采取200g	不足200g者加量
酒类	采取2瓶为一件,散装500mL	

任务实施

【主要设备与常规用品】

电子天平、电热烘箱、高压灭菌锅、均质器（剪切式或拍打式均质器）、离心机、冰箱、冷冻柜、酒精灯、镊子、剪刀、解剖刀、金属药匙、消毒棉球、记号笔、温度计、无菌采样袋、无菌手套、无菌采样容器、无菌棉拭子、无菌注射器、转运管、冰瓶、采样规格板等。

【材料】

无菌生理盐水、75%酒精、硫代硫酸钠、无菌营养琼脂平板、标签纸、采样单等。

【操作流程】

采样前调查→现场观察→确定采样方案→采样→样品封存→填写采样记录单→收样→登记并填写检验序号。

【技术提示】

正确的采样方法能够保证取样方案的有效执行,以及样品的有效性和代表性。

采样容器广口、密封,形状及大小适宜,采样工具与器皿清洁、干燥、无菌,采样过程必须遵循无菌操作程序,防止一切可能的外来污染,采取必要的措施防止食品中固有微生物的数量和生长能力发生变化。确定检验批次,应注意产品的均质性和来源,确保检样的代表性,按采样方案,能采取最小包装如袋、瓶和罐装的食品就采取完整包装,必须拆包装取样的应按无菌操作进行,不同类型食品应采用不同的工具和方法,但要注意随机性和代表性。

1. 预包装食品的采样方法

① 应采集相同批次、独立包装、适量件数的食品样品,每件样品的采样量应满足微生物指标检验的要求。

② 独立包装≤1000g的固态食品或≤1000mL的液态食品,取相同批次的包装。

③ 独立包装＞1000mL的液态食品,应在采样前摇动或用无菌棒搅拌液体,使其达到均质后采集适量样品,放入同一个无菌采样容器内作为一件食品样品;＞1000g的固态食品,应用无菌采样器从同一包装的不同部位分别采取适量样品,放入同一个无菌采样容器内作为一件食品样品。

2. 散装食品或现场制作食品

用无菌采样工具从 n 个不同部位现场采集样品,放入 n 个无菌采样容器内作为 n 件食品样品。每件样品的采样量应满足微生物指标检验单位的要求。

取完样品后,应用消毒的温度计插入液体内测量食品的温度,并作记录。尽可能不用水银温度计测量,以防温度计破碎后水银污染食品。如为非冷藏易腐食品,应迅速将所采样品冷却至0～4℃。

3. 具体食品样品的采集与送检

(1) 肉与肉制品样品 健康畜禽的肉、血液以及有关脏器组织,一般是无菌的。随着加工过程的顺序,进行取样检验,前面工序的肉可检出的菌数少,越到后面的工序和最后的肉,包装之前细菌污染越严重,1g肉可检出亿万个细菌,少者也有几万个细菌。

① 生肉及脏器检样 屠宰场宰后的畜肉,可于开腔后,用无菌刀采取两腿内侧肌肉各50g(或劈半后采取两侧背最长肌肉各50g);冷藏或销售的生肉,可用无菌刀取肥肉或其他部位的肌肉100g。检样采取后放入无菌容器内,立即送检;如条件不许可时,最好不超过3h。送检时应注意冷藏,不得加入任何防腐剂。检样送往化验室应立即检验或放置冰箱暂存。

② 禽类(包括家禽和野禽) 无菌操作采取整只,放无菌容器内,以下处理要求同生肉。

③ 各类熟肉制品 一般采取整只或整块,无菌操作采集后均放无菌容器内,立即送检。

④ 腊肠、香肚等生灌肠 无菌操作采取整根、整只;小型的可采数根、数只,其总量不得少于250g。

⑤ 棉拭采样法和检样处理 检验肉禽及其制品受污染的程度,一般可用板孔25cm²的

金属制灭菌规格板（图 5-2）压在受检物上，将灭菌棉拭子稍沾湿，在板孔 25cm² 的范围内揩抹多次，然后将板孔规格板移压另一点，用另一棉拭子揩抹，如此共移压揩抹 10 次，总面积 50cm²，共用 10 只棉拭子。每支棉拭子在揩抹完毕后应立即剪断或烧断后投入盛有 50mL 灭菌水的锥形烧瓶或大试管中，立即送检。检验时先充分振摇锥形烧瓶、试管中的液体，作为原液，再按要求作 10 倍递增稀释。

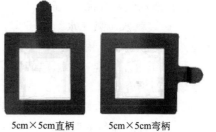

图 5-2　表面采样规格板

检验致病菌，不必用规格板，在可疑部位用棉拭子揩抹即可。

(2) 蛋与蛋制品样品

① 鲜蛋　无菌操作采取足够数量鲜蛋，放入灭菌袋内，加封做好标记后送检。

② 全蛋粉、巴氏消毒全蛋粉、蛋黄粉、蛋白片　将包装铁箱上开口处用 75% 酒精棉球消毒，然后将盖开启，用灭菌的金属制双层旋转式套管采样器斜角插入箱底，使套管旋转收取检样，再将采样器提出箱外，用灭菌小匙自上、中、下部收取检样，装入灭菌广口瓶中，每个检样质量不少于 100g，标明后送检。

③ 冰全蛋、巴氏消毒冰全蛋、冰蛋黄、冰蛋白　先将铁听开口处用 75% 酒精棉球消毒，然后将盖开启，用灭菌电钻由顶到底斜角钻入，徐徐钻取检样，然后抽出电钻，从中取出 200g 检样装入灭菌广口瓶中，标明后送检。

④ 对成批产品进行质量鉴定时的采样数量　全蛋粉、巴氏消毒全蛋粉、蛋黄粉、蛋白片等产品以一日或一班生产量为一批，检验沙门氏菌时，按每批总量 5% 抽样（即每 100 箱中抽验 5 箱，每箱一个检样），最少不得少于 3 个检样；测定菌落总数和大肠菌群时，每批按装听过程前、中、后取样 3 次，每次取样 50g，每批合为一个检样。

冰全蛋、巴氏消毒冰全蛋、冰蛋黄、冰蛋白等产品按每 500kg 取样一件。菌落总数测定和大肠菌群测定时，在每批装听过程前、中、后取样 3 次，每次取样 50g 合为一个检样。

(3) 乳与乳制品样品

① 散装或大型包装的乳品　用灭菌刀、勺取样，在移采另一件样品前，刀、勺应先清洗灭菌。采样时要注意采样部位具有代表性。每件样品数量不少于 200g，放入灭菌容器内及时送检。鲜乳一般不应超过 3h，在气温较高或路途较远的情况下应进行冷藏，不得使用任何防腐剂。

② 小型包装的乳品　应采取整件包装，采样时应注意包装的完整。各种小型包装的乳与乳制品，每件样品量为：牛乳 1 瓶或 1 包；消毒乳 1 瓶或 1 包，乳粉 1 瓶或 1 包（大包装者 200g）；奶油 1 块；酸乳 1 瓶或 1 罐；炼乳 1 瓶或 1 罐；奶酪（干酪）1 个。

③ 成批产品　对成批产品进行质量鉴定时，其采样数量每批以千分之一计算，不足千件者抽取 1 件。

(4) 水产食品样品　现场采取水产食品样品时，应按检验目的和水产品的种类确定采样量。除个别大型鱼类和海兽只能割取其局部作为样品外，一般都采完整的个体，待检验时再按要求在一定部位采取检样。以判断质量鲜度为目的时，鱼类和体型较大的贝甲类虽然应以个体为一件样品，单独采取，但若需对一批水产品作质量判断时，应采取多个个体做多件检样以反映全面质量；鱼糜制品（如灌肠、鱼丸等）和熟制品采取 250g，放灭菌容器内。

水产食品含水较多，体内酶的活力旺盛，容易发生变质。采样后应在 3h 以内送检，在送检过程中一般加冰保藏。

(5) 清凉饮料样品

① 瓶装汽水、果味水、果子露、鲜果汁水、酸梅汤、可乐型饮料 应采取原瓶、袋和盒装样品；散装者应用无菌操作采取 500mL，放入灭菌磨口瓶中。

② 冰淇淋、冰棍 取原包装样品；散装者用无菌操作采取，放入灭菌磨口瓶中，再放入冷藏或隔热容器中。

③ 食用冰块 取冷冻冰块放入灭菌容器内。

注：所有的样品采取后，应立即送检，最多不得超过 3h。

(6) 调味品样品

① 酱油和食醋 装瓶者采取原包装，散装样品可用灭菌吸管采取。

② 酱类 用灭菌勺子采取，放入灭菌磨口瓶内送检。

(7) 冷食菜、豆制品样品

① 冷食菜 将样品混匀，采取后放入灭菌容器内。

② 豆制品 采集接触盛器边缘、底部及上面不同部位样品，放入灭菌容器内。

(8) 糖果、糕点、果脯样品 糕点、果脯等此类食品大多是由糖、牛乳、鸡蛋、水果等为原料而制成的甜食。部分食品有包装纸，污染机会较少，但由于包装纸、盒不清洁，或没有包装的食品放于不洁的容器内也可造成污染。带馅的糕点往往因加热不彻底，存放时间长或温度高，可使细菌大量繁殖。带有奶花的糕点，存放时间长时，细菌可大量繁殖，造成食品变质。

糕点、果脯可用灭菌镊子夹取不同部位样品，放入灭菌容器内；糖果采取原包装样品，采取后立即送检。

(9) 酒类样品 酒类一般不进行微生物学检验，进行检验的主要是酒精度低的发酵酒。因酒精度低，不能抑制细菌生长。污染主要来自原料或加工过程中不注意卫生操作而沾染水、土壤及空气中的细菌，尤其是散装生啤酒，因不加热往往生存大量细菌。

瓶装酒类应采取原包装样品；散装酒类应用灭菌容器采取，放入灭菌磨口瓶中。

(10) 粮食样品 粮食最易被霉菌污染，由于遭受到产毒霉菌的侵染，不但发生霉败变质，造成经济上的巨大损失，而且能够产生各种不同性质的霉菌毒素。因此，加强对粮食中的霉菌检验具有重要意义。粮食采样可根据粮囤、粮垛的大小和类型，按三层五点法取样，或分层随机采取不同的样品混匀，取 500g 左右作检验用，每增加 10000t，增加一个混样。

4. 样品的标记和运输

取样过程中应对所取样品进行及时、准确的标记。取样结束后，应由采样人填写完整的采样单。样品应尽可能在原有状态下迅速运送或发送到实验室。

(1) 样品的标记

① 所有盛样容器必须有和样品一致的标记。在标记上应记明产品标志与号码、样品顺序号以及其他需要说明的情况。标记应牢固并具防水性，确保字迹不会被擦掉或脱色。

② 当样品需要托运或由非专职取样人员运送时，必须封识样品容器。

(2) 样品的运送

① 取样结束后应尽快将样品送往实验室检验。如不能及时运送，冷冻样品应存放在 -15℃ 以下冰箱或冷藏库内；冷却和易腐食品存放在 0～4℃ 冰箱或冷却库内；其他食品可放在常温冷暗处。

② 水样采取后，应于 2h 内送到检验室。若路途较远，应连同水样瓶一并置于 6～10℃ 的冰瓶内运送，运送时间不得超过 6h，洁净的水最多不超过 12h。

③ 样品的运输过程必须有适当的保护措施（如密封、冷藏等），保证指标不发生变化。

运送冷冻和易腐食品应在包装容器内加适量的冷却剂或冷冻剂，保证途中样品不升温或不溶化，必要时可于途中补加冷却剂或冷冻剂。

④ 如不能由专人携带送样时，也可托运。托运前必须将样品包装好，应能防破损、防冻结或防易腐和冷冻样品升温或溶化。在包装上应注明"防碎""易腐""冷藏"等字样。

⑤ 做好样品运送记录，写明运送条件、日期、到达地点及其他需要说明的情况，并由运送人签字。

(3) 样品的保存 实验室接到样品后应在36h内进行检测（贝类样品通常要在6h内检测），对不能立即检测的样品，要采取适当的方式保存，使样品在检测之前维持取样时的状态，即样品的检测结果能够代表整个产品的状态。实验室应有足够和适当的样品保存设施（冰箱或冰柜等）。

① 保存的样品应进行必要和清晰的标记，内容包括：样品名称、样品描述、样品批号、企业名称、地址、取样人、取样时间、取样地点、取样温度（必要时）、测试目的等。

② 水样送到后，应立即进行检验，如条件不许可，则可将水样暂时保存在冰箱中，但不超过4h。运送水样时应避免玻璃瓶摇动，水样溢出后又回流瓶中，从而增加污染。检验时应将水样摇匀。

③ 常规食品样品若不能及时检验，可置于4℃冷藏保存，但保存时间不宜过长（一般要在36h内检验）。

④ 冰冻食品要密闭后置于冷冻冰箱（通常为－18℃），检测前要始终保持冷冻状态，防止食品暴露在二氧化碳气体中。

⑤ 易腐的非冷冻食品检测前不应冷冻保存（除非不能及时检测）。如需短时间保存，应在0~4℃冷藏保存。但应尽快检验（一般不应超过36h），因为保存时间过长，会造成食品中嗜冷细菌的生长和嗜中温细菌死亡。非冷冻的贝类食品的样品应在6h内进行检测。

⑥ 样品在保存过程中应保持密封性，防止引起样品pH值的变化。

⑦ 对样品的贮存过程进行记录。

结果与评价

根据结果，填写《食品微生物检验技术任务工单》。

知识拓展

一、食物中毒微生物检样的采样

当怀疑发生食物中毒时，应及时收集可疑中毒源食品或餐具等，同时收集病人的呕吐物、粪便或血液等。

二、人畜共患病病原微生物检样的采样

当怀疑某一动物产品可能带来人畜共患病病原体时，应结合畜禽传染病学的基本知识，采取病原体最集中、最易检出的组织或体液送检验室检验。

三、检测食品中厌氧微生物的取样

取样检测厌氧微生物时，很重要的一点是食品样品中不能含有游离氧。例如在肉的深层

取少量样品后，要避免使之暴露在空气当中。如只能抽取小样品，或需使用棉拭子取样时，就要用一种合适的转接培养基（如Stuart转接培养基）来降低氧的浓度。例如，使用藻酸盐羊毛拭子取样后，就不能再放入原来的试管，而应放在盛有Stuart转接培养基的瓶中，棉拭子使用前要先用强化的梭菌培养基浸湿。

四、生产车间采样

1. 车间空气采样

直接沉降法，在动态下进行。车间设东、西、南、北、中5点，周围4点距墙1m。采样时，将直径90mm的无菌营养琼脂平板置采样点（约桌面高度），打开培养皿盖，使平板在空气中暴露5min然后盖上培养皿盖6h内送检。

2. 车间裸露表面的采样

采样检验的范围包括直接接触食品的生产设备设施；员工手部、一次性手套、工作服等食品接触面；包装卷膜、饼托、包装袋等内包材。

（1）工作台、生产器具等食品接触面 将经灭菌的内径为5cm×5cm的灭菌规格板（图5-2）放在被检物体表面，用一浸有灭菌生理盐水的棉签在其内涂抹10次，然后剪去手接触部分棉棒，将棉签放入含10mL灭菌生理盐水的采样管内送检。

（2）工人手 被检人五指并拢，用一浸湿生理盐水的棉签在右手指曲面，从指尖到指端来回涂擦10次，然后剪去手接触部分棉棒，将棉签放入含10mL无菌生理盐水的采样管内送检。

注：擦拭时棉签要随时转动，保证擦拭的准确性。对每个擦拭点应详细记录所在分场的具体位置、擦拭时间及所擦拭环节的消毒时间。

（3）样液稀释 将放有棉棒的试管充分振摇，此液为1:10稀释液。如污染严重，可十倍递增稀释，吸取1mL 1:10样液加9mL无菌生理盐水中，混匀，此液为1:100稀释液。

五、加工用水及水源地水样采集

1. 加工用水

取自来水，可先用清洁布将水龙头擦干，再用酒精灯灼烧水龙头灭菌，然后将水龙头完全打开放水5~10min，经常取水的水龙头放水1~3min，然后将水龙头关小，采集水样。汤料等从车间容器不同部位用100mL无菌注射器抽取。

2. 采取江、湖、河、水库、蓄水池、游泳池等地面水源

取样时，一般在居民常取水的地点，应先将无菌采水器（图5-3）浸入水下10~15cm处，井水在水下50cm深处，然后掀起瓶塞采集水样，流动水区应分别采取靠岸边及水流中心的水。

采取经氯处理的水样（如自来水、游泳池水）时，应在取样前按每500mL水样加入硫代硫酸钠0.03g或1.5%的硫代硫酸钠水溶液2mL，目的是作为脱氯剂除去残余的氯，避免剩余氯对水样中细菌的

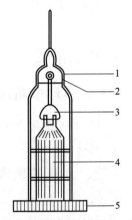

图5-3 采水器

1—开瓶绳索；2—铁框；3—瓶盖；4—500mL灭菌磨口玻璃瓶；5—沉坠

杀害作用而影响结果的可靠性。

课外巩固

一、判断题

1. 对散装食品采样，可用无菌采样工具从 n 个不同部位现场采集样品后放入 1 个无菌采样容器内作为 1 件样品送检。
2. 食品检验样品采集全过程都必须在无菌操作下进行。
3. 微生物检验室接到样品后应在 36h 内进行检测，贝类样品通常要在 6h 内检测。
4. 酒类一般不进行微生物学检验。
5. 对于食品生产车间表面采样，一般采集 20cm² 表面微生物样品。

二、不定项选择题

1. 食品微生物检验的范围包括（　　）。
   A. 生产环境的检验　　　　　　　B. 原辅料的检验
   C. 食品加工、储藏、销售环节的检验　　D. 食品的检验
2. 关于乳与乳制品采样，正确的做法有（　　）。
   A. 散装或大型包装的乳品，每件样品采集不少于 500g
   B. 采集鲜乳样品后，为防止乳变质，要加入防腐剂后送检
   C. 小型包装乳制品，采取整件包装
   D. 一批乳品产品共 3000 件，采样 3 件样品送检
3. 实验室接到样品后不能立即检测，则需要标记（　　）等内容后，以适当方式保存。
   A. 样品名称　　　B. 样品描述　　　C. 样品批号　　　D. 取样时间
4. 下列说法正确的是（　　）。
   A. 应采集相同批次、独立包装、适量件数的食品样品，每件样品的采样量应满足微生物指标检验的要求
   B. 独立包装≤500g（mL）的食品，取相同批次的包装
   C. 独立包装＞500g（mL）的食品，应在采样前摇动或用无菌棒搅拌使其达到均质后采集适量液体食品或用无菌采样器从同一包装的不同部位分别采取适量固体样品，放入同一个无菌采样容器内作为一件食品样品
   D. 散装食品或现场制作食品就用无菌采样工具从 n 个不同部位现场采集样品，放入 1 个无菌采样容器内作为 1 件食品样品
5. 关于肉与肉制品样品采集，正确的做法有（　　）。
   A. 屠宰场宰后的畜肉，可于开腔后，用无菌刀采取两腿内侧肌肉或劈半后两侧背最长肌肉各 100g
   B. 禽类样品可采取整只，放入无菌容器内立即送检
   C. 肉类样品送检时应注意冷藏，可加入防腐剂防止其变质
   D. 检验肉禽致病菌污染时，用板孔 25cm² 的金属制灭菌规格板压在可疑部位上，将灭菌棉拭子稍沾湿揩抹取样

三、解读标准

根据任务 5-1 中给出的 GB 19644—2010 中乳粉微生物限量（表 5-1），请说明乳粉的大肠菌群、金黄色葡萄球菌和沙门氏菌指标如何解读。

任务 5-2　食品微生物样品的检验前处理与后处理

  任务描述

为加强对食品生产企业卫生状况监控及保障食品安全,你所在的食品企业微生物化验室要对生产的食品进行常规微生物检验,作为检验员,你需要对采样的样品进行相应的前处理,并且在微生物检验后对不同性质样品进行相应的后处理。

  任务目标

① 掌握不同食品微生物安全检测项目对检验方法的选择要求。
② 了解不同种类食品根据国家标准所需检测的致病菌种类。
③ 理解食品样品的检验结果报告的要求。
④ 掌握检验后不同性质样品处理的要求。
⑤ 会根据采集食品及检验要求,做好检验前处理的准备工作。
⑥ 对给定样品能采用正确方法进行检验前处理。
⑦ 对检验后不同性质的样品做正确的后处理。

 **知识准备**

一、检验方法的选择

在对采集的食品样品进行微生物指标检验时,检验方法选择遵循以下三个原则:
① 应选择现行有效的国家标准方法。
② 食品微生物检验方法标准中对同一检验项目有两个及两个以上定性检验方法时,应以常规培养方法为基准方法。
③ 食品微生物检验方法标准中对同一检验项目有两个及两个以上定量检验方法时,应以平板计数法为基准方法。

我国食品微生物检验是 GB 4789 系列《食品安全国家标准　食品微生物学检验》中以细菌等微生物常规培养为主的定性和定量方法。定量检测方法主要依赖菌落平板计数法和MPN（最大概率数）法,定性检测方法都需要进行菌落分离、生化和血清学方法鉴定等,无论定性还是定量方法存在着需时较长、灵敏度和准确性过低的缺点。

二、致病菌检验参考菌群的选择

参考菌群即待检对象菌。各类食品由于生产、种植、养殖过程不同,加工方法不同,可能存在的致病菌也不尽相同。各类食品微生物检测中,确定哪些致病菌作为检测参考菌群就成了一件非常重要的工作。

通常,我国的微生物检验项目由一般性检验项目和致病菌两大类构成。一般检验项目包括菌落总数、大肠菌群、霉菌和酵母菌等指标;致病菌是可能通过食品引起食源性疾病的各种细菌。一般确定致病菌检测项目,需要依据我国各类食品国家标准中的卫生标准,即把国家卫生标准中的微生物指标中提到的微生物作为检测参考菌群。可参考《食品安全国家标准　预包装食品中致病菌限量》（GB 29921—2021）（表 5-3）和《食品安全国家标准　散装即

项目五 微生物指标检验程序

表 5-3 预包装食品中致病菌限量标准

食品类别	致病菌指标	采样方案及限量（若非指定，均以/25g 或/25mL 表示）				检验方法	备注
		n	c	m	M		
乳制品 巴氏杀菌乳 调制乳 发酵乳	沙门氏菌	5	0	0	—	GB 4789.4	—
浓缩乳制品 乳粉和调制乳粉 乳清粉和乳清蛋白粉	金黄色葡萄球菌	5	0	0	—	GB 4789.10	仅适用于巴氏杀菌乳、调制乳、发酵乳、调制加糖炼乳（甜炼乳）、调制加糖炼乳
稀奶油、奶油和无水奶油 干酪、再制干酪和干酪制品 酪蛋白		5	2	100CFU/g	1000CFU/g	GB 4789.10	仅适用于干酪和干酪制品、再制干酪和干酪制品乳粉
		5	2	10CFU/g	100CFU/g		仅适用于干酪和干酪制品、再制干酪和干酪制品
其他乳制品（加工中不进行热处理的食品除外） 工业用浓缩乳除外	单核细胞增生李斯特氏菌	5	0	0	—	GB 4789.30	
肉制品 熟肉制品［酱卤肉制品；熏、烧、烤肉类；肉灌肠类；发酵肉制品；肉类；熟灌肠类；其他熟肉制品］	沙门氏菌	5	0	0	—	GB 4789.4	
炸（煎）肉类；蒸煮火腿类；蒸煮肉制品类；熟肉干制品；其他熟肉制品	单核细胞增生李斯特氏菌	5	0	0	—	GB 4789.30	
	金黄色葡萄球菌	5	1	100CFU/g	1000CFU/g	GB 4789.10	
	致泻大肠杆菌	5	0	0	—	GB 4789.6	仅适用于牛肉制品、即食生肉制品、发酵肉制品类
水产制品 熟制动物性水产制品（熟干水产制品；经烹调的水产制品；发酵水产制品；其他熟制水产制品）	沙门氏菌	5	0	0	—	GB 4789.4	—
即食生制动物性水产制品	副溶血性弧菌	5	1	100MPN/g	1000MPN/g	GB 4789.7	仅适用于即食生制动物性水产制品
即食藻类制品 其他即食水产品	单核细胞增生李斯特氏菌	5	0	100CFU/g	—	GB 4789.30	

续表

食品类别	致病菌指标	采样方案及限量（若非指定，均以/25g 或/25mL 表示）				检验方法	备注
		n	c	m	M		
即食蛋制品 再制蛋 其他蛋制品	沙门氏菌	5	0	0	—	GB 4789.4	—
粮食制品 焙烤食品 冲调谷物制品 熟制淀粉制品 熟制面筋制品 馅（料）面米制品［带馅（料）面米制品；不带 馅（料）面米制品］ 膨化粮食制品 其他熟制粮食食品	沙门氏菌	5	0	0	—	GB 4789.4	—
	金黄色葡萄球菌	5	1	100CFU/g	1000CFU/g	GB 4789.10	
即食豆制品 非发酵豆制品 发酵豆制品 大豆蛋白类制品	沙门氏菌	5	0	0	—	GB 4789.4	
	金黄色葡萄球菌	5	1	100CFU/g	1000CFU/g	GB 4789.10	
巧克力类制品 巧克力及巧克力制品 代可可脂巧克力及代可可脂巧克力制品 可可制品（可可脂除外）	沙门氏菌	5	0	0	—	GB 4789.4	—
即食果蔬制品 水果制品［去皮或预切水果；水果干类； 醋、油或盐渍水果；果酱（泥）；蜜饯凉果；发 酵水果制品；煮熟的水果或油炸的水果；水果甜 品；其他即食水果］ 蔬菜制品［去皮或预切的蔬菜；腌渍蔬菜； 蔬菜泥（酱）；经水煮或油炸的蔬菜；其他即 食加工蔬菜］ 食用菌及其制品	沙门氏菌	5	0	0	1000CFU/g(mL)	GB 4789.4	
	金黄色葡萄球菌	5	1	100CFU/g(mL)		GB 4789.10	
	单核细胞增生李斯特氏菌	5	0	0	—	GB 4789.30	仅适用于去皮或预切的水果，去皮或预切的蔬菜及上述类别混合食品
	致泻大肠杆菌	5	0	0	—	GB 4789.6	

续表

食品类别	致病菌指标	采样方案及限量（若非指定，均以/25g 或/25mL 表示）				检验方法	备注
		n	c	m	M		
饮料 　果蔬汁类及其饮料 　蛋白饮料类 　茶饮料类 　咖啡饮料类 　植物饮料类 　风味饮料类 　固体饮料类 　其他饮料类（碳酸饮料除外）	沙门氏菌	5	0	0	—	GB 4789.4	—
冷冻饮品 　冰淇淋类 　雪糕类 　冰棍类 　风味冰 　食用冰 　其他冷冻饮品	沙门氏菌	5	0	0	—	GB 4789.4	—
	金黄色葡萄球菌	5	1	100CFU/g(mL)	1000CFU/g(mL)	GB 4789.10	—
	单核细胞增生李斯特氏菌	5	0	0	—	GB 4789.30	—
即食调味品 　酱油 　酱及酱制品 　香辛料类 　水产调味品 　复合调味料 　其他即食调味品（食醋除外）	沙门氏菌	5	0	0	—	GB 4789.4	—
	金黄色葡萄球菌	5	1	100CFU/g(mL)	1000CFU/g(mL)	GB 4789.10	—
	副溶血性弧菌	5	1	100MPN/g(mL)	1000MPN/g(mL)	GB 4789.7	仅适用于水产调味品
坚果与籽类食品 　其他即食坚果与籽类食品（烘炒类、油炸类、膨化类熟制坚果与籽类食品除外）	沙门氏菌	5	0	0	—	GB 4789.4	—
特殊膳食用食品 　婴儿配方食品 　较大婴儿和幼儿配方食品 　婴幼儿辅助食品 　特殊医学用途婴儿配方食品 　特殊医学用途配方食品 　其他特殊膳食用食品	金黄色葡萄球菌	5	0	10CFU/g(mL)	100CFU/g(mL)	GB 4789.10	—
	克罗诺杆菌属（阪崎肠杆菌）	3	0	0/100g	—	GB 4789.40	仅适用于婴儿（0～6月龄）配方食品、特殊医学用途婴儿配方食品

注：表中"$m=0/25g$ 或 $25mL$ 或 $100g$"代表"不得检出每 25g 或每 25mL 或每 100g"。

食食品中致病菌限量》（GB 31607—2021）（表5-4）来确定各类食品的致病菌检测指标。国外的食品卫生标准如美国FDA、日本厚生省等也对食品中致病菌检验规定了定性检验方法和限量标准，即25g或25mL样品中致病菌不得检出。

三、检验结果报告

化验室应按照检验方法中规定的要求，准确客观地检验并报告每一项检验结果。具体做法举例：

① 按照标准操作规程进行检验操作，边工作边做原始记录。原始记录包括检验过程中观察到的现象、结果和数据信息。记录应及时、准确。

② 检测结束，连同结果一起交同条线技术人员复核。复核过程中发现错误，复核人应通知检测人更正，然后重新复核。

③ 检测人和复核人在原始记录上签名，并填写"检验报告底稿"。

④ 所有检测项目完成后，检测人员将原始记录、样品卡、检验报告底稿交科主任作全面校核。

⑤ 上交经审核后的报告底稿、样品卡、原始记录，打印正式报告书两份。

⑥ 将报告正本交审核人及批准人签名，并在报告书上盖上"检验专用章"和检测机构公章后对外发文。

⑦ 检验报告加盖"检验专用章"和检测机构公章后以示生效，并立即交给食品卫生监督人员处理。

⑧ 在报告正式文本发出前，任何有关检测的数据、结果、原始记录都不得外传，否则作为违反保密制度论处。

四、样品检验后处理

食品微生物检验和其他行业的检验一样，通常分为型式检验、例行检验和确认检验。

型式检验是依据产品标准，为了认证目的所进行的型式检验，必须依据产品国家标准。型式检验一般为现场检测，可以是全检，也可以是单项检验。

例行检验指对于批量生产的定型产品，为检查其质量稳定性进行的定期抽样检验。例行检验包括工序检验和出厂检验。例行检验允许用经过验证后确定的等效、快速的方法进行。

确认检验是为验证产品持续符合标准要求而进行的，在经例行检验后的合格品中随机抽取样品，依据检验文件进行的检验。

在例行检验和确认检验发现不合格品率接近公司规定值时，检验员应根据情况及时通知操作者注意加强控制；当不合格品率超过规定值，应采取纠正和预防措施。

无论是何种检验，进行检验的食品微生物检验室必须备有专用冰箱存放检验后的样品。检验结果报告后，被检样品方能按要求合理处置。

① 阴性样品：在发出报告后，可及时处理。破坏性的全检，样品在检验后销毁即可。

② 阳性样品：检出致病菌的样品要经过无害化处理。一般阳性样品发出报告3天（特殊情况可适当延长）后，方能处理样品。

③ 进口食品的阳性样品，需保存6个月，方能处理。

④ 检验结果报告以后，剩余样品或同批样品通常不进行微生物项目复检。

微生物在食品中分布不均匀，即使是同一个样品，做两遍结果不一样也是很正常的事情。

表5-4 散装即食食品中致病菌限量标准（预先包装但需要计量称重的散装即食食品中致病菌限量按照表5-3相应食品类别执行）

食品类别	致病菌指标	限量	检验方法	备注
热处理散装即食食品	沙门氏菌	0/25g(mL)	GB 4789.4	—
	金黄色葡萄球菌	≤1000CFU/g(mL)	GB 4789.10	—
	蜡样芽孢杆菌	≤10000CFU/g(mL)	GB 4789.14	仅适用于以米为主要原料制作的食品
部分或未经热处理散装即食食品	沙门氏菌	0/25g(mL)	GB 4789.4	—
	金黄色葡萄球菌	≤1000CFU/g(mL)	GB 4789.10	—
	单核细胞增生李斯特氏菌	0/25g(mL)	GB 4789.30	—
	副溶血性弧菌	≤1000MPN/g(mL)	GB 4789.7	仅适用于含动物性水产品的食品
	蜡样芽孢杆菌	≤10000CFU/g(mL)	GB 4789.14	仅适用于以米为主要原料制作的食品
其他散装即食食品	沙门氏菌	0/25g(mL)	GB 4789.4	—
	金黄色葡萄球菌	≤1000CFU/g(mL)	GB 4789.10	—

注：表中"0/25g(mL)"代表"不得检出每25g(mL)"。

任务实施

【主要设备与常规用品】

电子天平、电热烘箱、高压灭菌锅、超净工作台、恒温振荡器、恒温水浴锅、均质器（剪切式或拍打式均质器）、无菌均质袋、离心机、酒精灯、镊子、剪刀、金属药匙、硅胶（棉）塞、锥形瓶、ϕ5mm左右玻璃珠、乳钵、吸管、吸球、磨口瓶、量筒、玻璃棒、灭菌手套、记号笔、温度计等。

【材料】

样品、蒸馏水、无菌缓冲蛋白胨溶液、无菌生理盐水、75%酒精、灭菌海砂或玻璃砂、标签纸、75%酒精棉球、石炭酸溶液、灭菌纱布、20%～30%灭菌碳酸钠溶液、pH试纸、无菌棉拭子。

【操作流程】

无菌器材与相应设备的准备→不同样品检验的前处理→检验后样品的处置。

【技术提示】

食品卫生微生物检验室接到送检申请单，应立即登记，填写实验序号，并按检样要求，立即将样品放在冰箱或冰盒中，积极准备条件进行检验，同时选择合适的检验方法。

1. 食品微生物检样的处理

实验室样品的处理是微生物检验的重要环节，是获得较高准确性和良好检验结果的基础。样品的处理是指对所采集的样品再进行分取、粉碎及混匀等过程。由于食品种类繁多，在实际微生物检验实验室中尽可能采用统一的样品处理方法。但是，对于许多特殊产品来说，由于产品本身的物理状态（如干品、黏稠度高的产品等）、样品中抑制物质的存在（如大蒜制品、洋葱制品等）或酸性等，则需要采用特殊的样品处理方法。这些特殊的样品处理方法，包括（但不限于）：

① 调整食品稀释样液的pH值至中性；

② 对于含高抑制物质（成分）的产品（如大蒜制品、洋葱制品等），或所含微生物可能受损的产品（如酸性食品、盐渍食品、干制食品等），使用缓冲蛋白胨水或其他稀释液（如D/E中和肉汤、脑心浸液肉汤等）修复培养；

③ 为使渗透压改变而导致休克最小化，对于低水分活度的食物，需妥善采取特殊复水程序；

④ 调整适当温度和静置时间，以利于可可粉、明胶、奶粉等样品的悬浮；

⑤ 对于来自食物加工或贮存过程中的受损微生物，需要采取特殊复苏程序；

⑥ 某些产品（如谷类）和（或）目标菌（如酵母菌和霉菌）的特殊均质程序及均质时间；

⑦ 对于高脂肪食品，使用表面活性剂（如吐温80等）。

处理的方法可根据被检食品的性状和检验要求，采用振摇、搅拌、粉碎、研磨、均质等方法，一般均质效果比搅拌好。均质可使细菌从食品颗粒上脱离，使细菌在液体中分布均匀；也可使食品中营养物质更多地释放到液体中，有利于细菌的生长。

(1) 稀释液的制备

① 普通稀释液　浓度为0.1%、pH6.8～7.0的缓冲蛋白胨溶液，1∶4的Ringer溶液

和0.85%氯化钠溶液等都是较好的稀释液。0.1%缓冲蛋白胨溶液要比其他保护效果更好，因此是最常用的稀释液。

在最低稀释度时，样品可能会改变稀释液的性质。特别是当样品中水不溶物占的比例很大时，样品在稀释液中的溶解度会受到影响。食品样品的溶解度到底有多大？是不是稀释液的pH值或水分活度（A_w）也会受到影响？如果有疑问，应该测定第一个稀释度的pH值和水分活度。为了防止pH值变化，可在稀释液中加入磷酸盐缓冲液。

高溶解度的干燥样品（如奶粉、婴儿食品）在最低稀释度时水分活度很低，应该选择蒸馏水作为稀释液，最合适的稀释液应该通过一系列的实验得到，所选择的稀释液应该具有最高的复苏率。

样品稀释液的制备过程应在15~30min内完成。

② 厌氧微生物的稀释液 对食品中的厌氧微生物进行定性或定量检测时，必须使氧化作用减至最低，所以应使用具有抗氧化作用的培养基作为稀释液。制备样品悬液时应尽量避免氧气进入其中，使用袋式排击式均质器可达到这一点。

检测对氧气极其敏感的厌氧菌时，除使用适当的稀释液外，还要具备一些特殊的样品防护措施，如使用厌氧工作站等。

③ 嗜渗菌和嗜盐菌的稀释液 20%的无菌蔗糖溶液适用于嗜渗菌计数；研究嗜盐菌（如食盐样品）时，可使用15%无菌的0.85%氯化钠溶液作为稀释液。

(2) 固体样品的处理 处理相对较复杂，处理方法主要有以下几种：

① 捣碎均质法：将100g或100g以上样品剪碎混匀，从中取25g放入带225mL稀释液的无菌均质杯中8000~10000r/min均质1~2min，这是对大部分食品样品都适用的办法。

② 剪碎振摇法：将100g或100g以上样品剪碎混匀，从中取25g进一步剪碎，放入带有225mL稀释液和适量ϕ5mm左右玻璃珠的稀释瓶中，盖紧瓶盖，用力快速振摇50次，振幅不小于40cm。

③ 研层法：将100g或100g以上样品剪碎混匀，取25g放入无菌乳钵充分研磨后再放入带有225mL无菌稀释液的稀释瓶中，盖紧盖后充分摇匀。

④ 整粒振摇法：有完整自然保护膜的颗粒状样品（如蒜瓣、青豆等）可以直接称取25g整粒样品置入带有225mL无菌稀释液和适量玻璃珠的无菌锥形瓶中，盖紧瓶盖，用力快速振摇50次，振幅在40cm以上。蒜瓣样品若剪碎或均质，由于大蒜素的杀菌作用，所得结果大大低于实际水平。

⑤ 胃蠕动均质法：这是国外使用的一种新型的均质样品的方法，将一定量样品和稀释液放入无菌均质袋中，开机均质。均质器有一个长方形金属盒，其旁安有金属叶板，可打击塑料袋，金属叶板由一恒速马达带动，做前后移动而撞碎样品。

(3) 半固体或黏性液体食品的处理 此类样品无法用吸管吸取，可用灭菌容器称取检样25g，加入预温至45℃的225mL灭菌生理盐水或蒸馏水中，摇荡溶化或使用恒温振荡器振荡溶化，溶化后尽快检验。从样品稀释到接种，一般不要超过15min。

(4) 液体样品的处理 液体样品指黏度不超过牛乳的非黏性食品。有外包装样品，在打开外包装时，一定要注意表面消毒，无菌操作。可灼烧灭菌的包装开启前，用点燃的酒精棉球灼烧瓶口灭菌，用灭菌纱布盖好，再用无菌开瓶器将盖启开。不可灼烧灭菌的包装需先将其开口处用75%酒精棉擦拭消毒，用灭菌剪子剪开包装，覆盖上灭菌纱布或浸有消毒液的纱布再剪开部分。含有CO_2的液体饮料，按上述方法开启后，先倒入500mL灭菌磨口瓶中，瓶口勿盖紧，之后覆盖灭菌纱布，轻轻摇荡，待气体全部逸出后再进行检验。

开启后,可直接用灭菌吸管准确吸取 25mL 样品加入 225mL 蒸馏水或生理盐水或有关检验的增菌液中,制成 1:10 稀释液。吸取前要将样品充分混合,取样的吸管插入样品的深度一般不要超过 25cm。酸性食品用 10% 灭菌的碳酸钠调 pH 至中性后再进行检验。

(5) 冷冻样品的处理　检验前要进行解冻,要防止病原菌的死亡和因在生长温度下而使细菌数量增加。一般可在 0~4℃ 解冻,时间不超过 18h,也可在 45℃ 以下解冻,时间不超过 15min。样品解冻后按无菌操作称取检样 25g,置于 225mL 灭菌的稀释液中,制备成均匀的 1:10 混悬液。

(6) 粉状或颗粒状样品的处理　用灭菌勺或其他适用工具将其样品搅拌均匀后,按无菌操作称取检样 25g 置于 225mL 灭菌生理盐水中,充分摇荡混匀或使用振荡器混匀,制成 1:10 稀释液。

2. 常见食品样品检验前的处理

(1) 肉与肉制品样品　肉制品大多要经过浓盐或高温处理,肉上的微生物(包括病原微生物),凡不耐浓盐和高温的,都会死亡。但形成的芽孢或孢子却不受高浓度盐或高温的影响,而保存下来,如肉毒杆菌的芽孢体,可以在腊肉、火腿、香肠中存活。

① 生肉及脏器检样的处理:将检样先进行表面消毒(在沸水内烫 3~5s,或灼烧消毒),再用无菌剪子剪取检样深层肌肉 25g,放入无菌乳钵内用灭菌剪子剪碎后,加灭菌海砂或玻璃砂研磨,磨碎后加入灭菌生理盐水 225mL,混匀后即为 1:10 稀释液。

② 鲜家禽检样的处理:将检样先进行表面消毒,用灭菌剪刀或刀去皮后,剪取肌肉 25g,以下处理同生肉。带毛野禽去毛后,同家禽检样处理。

③ 各类熟肉制品检样的处理:直接切取或称取 25g,以下处理同生肉。

④ 腊肠、香肠等生灌肠检样处理:先对生灌肠表面进行消毒,用灭菌剪刀剪取内容物 25g,以下处理同生肉。

注意:以上均以检验肉禽及其制品内的细菌含量来判断其质量鲜度为目的。若需检验样品受外界环境污染的程度或是否带有某种致病菌,应用棉拭采样法。

(2) 蛋与蛋制品样品

① 鲜蛋外壳:用灭菌生理盐水浸湿的棉拭子充分擦拭蛋壳,然后棉拭子直接放入培养基内增菌培养,也可将整只鲜蛋放入灭菌小烧杯或培养皿中,按检样要求加入定量灭菌生理盐水或液体培养基,用灭菌棉拭将蛋壳表面充分擦洗后,以擦洗液作为检样检验。

② 鲜蛋蛋液:将鲜蛋在流水下洗净,待干后再用 75% 酒精棉球消毒蛋壳,然后根据检验要求,开蛋壳取出蛋白、蛋黄或全蛋液,放入带有玻璃珠的灭菌瓶内充分摇匀待检。

③ 全蛋粉、巴氏消毒全蛋粉、蛋白片、冰蛋黄:将检样放入带有玻璃珠的灭菌瓶内,按比例加入灭菌生理盐水充分摇匀待检。

④ 冰全蛋、巴氏消毒冰全蛋、冰蛋白、冰蛋黄:将装有冰蛋检样的瓶子浸泡于流动冷水中,待检样溶化后取出,放入带有玻璃珠的灭菌瓶内充分摇匀待检。

(3) 乳与乳制品样品

① 鲜乳、酸乳:以无菌操作去掉瓶口的纸罩纸盖,瓶口经火焰消毒后以无菌操作吸取 25mL 检样,放入装有 225mL 灭菌生理盐水的锥形烧瓶内,振摇均匀(酸乳如有水分析出于表层,应先去除)。

② 炼乳:将瓶或罐先用温水洗净表面,再用点燃酒精棉球消毒瓶或罐的上表面,然后用灭菌的开罐器打开罐(瓶),以无菌操作称取 25g(mL)检样,放入装有 225mL 灭菌生理盐水的锥形瓶内,振摇均匀。

③ 奶油：以无菌操作打开包装，取适量检样置于灭菌锥形烧瓶内，在45℃水浴或温箱中加温，溶解后立即将烧瓶取出，用灭菌吸管吸取25mL奶油放入另一含225mL灭菌生理盐水或灭菌奶油稀释液的烧瓶内（瓶装稀释液应预置于45℃水浴中保温，作10倍递增稀释时所用的稀释液相同），振摇均匀，从检样溶化到接种完毕的时间不应超过30min。

注：奶油稀释液——格林氏液（配法：氯化钠9g、氯化钾0.12g、氯化钙0.24g、碳酸氢钠0.2g、蒸馏水1000mL）250mL、蒸馏水750mL、琼脂1g，加热溶解，分装每瓶225mL，121℃灭菌15min。

④ 乳粉：罐装乳粉的开罐取样法同炼乳处理，袋装乳粉应用蘸有75%酒精的棉球涂擦消毒袋口，以无菌操作开封取样，称取检样25g，放入装有适量玻璃珠的灭菌锥形烧瓶内，将225mL温热的灭菌生理盐水徐徐加入（先用少量生理盐水将乳粉调成糊状，再全部加入，以免乳粉结块），振摇使充分溶解和混匀。

⑤ 奶酪：先用灭菌刀削去部分表面封蜡，用点燃的酒精棉球消毒表面，然后用灭菌刀切开奶酪，以无菌操作切取表层和深层检样各少许，置于灭菌乳钵内切碎，加入少量生理盐水研成糊状。

（4）水产食品样品

① 鱼类：采取检样的部位为背肌。用流水将鱼体体表冲净、去鳞，再用75%酒精棉球擦净鱼背，待干后用灭菌刀在鱼背部沿脊椎切开5cm，沿垂直于脊椎的方向切开两端，使两块背肌分别向两侧翻开，用无菌剪子剪取25g鱼肉，放入灭菌乳钵内，用灭菌剪子剪碎，加灭菌海砂或玻璃砂研磨（有条件情况下可用均质器），检样磨碎后加入225mL灭菌生理盐水，混匀成稀释液。

鱼糜制品和熟制品应放在乳钵内进一步捣碎后，再加入生理盐水混匀成稀释液。

② 虾类：采取检样的部位为腔节内的肌肉。将虾体在流水下冲净，摘去头胸节，用灭菌剪子剪除腹节与头胸节连接处的肌肉，然后挤出腔节内的肌肉，称取25g放入灭菌乳钵内，以后操作同鱼类检样处理。

③ 蟹类：采取检样的部位为胸部肌肉。将蟹体在流水下冲净，剥去壳盖和腹脐，去除鳃条，再置流水下冲净。用75%酒精棉球擦拭前后外壁，置灭菌搪瓷盘上待干。然后用灭菌剪子剪开成左右两片，用双手将一片蟹体的胸部肌肉挤出（用手指从足跟一端向剪开的一端挤压），称取25g，置灭菌乳钵内。以下操作同鱼类检样处理。

④ 贝壳类：采样部位为贝壳内容物。用流水刷洗贝壳，刷净后放在铺有灭菌毛巾的清洁的搪瓷盘或工作台上，采样者将双手洗净，75%酒精棉球涂擦消毒，用灭菌小钝刀从贝壳的张口处隙缝中缓缓切入，撬开壳盖，再用灭菌镊子取出整个内容物，称取25g置灭菌乳钵内。以下操作同鱼类检样处理。

注意：以上检样处理的方法和检验部位均以检验水产食品肌肉内细菌含量从而判断其鲜度质量为目的。若检验水产食品是否污染某种致病菌时，检样部位应为胃肠消化道和鳃等呼吸器官；鱼类检取肠管和鳃；虾类检取头胸节内的内脏和腹节外沿处的肠管；蟹类检取胃和鳃条；贝类中的螺类检取腹足肌肉以下的部分；贝类中的双壳类检取覆盖在斧足肌肉外层的内脏和瓣鳃等。

（5）清凉饮料样品

① 瓶装饮料：用点燃的酒精棉球灼烧瓶口灭菌，用石炭酸纱布盖好，塑料瓶口可用75%酒精棉球擦拭灭菌，用灭菌升瓶器将盖启开，含有二氧化碳的饮料可倒入另一灭菌容器

内，口勿盖紧，覆盖一灭菌纱布，轻轻摇荡。待气体全部逸出后，进行检验。

② 冰棍：用灭菌镊子除去包装纸，将冰棍部分放入灭菌磨口瓶内，木棒留在瓶外，盖上瓶盖，用力抽出木棒，或用灭菌剪刀剪掉木棒，置45℃水浴30min。溶化后立即进行检验。

③ 冰淇淋：放在灭菌容器内，待其溶化，立即进行检验。

(6) 调味品样品

① 瓶装调味品：用点燃的酒精棉球灼烧瓶口灭菌，用石炭酸纱布盖好，再用灭菌开瓶器启开后进行检验。

② 酱类：用无菌操作称取25g，放入灭菌容器内，加入灭菌蒸馏水225mL，制成混悬液。

③ 食醋：用20%～30%灭菌碳酸钠溶液调pH值到中性。

(7) 冷食菜、豆制品样品 以无菌操作称取25g检样，放入225mL灭菌蒸馏水，制成混悬液。

(8) 糕点、果脯、糖果样品

① 糕点：如为原包装，用灭菌镊子夹下包装纸，采取外部及中心部位；如为带馅糕点，取外皮及内馅25g；奶花糕点，采取奶花及糕点部分各一半共25g，加入225mL灭菌生理盐水中，制成混悬液。

② 果脯：采取不同部位称取25g检样，加入灭菌生理盐水225mL，制成混悬液。

③ 糖果：用灭菌镊子夹取包装纸，称取数块共25g，加入预温至45℃的灭菌生理盐水225mL待溶化后检验。

(9) 酒类样品

① 瓶装酒类：用点燃的酒精棉球灼烧瓶口灭菌，用石炭酸纱布盖好，再用灭菌开瓶器将盖启开，含有二氧化碳的酒类可倒入另一灭菌容器内，口勿盖紧，覆盖一纱布，轻轻摇荡，待气体全部逸出后，进行检验。

② 散装酒类：可直接吸取，进行检验。

(10) 粮食样品 以无菌技术，取粮粒25g，加入225mL灭菌生理盐水中，充分振摇，制成混悬液备用。

结果与评价

根据结果，填写《食品微生物检验技术任务工单》。

知识拓展

一、生产车间采样的处理

1. 车间空气样品的检验

将生产车间直接沉降法所采集的平板在6h内送实验室，于（36±1）℃培养48h观察结果，计数每块平板上生长的菌落数，求出全部采样点的平均菌落数。以每平板菌落数（CFU/皿）报告结果。

2. 车间裸露表面样品检验

将已采集样品在6h内送实验室，每支采样管充分混匀后取1mL样液，放入灭菌培养皿内，倾注营养琼脂培养基，每个样品平行接种两块培养皿，置（36±1）℃培养48h，计数平板上细菌菌落数。

$$y_1 = \frac{A}{S} \times 10$$

$$y_2 = A \times 10$$

式中　y_1——工作台表面细菌菌落总数，CFU/cm^2；
　　　A——平板上平均细菌菌落数，CFU；
　　　S——采样面积，cm^2；
　　　y_2——工人手表面细菌菌落总数，CFU/只手。

二、食品车间有关空气清洁度的规定

食品生产车间作为加工食品的场所，必须保持清洁卫生，而其中一些特殊的加工环节则要求更为严格，如饮料中的无菌灌装，糕点中的冷加工，无后道灭菌产品的内包装等的加工车间，必须对车间内空气中的微生物含量进行有效控制。国家质监总局（现国家市场监督管理总局）从2002年开始对食品生产企业实施生产许可证管理，所颁布的一系列食品生产许可证审查细则也分别对关键车间的空气洁净度提出了要求，如：

①《瓶（桶）装饮用水类生产许可证审查细则》中要求灌装车间应设置空气净化和消毒设施，入口处应有风淋设施；灌装车间的空气清洁度应达到10000级且灌装局部空气清洁度应达到100级，或者灌装车间的空气清洁度整体应达到1000级。

②《碳酸饮料（汽水）类生产许可证审查细则》中要求准清洁区和清洁作业区应相对密闭，清洁作业区必须安装粗效和中效空气净化设备，保证空气循环次数10次/小时以上。

③《茶饮料类生产许可证审查细则》、《果汁和蔬菜汁类饮料生产许可证审查细则》和《蛋白饮料类生产许可证审查细则》中要求准清洁区和清洁作业区应相对密闭，设有空气处理装置和空气消毒设施，清洁作业区对于热灌装工艺的应为10万级以上清洁厂房，后杀菌和无菌灌装工艺，必须安装粗效和中效空气净化设备，保证空气循环次数10次/小时以上。

④《糕点生产许可证审查细则》中要求冷加工的产品应设专门加工车间，应为封闭式，室内装有空调器、紫外线灭菌灯等灭菌消毒设施。

⑤《婴幼儿配方乳粉生产许可审查细则（2022版）》和《企业生产乳制品许可条件审查细则（2010版）》中要求清洁作业区和准清洁作业区空气中的菌落总数分别应控制在30CFU/皿和50CFU/皿以下，空气应进行杀菌消毒或净化处理，并保持正压。要达到这些要求，食品企业必须选用一至两种以上空气消毒方法，以控制成品微生物指标。

❋ 课外巩固

一、判断题

1. 目前我国微生物指标定量检测方法主要依赖MPN法和菌落平板计数法，都存在着需时较长、灵敏度和准确性过低的缺点。

2. 食品微生物检验方法标准中对同一检验项目有两个及两个以上定量检验方法时，应以MPN法为基准方法。

3. 微生物检验原始记录包括检验过程中观察到的现象、结果和数据信息。记录数据可以根据实际情况加以调整。

4. 型式检验可以是全检，也可以是单项检验。

5. 确认检验允许用经过验证后确定的等效、快速的方法进行。

6. 食品微生物检验不进行复检。

7. 样品稀释液的制备过程应在 30~60min 内完成。

8. 含有 CO_2 的液体饮料，应采取措施使气体全部逸出后再进行检验。

二、不定项选择题

1. 我国国家标准规定，所有预包装食品都要检验的致病菌为（　　）。

　　A. 沙门氏菌　　　　B. 金黄色葡萄球菌　　C. 副溶血性弧菌　　D. 致泻大肠杆菌

2. 下列说法，错误的是（　　）。

　　A. 检测结束，连同结果一起交同条线技术人员复核。复核过程中发现错误，复核人进行更正

　　B. 所有检测项目完成后，检测人员上交报告底稿、样品卡、原始记录，打印正式报告书两份

　　C. 检验报告加盖"检验专用章"和检测机构公章方为生效，可立即交给食品卫生监督人员处理

　　D. 在报告正式文本发出前，任何有关检测的数据、结果、原始记录都不得外传，否则作为违反保密制度论处

3. 食品微生物检验通常分为（　　）。

　　A. 型式检验　　　　B. 委托检验　　　　C. 例行检验　　　　D. 确认检验

4. 例行检验包括（　　）。

　　A. 现场检验　　　　B. 工序检验　　　　C. 随机检验　　　　D. 出厂检验

5. 冷冻食品样品检验前要采用（　　）进行解冻后检验。

　　A. 0~4℃解冻，时间不超过 18h　　　　B. 5~10℃解冻，时间不超过 12h

　　C. 15~20℃解冻，时间不超过 8h　　　　D. 45℃以下解冻，时间不超过 15min

6. 我国微生物检验项目包括（　　）等指标。

　　A. 菌落总数　　　　B. 大肠菌群　　　　C. 霉菌和酵母菌　　D. 致病菌

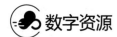

数字资源

食品微生物检验的
基本程序

食品微生物检验样品
的采集与保存

原始记录填写
规范要求

项目六
食品微生物指标中指示菌的检验

项目描述

在食品安全国家标准中,判定一个食品是否合格,有很多指标,最常见的三类指标分别是感官指标、理化指标和微生物指标,而微生物指标是判定食品合格必检的指标之一。食品微生物指标中主要的检测项目包括菌落总数、大肠菌群、致病菌、霉菌和酵母菌等项目,具体检测项目要根据食品质量国家标准进行选择,而其中比较常见的检测项目即菌落总数、大肠菌群、霉菌和酵母菌。本项目就重点对食品中这三个常规检验项目按照现行国家标准进行详细的方法阐述。

食安先锋说

食品工业是道德工业

食品工业是道德工业。食品生产企业必须对老百姓的健康高度负责,企业生产出来的产品的品质与生产者个人的品质是关联的,品德优良的人生产优质产品,品德败坏的人生产劣质产品——品质代表素质。食品的质量和安全是食品行业从业人员首先考虑的问题,食品检验技术人员更是食品安全的主要责任人。作为食品工业的人而言,道德是保证,安全是基础,而健康是终极目标。当社会向健康食品释放出强烈需求信息的时候,只有道德水平高、技术技能扎实、诚实守信、有前瞻视角、有深厚科学积累、有准备的企业和有准备的人才能接得住。

食安先锋说 6

任务 6-1　食品中菌落总数的测定

任务描述

食品微生物化验室采样员从生产线上采集一批食品成品，有固体食品和液体食品，作为检验员，你需要按最新国标规定方法对样品进行菌落总数指标的测定，包括实验前准备，固体及液体食品的稀释，样本接种以及培养，菌落总数计数，结果的修约及报告，并根据实验结果填写原始数据记录。（本任务为全国职业院校技能大赛食品安全与质量检测赛项模块二任务1、2内容）

任务目标

① 掌握食品中菌落总数测定方法。
② 理解食品中菌落总数测定原理。
③ 了解食品中菌落总数测定意义。
④ 会依据国标规范进行食品中菌落总数的测定。
⑤ 会对最后的检测结果进行正确计算报告。
⑥ 能正确规范填写检验原始记录。

知识准备

一、相关概念

（1）菌落　微生物在固体培养基上生长繁殖而形成的能被肉眼识别的生长物，它由数以万计相同的细菌集合而成（图6-1）。

当样品被稀释到一定程度，与培养基混合，在一定培养条件下，每个能够生长繁殖的细菌细胞都可在平板上形成一个可见的菌落。

（2）菌落总数　食品检样经过处理，在一定条件（如培养基、培养温度和培养时间等）下培养后，所得1g或1mL检样中形成的微生物菌落总数。常用菌落形成单位（colony forming unit，CFU）表示。

二、菌落总数测定的意义

图6-1　细菌菌落

1. 判断食品被污染程度的标志

菌落总数测定可以了解食品生产中，从原料加工到成品包装受外界污染的情况，从而反映食品的卫生质量。一般来说，菌落总数越多，说明食品的卫生质量越差，遭受病原菌污染的可能性越大。而菌落总数仅少量存在时，病原菌污染的可能性就会降低或几乎不存在。

2. 预测食品保存期限

通过菌落总数测定，可观察细菌在食品中繁殖的动态，确定食品的保质期，为食品样品进行卫生学评价提供依据。一般而言，食品中细菌数量越少，食品存放的时间就越长，相反保质期就短。

从食品卫生的观点来看，食品中菌落总数越多，说明食品质量越差，即病原菌污染的可能性越大；当菌落总数仅少量存在时，则病原菌污染的可能性就会降低，或者几乎不存在。食品中菌落总数的多少，直接反映食品的卫生质量。如果食品中菌落总数多于10万个，就足以导致细菌性食物中毒；如果人的感官能察觉食品因细菌的繁殖而发生变质时，细菌数已达到$10^6 \sim 10^7$个/g（mL或cm^2）。但上述规则也有例外，有些食品成品的菌落总数并不高，但由于已有细菌繁殖并已产生毒素，且毒素性状稳定，仍存留于食品中；再有一些食品如酸泡菜和酸乳等，本身就是通过微生物作用而制成的，且是活菌制品。因此，菌落总数的测定对评价食品的新鲜度和卫生质量有一定的卫生指标作用，但不能单凭菌落总数一项指标来评定食品卫生质量的优劣，必须配合大肠菌群和病原菌项目的检验，才能对食品作出比较全面而准确的微生物指标评价。

三、菌落总数的测定方法

食品中菌落总数测定的方法参考标准为《食品安全国家标准　食品微生物学检验　菌落总数测定》（GB 4789.2—2022）。

方法原理（图6-2）：测定时，先将待测样品制成均匀的一系列不同稀释度的稀释液，并尽量使样品中的微生物细胞分散，使之成单个细胞状态存在，否则1个菌落就不能代表1个细菌；再取一定稀释倍数的一定量稀释液接种到培养基上，使其均匀分布。菌落就由单个细胞生长繁殖而成。通过统计菌落的数目，可推算出样品中的含菌数。

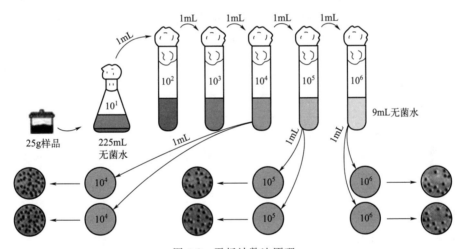

图6-2　平板计数法原理

📋 任务实施

【主要设备与常规用品】

高压蒸汽灭菌锅；冰箱（2～5℃）；pH计或pH比色管或精密pH试纸；天平（感量0.1g）；均质器；振荡器；恒温装置[(48±2)℃]；恒温培养箱[(36±1)℃，(30±1)℃]；放大镜和/或菌落计数仪；无菌培养皿（直径90mm）；无菌刻度吸管（1mL、10mL或25mL）或微量移液器及吸头；无菌锥形瓶（容量250mL、500mL）或无菌均质袋；无菌试管（适宜大小）；无菌剪刀；无菌镊子；无菌玻璃珠；75％酒精消毒棉球；酒精灯；试管架；记号笔等。

【材料】

① 培养基（制备方法参考附录一）：平板计数琼脂（plate count agar，PCA）培养基。

② 试剂（制备方法参考附录一）：无菌磷酸盐缓冲液；无菌生理盐水。

根据制备情况，填写《培养基和试剂制备记录》（见《食品微生物检验技术任务工单》）。

【检验程序】

检验程序见图6-3。

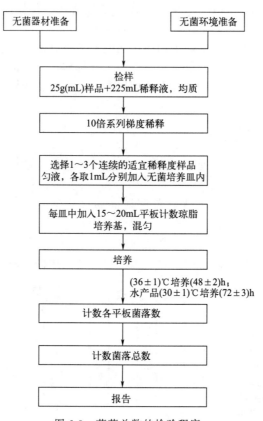

图6-3 菌落总数的检验程序

【技术提示】

1. 检验前的准备

① 无菌室及超净工作台准备。

② 用酒精棉球擦手。

③ 用酒精棉球以酒精灯摆放处为圆心，从里向外擦拭实验台，并合理摆放实验台上物品。

④ 点燃酒精灯。

⑤ 打开锥形瓶、试管及培养皿外包扎的纸。

⑥ 于锥形瓶、试管及培养皿上标注稀释倍数，并合理放置器皿，培养皿按稀释倍数由低到高，从上往下放置（最上面放空白皿）。

2. 检样稀释与加样

（1）检样

① 产品标准菌落总数单位为"CFU/g"的样品（如固体和半固体样品）：以无菌操作称取25g样品置于盛有225mL无菌磷酸盐缓冲液或无菌生理盐水的无菌均质杯内，8000～10000r/min均质1～2min，或放入盛有225mL稀释液的无菌均质袋中，用拍击式均质器拍

打1～2min，制成1∶10的样品匀液。

② 产品标准菌落总数单位为"CFU/mL"的样品（如液体样品）：以无菌操作吸取25mL样品置于盛有225mL无菌磷酸盐缓冲液或无菌生理盐水的无菌锥形瓶（瓶内预置适当数量的无菌玻璃珠）中，以30cm幅度、7s内振摇25次的频次（或以机械振荡器振摇）充分混匀，制成1∶10的样品匀液。

(2) 10倍系列稀释 用1mL无菌吸管或微量移液器以无菌操作吸取1∶10样品匀液1mL注入盛有9mL无菌磷酸盐缓冲液或无菌生理盐水的试管中（注意吸管或吸头尖端不要触及稀释液面），在振荡器上振荡混匀，制成1∶100的稀释液。

按上面操作顺序进行10倍系列稀释样品匀液。每递增稀释一次，换用1支1mL无菌刻度吸管。稀释液稀释倍数由检样的污染程度而定。

(3) 边稀释边加样 根据对样品污染状况的估计，选择1～3个适宜稀释度的样品匀液（液体样品可包括原液），在进行10倍递增稀释同时，吸取1mL样品匀液于相应标注的无菌培养皿内，每个稀释度做两个培养皿。

取一支1mL无菌刻度吸管或微量移液器，以无菌操作吸取1mL生理盐水放入事先标注"空白"的培养皿，做两个空白对照。

3．倾注培养皿

及时将15～20mL冷却至46～50℃无菌琼脂培养基溶液［可放置于(48±2)℃恒温装置中保温］倾注入培养皿内，并转动培养皿，使培养基和样品混合均匀。

4．培养

待琼脂凝固后，将平板翻转，置于(36±1)℃恒温箱内培养(48±2)h。水产品(30±1)℃培养(72±3)h。

如果样品中可能含有在琼脂培养基表面蔓延生长的菌落时，可在凝固后的琼脂表面覆盖一薄层琼脂培养基（约4mL），凝固后翻转平板，按以上条件进行培养。

5．菌落计数

可用肉眼观察，必要时用放大镜或菌落计数器，记录稀释倍数和相应的菌落数量。菌落计数以菌落形成单位（CFU）表示。

① 选取菌落数在30～300CFU之间、无蔓延菌落生长的平板计数菌落总数。低于30CFU的平板记录具体菌落数，大于300CFU的可记录为多不可计。

② 其中一个平板有较大片状菌落生长时，则不宜采用，而应以无较大片状菌落生长的平板作为该稀释度的菌落数；若片状菌落不到平板的一半，而其余一半中菌落分布又很均匀，可计算半个平板后乘以2，代表一个平板菌落数。计数方式为：半个平板菌落数×2。

③ 当平板上有链状菌落生长时，若链状菌落之间无明显界限，则计为一个菌落；若存在几条不同来源的链，则每条链计为一个菌落。

6．计算

(1) 菌落总数的计算方法

① 若只有一个稀释度平板上的菌落数在适宜计数范围内，计算两个平板菌落数的平均值，再将平均值乘以相应稀释倍数，作为每g（mL）样品中菌落总数结果。

② 若有两个连续稀释度的平板菌落数在适宜计数范围内时，按下面公式计算：

$$N = \frac{\sum C}{(n_1 + 0.1 n_2)d}$$

式中 N——样品中菌落数;

ΣC——平板(适宜范围菌落数的平板)菌落数之和;

n_1——第一稀释度(低稀释倍数)平板个数;

n_2——第二稀释度(高稀释倍数)平板个数;

d——稀释因子(第一稀释度)。

注意:0.1是系数,是不变的,C、n_1、n_2、d是可变的。

③ 若所有稀释度的平板上菌落数均大于300CFU,则对稀释度最高的平板进行计数,其他平板可记录为多不可计,结果按平均菌落数乘以最高稀释倍数计算。

④ 若所有稀释度的平板菌落数均小于30CFU,则应按稀释度最低的平均菌落数乘以稀释倍数计算。

⑤ 若所有稀释度(包括液体样品原液)平板均无菌落生长,则以<1乘以最低稀释倍数计算。

⑥ 若所有稀释度的平板菌落数均不在30~300CFU之间,其中一部分小于30CFU或大于300CFU时,则以最接近30CFU或300CFU的平均菌落数乘以稀释倍数计算。

(2) 菌落总数的报告方式

① 菌落数小于100CFU时,按"四舍五入"原则修约,以整数报告。

② 菌落数大于或等于100CFU时,第3位数字采用"四舍五入"原则修约后,取前2位数字,后面用0代替位数;也可用10的指数形式来表示,按"四舍五入"原则修约后,采用两位有效数字。

③ 若空白对照上有菌落生长,则此次检测结果无效。

④ 称重取样以CFU/g为单位报告,体积取样以CFU/mL为单位报告。

(3) 举例说明

例次	不同稀释度菌落数/CFU						菌落总数/ [CFU/mL(g)]	报告方式/ [CFU/mL(g)]
	10^{-1}		10^{-2}		10^{-3}			
1.1	1380	1334	146	182	20	21	16400	16000 或 1.6×10^4
1.2	1259	1300	135	127	13	10	13100	13000 或 1.3×10^4
2.1	2760	2569	296	294	57	35	31000	31000 或 3.1×10^4
2.2	279	322	36	33	6	9	2900	2900 或 2.9×10^3
2.3	277	333	23	31	3	2	2800	2800 或 2.8×10^3
3	不可计	不可计	4650	4663	526	500	513000	510000 或 5.1×10^5
4	27	27	1	2	0	0	270	270 或 2.7×10^2
5	0	0	0	0	0	0	$<1 \times 10$	<10
6	不可计	不可计	305	307	12	10	30600	31000 或 3.1×10^4

说明:例1.1计算 $N=(146+182)/2 \times 10^2=16400$

例1.2计算 $N=(135+127)/2 \times 10^2=13100$

例2.1计算 $N=(296+294+57+35)/[(2+0.1 \times 2) \times 10^{-2}]=31000$

例2.2计算 $N=(279+36+33)/[(1+0.1 \times 2) \times 10^{-1}]=2900$

例2.3计算 $N=(277+31)/[(1+0.1 \times 1) \times 10^{-1}]=2800$

例3计算 $N=(526+500)/2 \times 10^3=513000$

例4计算 $N=(27+27)/2 \times 10^1=270$

例5计算 $N<1 \times 10^1=10$

例6计算 $N=(305+307)/2 \times 10^2=30600$

7. 注意事项

① 采样时应注意代表性，如为固体样品，取样后不应集中在一点，宜多采几个部位。

② 检验中所用玻璃器皿在灭菌前必须彻底洗净并完全灭菌。既不能存在活菌，也不能残留抑菌物质。

③ 每批稀释的检样都要有空白对照。空白对照的结果至少可以说明三个问题：

a. 实验所使用的器皿灭菌是否彻底，储存是否合理得当。

b. 无菌室的空气条件是否达到标准。

c. 操作人员的无菌操作技术是否规范。

由此可见，通过空白对照可直接检验实验器皿、实验条件以及实验人员是否符合无菌操作的规定。如果从空白对照中看出无菌操作不规范，通过实验进一步找出原因所在，最终达到规范的无菌操作。

④ 边稀释边加样，稀释和加样同步进行，这样既缩短操作时间，又能减少无菌器材消耗。

⑤ 样品稀释液多用生理盐水，有时也用磷酸缓冲液。若检样含盐量较高（如酱制品），也可用无菌蒸馏水。

⑥ 在连续递次稀释时，为减少样品在稀释时造成的误差，每个稀释液应充分振荡或换用另一支灭菌刻度吸管充分吹打，使其均匀。

⑦ 一支灭菌刻度吸管只能接触一个倍数的稀释液，即每变化一个稀释倍数时，更换一支灭菌刻度吸管。刻度吸管不得触及烧瓶和试管的外侧。连续稀释放液时，应使吸管内的液体沿管壁注入，勿使吸取稀释液的吸管尖端伸入稀释液内。

⑧ 培养基底部带沉淀的部分应弃去（以免与菌落混淆）。

⑨ 灭菌后，培养基冷却到46～50℃后应及时进行倒平板操作，如果不能及时操作，需要将培养基放到48℃左右的恒温装置中保温，以防止琼脂凝固（用手触摸盛有培养基的锥形瓶，感觉锥形瓶的温度下降到刚刚不烫手时，就可以进行倒平板了）。

⑩ 样品加入培养皿后20min内倾入培养基并充分混匀，可将培养皿先向一个方向旋转，然后再向相反方向旋转。旋转要适度，培养基不可在旋转中漏出或污染皿盖。

⑪ 稀释度的菌落数应与稀释倍数成反比。若出现相反的情况，视为差错。

结果与评价

根据结果，填写《食品微生物检验技术任务工单》。

知识拓展

食品有可能被多种细菌污染，每种细菌的生理特性和所要求的生存条件不尽相同，培养时所用的营养条件及其他生理条件如温度、培养时间、pH、需氧性质等都不尽相同。因此要得到食品中较为全面的细菌菌落总数，应将检样接种到几种不同的基础培养基上，并选择不同的培养条件，如温度、氧气供应等进行培养，这样工作量将是很大的。而从实践可知，尽管食品中细菌种类繁多，但中温、好氧菌占绝大多数，这些细菌基本代表了造成食品污染的主要细菌种类。因此在实际工作中，就将检样和平板计数琼脂培养基混合后，于(36±1)℃进行有氧培养（空气中含氧约为20%），培养(48±2)h，所得到的菌落总数作为食品样品中细菌菌落总数。这种方法所得的结果，只包括一群能在普通营养琼脂上生长、嗜中温的需氧菌菌落总数。对于厌氧或微需氧菌、有特殊营养要求的以及非嗜中温的细菌，由于现有条件不能满足其生理需求，故难以繁殖生长。因此，菌落总数并不表示实际的所有细菌总数，菌落总数也不能区分其中细菌的种类，所以有时也被称为杂菌数、需氧菌数等。

细菌数量由于所采用的计数方法还可用细菌总数来表示。

细菌总数：指一定或面积的食品样品，经过适当处理后，在显微镜下对细菌进行直接计数。其中包括各种活菌数和尚未消失的死菌数。也称细菌直接镜数。通常以 1g、1mL 或 1cm² 被检样品中的细菌总数来表示。

课外巩固

一、判断题

1. 菌落总数计数时，如果两个稀释度菌落数都大于 300CFU，以低倍计数；如果两个稀释度菌落数都小于 30CFU，则以高倍计数。

2. 菌落计数时，可用肉眼观察，必要时用放大镜或菌落计数器，记录稀释倍数和相应的菌落数量。

3. 菌落计数时，若两个稀释度平均菌落都在 30～300CFU 之间，且两稀释度比小于 2，则以高稀释倍数计数。

4. 低于 30CFU 的平板记录具体菌落数，大于 300CFU 的可记录为多不可计。

5. 菌落计数，每个稀释度的菌落数应采用两个平板的平均数。

二、不定项选择题

1. 最常用的活菌计数法是（　　）。
A. 称量法　　　　B. 血球计数法　　　　C. 平板计数法
D. 测细胞中某些生理活性的变化

2. 菌落总数测定时，下列操作正确的是（　　）。
A. 将吸有溶液的刻度吸管插入稀释液　　B. 稀释液一般是蒸馏水
C. 所有稀释都用同一支刻度吸管　　　　D. 每次稀释后，应将样品充分摇匀

3. 进行食品中菌落总数测定时，一般将样品进行一系列（　　）倍稀释。
A. 5　　　　B. 10　　　　C. 50　　　　D. 100

4. 测定菌落总数时，国标规定采用的培养基是（　　）。
A. EMB 培养基　　B. PCA 培养基　　C. B-P 培养基　　D. 三糖铁琼脂培养基

5. 测定菌落总数的平板计数琼脂培养基的 pH 值为（　　）。
A. 7.0～8.0　　B. 7.2～7.4　　C. 7.0～7.2　　D. 6.8～7.2

三、对以下例题中样品的菌落总数进行计算，并按规定进行报告。

例题	不同稀释度平均菌落数/CFU					空白		菌落总数/[CFU/mL(g)]	报告方式/[CFU/mL(g)]
	10^{-1}		10^{-2}		10^{-3}				
						1	2		
1	1420	1386	163	155	18	10	0	0		
2	2775	2853	286	294	46	52	0	0		
3	295	273	33	43	6	2	0	0		
4	多不可计	多不可计	4921	4873	500	522	0	0		

续表

例题	不同稀释度平均菌落数/CFU						空白		菌落总数/[CFU/mL(g)]	报告方式/[CFU/mL(g)]
	10^{-1}		10^{-2}		10^{-3}		1	2		
5	29	25	8	10	0	0	0	0		
6	0	0	0	0	0	0	0	0		
7	多不可计	多不可计	302	314	12	8	0	0		
8	3729	3701	302	278	36	34	0	0		
9	315	298	32	29	2	2	0	0		
10	452	428	52	48	4	4	1	3		
11	452	428	520	480	4	4	0	0		

任务 6-2　食品中大肠菌群计数

任务描述

食品微生物化验室采样员从生产线上采集一批食品成品，有固体食品和液体食品，作为检验员，你需要按最新国标规定方法对样品进行大肠菌群指标的测定，包括不同检测方法的选择，平板技术法样本取样、稀释、稀释度的选择、接种、培养基倾注、培养、可疑菌落挑取等，大肠菌群 MPN 表的检索，结果的修约及报告。并根据实验结果填写原始数据记录。

任务目标

① 掌握食品中大肠菌群计数方法。
② 理解食品中大肠菌群计数原理。
③ 了解食品中大肠菌群计数意义。
④ 会根据样品特点，选择合适的大肠菌群计数方法。
⑤ 会依据国标规范进行食品中大肠菌群 MPN 值的测定和报告。
⑥ 会依据国标进行食品中大肠菌群平板菌落数的测定和报告。
⑦ 能正确规范填写检验原始记录。

知识准备

一、大肠菌群的定义及范围

大肠菌群：一群在 36℃ 条件下培养 48h 能发酵乳糖，并产酸产气，需氧或兼性厌氧生长的革兰氏阴性的无芽孢杆菌。

大肠菌群并非细菌学分类命名，而是卫生细菌领域的用语，它并不代表某一种或某一属细菌，而是一组与粪便污染有关的细菌，主要由肠杆菌科中四个菌属内的一些细菌组成，包括大肠杆菌属、柠檬酸杆菌属、阴沟肠杆菌属、克雷伯菌属等，这些细菌的生化特征及血清学反应并非完全一致。通常以大肠杆菌属为主，被称为典型大肠杆菌，而其他三属被称为非典型大肠杆菌。

该菌群主要来源于人畜粪便，广泛分布于自然界。作为粪便污染指标评价食品的卫生状况，推断食品中肠道致病菌污染的可能。

二、大肠菌群的生物学特性

① 形态与染色：革兰氏染色阴性，无芽孢杆菌（图 6-4）。
② 生化特性：发酵乳糖、产酸产气。
③ 培养特性

在伊红亚甲蓝琼脂（EMB）上典型菌落（图 6-5）：呈深紫黑色或中心深紫色，圆形，稍凸起，边缘整齐，

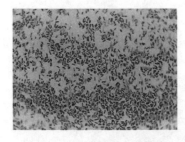

图 6-4　大肠菌群革兰氏染色

表面光滑，常有金属光泽。

在麦康凯琼脂上典型菌落（图6-6）：呈桃红色或中心桃红，圆形，扁平，光滑湿润。

图 6-5　EMB 平板大肠菌群典型菌落

图 6-6　麦康凯琼脂平板大肠菌群典型菌落

三、大肠菌群的测定意义

大肠菌群是肠道中存在最普遍且数量最多的一群细菌，常将其作为人畜粪便污染的指标。水和食品被大肠菌群污染后，就有可能存在病原菌污染，故以此作粪便污染指标来评价水和食品的卫生质量，具有广泛的卫生学意义。

① 大肠菌群作为粪便污染的指标菌评价样品中是否受到粪便的污染。大肠菌群计数的高低，直接反映了样品受粪便污染的程度。以大肠菌群作为粪便指标菌主要原因有：

a. 在粪便中数量最大；

b. 在外环境中存活的时间与致病菌大体相同；

c. 检测方法简便容易。

② 表示对人体健康是否具有潜在的危险性。作为粪便污染食品的指标菌，最大概率数（MPN）愈低则说明食品受粪便污染程度及对人体健康危害程度愈低。作为肠道致病菌污染食品的指标，大肠菌群数量越多则肠道致病菌存在的可能性就越高，但两者之间并不总是呈平行关系。要求食品中大肠菌群完全不存在是不可能的，重要的是其污染程度即菌量。

③ 反映了食品在生产、加工、运输、储存等过程中的卫生状况。

四、大肠菌群计数的方法

食品中大肠菌群计数的方法参考标准为《食品安全国家标准　食品微生物学检验　大肠菌群计数》（GB 4789.3—2016），包括 MPN 计数法（第一法）和平板计数法（第二法）。第一法适用于大肠菌群含量较低的食品中大肠菌群的计数，第二法适用于大肠菌群含量较高的食品中大肠菌群的计数。

① MPN 计数法原理：MPN，即最大概率数，是基于泊松分布的一种间接计数方法，是统计学和微生物学结合的一种定量检测法。待测样品经系列稀释接种后培养，根据其未生长的最低稀释度与生长的最高稀释度，应用统计学概率论推算出待测样品中大肠菌群的最大可能数。由于本法初发酵试验，每个样品要接种9支相应液体培养基发酵管，所以本法又称为九管法。

② 平板计数法原理：大肠菌群在固体培养基中发酵乳糖产酸，在指示剂的作用下形成可计数的红色或紫色、带有或不带有沉淀环的菌落。

五、培养基原理

1. 月桂基硫酸盐胰蛋白胨（LST）肉汤发酵管

① 月桂基硫酸钠：能抑制革兰氏阳性菌的生长（但有些芽孢菌和肠球菌能生长），与乳糖胆盐发酵管中胆盐作用是一样的，但月桂基硫酸钠是化学试剂，批间差异小，胆盐是生物试剂，批间差异大，所以其的选择性和稳定性都优于胆盐。另外，由于胆盐与酸产生沉淀，有时候会使对产气情况的观察变得困难。

② 乳糖：大肠菌群可利用发酵的糖类，产生酸和气体，有利于大肠菌群的生长繁殖并有助于鉴别大肠菌群和肠道致病菌。

③ 胰蛋白胨：提供碳源、氮源等微生物生长的基本营养成分。

④ 氯化钠：维持均衡的渗透压。

⑤ 磷酸二氢钾和磷酸氢二钾：缓冲剂。

⑥ 发酵试验判定原则：产气为阳性。LST 肉汤是国际上通用的培养基，与乳糖胆盐肉汤的作用和意义相同，但具有更多的优越性，使得检测步骤减少（不必分离培养），检测时间缩短 24h。

2. 煌绿乳糖胆盐（BGLB）肉汤发酵管

① 牛胆粉：可抑制革兰氏阳性菌，与牛胆盐都含牛胆汁酸，只是含量不同。

② 煌绿：既是指示剂，又是抑菌抗腐剂，可增强对革兰氏阳性菌和产芽孢菌的抑制作用。

③ 乳糖：大肠菌群可利用发酵的糖类，产生酸和气体，有利于大肠菌群的生长繁殖并有助于鉴别大肠菌群和肠道致病菌。

④ 发酵试验判定原则：产气为阳性。由于配方里有胆盐，胆盐遇到大肠菌群分解乳糖所产生的酸形成胆酸沉淀，培养基可由原来的绿色变为黄色，同时可看到管底通常有沉淀。

3. 结晶紫中性红胆盐琼脂（VRBA）培养基

① 乳糖：大肠菌群可利用发酵产生酸和气体。同时有利于大肠菌群的生长繁殖并有助于鉴别大肠菌群和肠道致病菌。大肠菌群分解乳糖所产生的酸与胆盐结合，可形成沉淀。

② 胆盐或 3 号胆盐、结晶紫：抑制革兰氏阳性菌，特别抑制革兰氏阳性杆菌和粪链球菌，通过抑制杂菌生长，从而有利于大肠菌群的生长。

③ 中性红：VRBA 的指示剂系统，在酸性条件下为紫红色。

④ 蛋白胨、酵母膏：为细菌生长提供碳氮源和微量元素等所必需的营养成分。

⑤ 氯化钠：维持均衡的渗透压。

第一法　大肠菌群 MPN 计数法

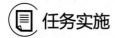任务实施

【主要设备与常规用品】

高压蒸汽灭菌锅；冰箱（2～5℃）；pH 计或 pH 比色管或精密 pH 试纸；天平（感量

0.1g）；均质器；振荡器；恒温培养箱［(36±1)℃］；无菌刻度吸管（1mL、10mL或25mL）或微量移液器及吸头；无菌锥形瓶（容量250mL、500mL）或无菌均质袋；无菌试管（适宜大小）；小倒管（也称发酵管或杜氏小管）；接种环；无菌剪刀；无菌镊子；无菌玻璃珠；75%酒精消毒棉球；酒精灯；试管架；记号笔等。

【材料】

① 培养基（制备方法参考附录一）：月桂基硫酸盐胰蛋白胨（LST）肉汤发酵管；煌绿乳糖胆盐（BGLB）肉汤发酵管。

② 试剂（制备方法参考附录一）：无菌磷酸盐缓冲液；无菌生理盐水；1mol/L NaOH溶液；1mol/L HCl溶液。

根据制备情况，填写《培养基和试剂制备记录》（见《食品微生物检验技术任务工单》）。

【检验程序】

检验程序见图6-7。

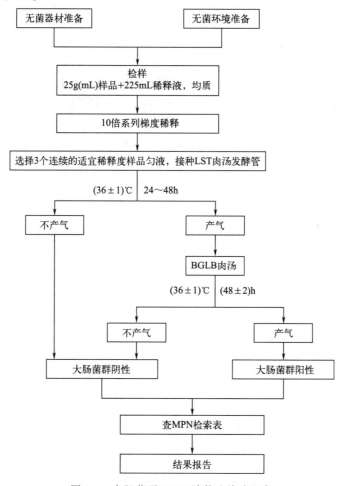

图6-7 大肠菌群 MPN 计数法检验程序

【技术提示】

1. 检验前的准备

① 无菌室及超净工作台准备。

② 用酒精棉球擦手。
③ 用酒精棉球以酒精灯摆放处为圆心，从里向外擦拭实验台，并合理摆放实验台上物品。
④ 点燃酒精灯。
⑤ 打开锥形瓶、试管及发酵管外包扎的纸。
⑥ 于锥形瓶、试管及发酵管上标注稀释倍数，并合理放置器皿。

2. 样品稀释与加样

(1) 检样 为防止某些食品中带有的酸性物质对检测产生影响，须保证检样后的样品匀液 pH 值在 6.5～7.5 之间，必要时可用 1mol/L NaOH 或 1mol/L HCl 调节。

① 固体和半固体样品：以无菌操作称取 25g 样品，放入盛有 225mL 磷酸盐缓冲液或生理盐水的无菌均质杯内，8000～10000r/min 均质 1～2min，或放入盛有 225mL 磷酸盐缓冲液或生理盐水的无菌均质袋中，用拍击式均质器拍打 1～2min，制成 1:10 的样品匀液。

② 液体样品：用无菌吸管以无菌操作吸取 25mL 样品放入盛有 225mL 磷酸盐缓冲液或生理盐水的无菌锥形瓶（瓶内预置适当数量的无菌玻璃珠）中，以 30cm 幅度、7s 内振摇 25 次的频次（或以机械振荡器振摇）充分混匀，制成 1:10 的样品匀液。

(2) 10 倍系列稀释 以无菌操作用 1mL 无菌吸管或微量移液器吸取 1:10 样品匀液 1mL，沿管壁缓缓注入盛有 9mL 磷酸盐缓冲液或生理盐水的无菌试管中（注意吸管或吸头尖端不要触及稀释液面），振摇试管或换用 1 支 1mL 无菌吸管反复吹打，使其混合均匀，制成 1:100 的样品匀液。

根据对样品污染状况的估计，按上述操作，依次制成 10 倍递增系列稀释样品匀液。每递增稀释 1 次，换用 1 支 1mL 无菌吸管或吸头。

从制备样品匀液至样品接种完毕，全过程不得超过 15min。

3. 初发酵试验

① 每个样品，选择 3 个适宜的连续稀释度样品匀液（液体样品可以选择原液），每个稀释度在稀释同时以无菌操作接种 3 管月桂基硫酸盐胰蛋白胨（LST）肉汤发酵管，每管接种 1mL（如接种量超过 1mL，则用双料 LST 肉汤）。注意边稀释，边接种。

② (36±1)℃培养 (24±2)h，观察倒管内是否有气泡产生（具体现象见图 6-8），(24±2)h 产气者进行复发酵试验（证实试验），如未产气则继续培养至 (48±2)h，产气者进行复发酵试验。未产气者为大肠菌群阴性。

③ 记录在 24h 和 48h 内产气的 LST 肉汤管数。未产气者为大肠菌群阴性；对产气者，则进行复发酵试验。以 (48±2)h 为最终观察结果时限。结果也以此时为最终结果。

图 6-8 初发酵试验结果对比
从左到右分别为：空白管；阴性管；阳性管

图 6-9 复发酵试验结果对比
从左到右分别为：空白管；阴性管；阳性管

4. 复发酵试验（证实试验）

用接种环以无菌操作从产气的 LST 肉汤管中分别取培养物 1 环，一对一移种于煌绿乳糖胆盐肉汤（BGLB）管中，（36±1）℃培养（48±2）h，观察产气情况（具体现象见图 6-9）。产气者，证实为大肠菌群阳性管。

5. 大肠菌群最大概率数（MPN）的报告

（1）报告方式 根据证实为大肠菌群阳性的管数，查 MPN 检索表（见附录二），报告每 g（mL）样品中大肠菌群的 MPN。

① MPN 表只给了 3 个稀释倍数，即 0.1、0.01、0.001g（mL），若改用 1、0.1、0.01g（mL）或 0.01、0.001、0.0001g（mL），则表内的数字应相应降低到 1/10 或增高 10 倍，其余可类推。

② 在 MPN 表中，3 个稀释倍数的检测结果都是阴性时，应该按＜3.0 封定，这样更能反映实际情况。

（2）举例说明

例次	不同稀释度的阳性管数				报告/[MPN/g(mL)]
1	稀释度	0.1	0.01	0.001	3.0
	初发酵试验	1	1	0	
	复发酵证实试验	0	1	0	
2	稀释度	1	0.1	0.01	0.3
	初发酵试验	1	1	0	
	复发酵证实试验	0	1	0	
3	稀释度	0.01	0.001	0.0001	30
	初发酵试验	1	1	0	
	复发酵证实试验	0	1	0	
4	稀释度	0.1	0.01	0.001	＜3.0
	初发酵试验	1	0	1	
	复发酵证实试验	0	0	0	
5	稀释度	0.01	0.001	0.0001	＜30
	初发酵试验	1	0	1	
	复发酵证实试验	0	0	0	

6. 说明及注意事项

① 制备 LST 肉汤和 BGLB 肉汤时，在小发酵管倒置于培养基的试管中时，若其中一段有空气，经加压灭菌后会自然消失。使用前必须经检查，凡有气泡者不能使用。

② 第一步中即使发酵结果呈阳性（样品发酵的结果），也不能说明大肠菌群为阳性。只有通过证实试验后为阳性结果的才能说明结果为阳性。

③ 在 LST 初发酵过程中，若发酵套管内只有极微小气泡，也应视为产气阳性，须把初

发酵试验与复发酵证实试验结合起来进行检验。而对未产气的发酵管有疑问时，可用手轻打试管，如有气泡沿管壁上浮，也视为阳性作进一步试验，该情况的阳性要检出率为 50% 以上。

④ MPN 法实际上是一种稀释法，多次稀释至无菌为止，然后以统计学方法计算出最大概率数。MPN 法的前提是样品中微生物分布均匀，即使有一个细菌也生长，并被检验确认，每一管微生物为独立数据，与其他管无关。

⑤ MPN（最大概率数）是表示样品中活菌密度的估测，并不是样品中活菌数的真实值。它采用的是 3 个稀释倍数的 9 管法，稀释倍数的选择基于对样品中菌数的估计，较理想的结果是最低稀释倍数的 3 管为阳性，而最高稀释倍数的 3 管为阴性。如无法估计样品中的菌数，则应选择一定范围的稀释倍数。表中列出的 95% 可信度，可以作为参考。以下事项须进行说明：

a. 这个 MPN 检索表是 ISO、FDA、AOAC、USDA/FSIS、北欧等标准通用的。

b. 表里的数字是有小数点的。

c. 在 MPN 表中列出的 g（mL）系指原样品（包括固体和液体）的质量（体积），并非样品稀释后的数值，对固体样品更应注意。如 1g 固体样品经 10 倍稀释后，加入 1mL 量，则实际只含有 0.1mL 样品，故应按 0.1mL 计，而不应按 1mL 计。

d. 现标准 MPN 检索表只有 40 个组合。当实验结果在 MPN 表中无法查找到 MPN 值时，如阳性管数为 1、2、2，1、2、3，2、3、2，2、3、3 等时，可增加稀释度（可做 4～5 个稀释度），使样品的最高稀释度能达到获得阴性终点，然后再遵循相关的规则进行查找，最终确定 MPN 值。

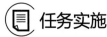

结果与评价

根据结果，填写《食品微生物检验技术任务工单》。

第二法　大肠菌群平板计数法

任务实施

【主要设备与常规用品】

高压蒸汽灭菌锅；冰箱（2～5℃）；pH 计或 pH 比色管或精密 pH 试纸；天平（感量 0.1g）；均质器；振荡器；恒温水浴箱[(46±1)℃]；恒温培养箱[(36±1)℃]；放大镜和/或菌落计数仪；无菌培养皿（直径 90mm）；无菌刻度吸管（1mL、10mL 或 25mL）或微量移液器及吸头；无菌锥形瓶（容量 250mL、500mL）或无菌均质袋；无菌试管（适宜大小）；无菌剪刀；无菌镊子；无菌玻璃珠；75% 酒精消毒棉球；酒精灯；试管架；记号笔等。

【材料】

① 培养基（制备方法参考附录一）：结晶紫中性红胆盐琼脂（VRBA，又称 VRB 或 VRBL）；煌绿乳糖胆盐（BGLB）肉汤发酵管。

② 试剂（制备方法参考附录一）：无菌磷酸盐缓冲液；无菌生理盐水。

根据制备情况，填写《培养基和试剂制备记录》（见《食品微生物检验技术任务工单》）。

【检验程序】

检验程序见图 6-10。

图 6-10　大肠菌群平板计数法检验程序

【技术提示】

1．检验前的准备

① 无菌室及超净工作台准备。
② 用酒精棉球擦手。
③ 用酒精棉球以酒精灯摆放处为圆心，从里向外擦拭实验台，并合理摆放实验台上物品。
④ 点燃酒精灯。
⑤ 打开锥形瓶、试管及培养皿外包扎的纸。
⑥ 于锥形瓶、试管及培养皿上标注稀释倍数，并合理放置器皿，培养皿按稀释倍数由低到高，从上往下放置（最上面放空白皿）。

2．样品稀释

（1）检样与稀释　同大肠菌群 MPN 计数法检样和 10 倍系列稀释的方法。

（2）平板计数

① 根据对样品污染状况的估计，选取 2～3 个适宜的连续稀释度样品匀液（液体样品可包括原液），在进行 10 倍系列递增稀释的同时，以无菌操作吸取 1mL 样品匀液于相应标注的无菌培养皿，每个稀释度接种 2 个培养皿。注意边稀释，边接种。

② 取一支 1mL 无菌刻度吸管或微量移液器，以无菌操作吸取 1mL 无菌生理盐水放入事先标注"空白"的培养皿，做 2 个空白对照。

③ 及时将 15～20mL 熔化并恒温至 46℃的结晶紫中性红胆盐琼脂（VRBA）无菌操作倾注于每个培养皿中。小心旋转培养皿，将培养基与样液充分混匀。待琼脂凝固后，再加 3～4mL VRBA 覆盖平板表层，待凝固后，翻转平板，（36±1）℃培养 18～24h。

④ 平板菌落数的选择与计算。选择菌落数在 15～150CFU 之间的平板，分别计数平板上出现的典型和可疑大肠菌群菌落。典型菌落为紫红色，菌落周围有胆盐与酸形成的沉淀

环，菌落直径为 0.5mm 或更大。

菌落数计算方法参考 GB 4789.2。

3. 证实试验

从 VRBA 平板上挑取 10 个不同类型的典型和可疑菌落，分别移种于 10 个 BGLB 肉汤管内，少于 10 个菌落的挑取全部典型和可疑菌落，进行证实试验。（36±1）℃培养 24～48h，凡 BGLB 肉汤管产气者，所对应的菌落即为大肠菌群阳性菌落。

4. 大肠菌群平板计数

（1）报告方式 VRBA 平板计数的初始平板菌落数，乘以稀释倍数后，再乘以最后证实为大肠菌群阳性的 BGLB 管的比例，即为每 g（mL）样品中大肠菌群数。报告方式参考 GB 4789.2。

（2）举例说明

例次	不同稀释度大肠菌群菌落数/CFU						证实实验阳性管数	报告/[CFU/g(mL)]
1	10^{-1}		10^{-2}		10^{-3}		6	2300 或 $2.3×10^3$
	295	273	33	43	6	2		
2	10^{-2}		10^{-3}		10^{-4}		7	91000 或 $9.1×10^4$
	1420	1386	120	135	18	14		
3	10^{0}		10^{-1}		10^{-2}		2	1
	2	4	0	0	0	0		
4	10^{-1}		10^{-2}		10^{-3}		—	<10
	0	0	0	0	0	0		

说明：例 1 计算　$N=(33+43)/2×10^2×(6/10)=2280 CFU/g(mL)$

例 2 计算　$N=(120+135+18)/[(2+0.1×1)×10^{-3}]×(7/10)=91000 CFU/g(mL)$

例 3 计算　$N=(2+4)/2×10^0×(2/6)=1 CFU/mL$

例 4 计算　$N<1×10^1=10 CFU/g(mL)$

5. 说明及注意事项

① 覆盖 VRBA 薄层作用：

a. 防止菌落蔓延，形成菌落形态容易判断。

b. 产生胆盐沉淀环不会连成一片。

② 可疑菌落指的是在颜色或直径或沉淀环上与典型菌落不符合的菌落。

③ 为保证证实试验数据的准确，所选择证实试验的典型和可疑菌落数比例应与平板上典型和可疑菌落数比例相符。

④ 为何必须要做证实试验？

大肠菌群的检测依据是发酵乳糖、产酸产气，但若被检样品本身就含有乳糖以外的其他糖类，如牛乳、饮料等样品，可能会使不能分解乳糖但能分解其他糖类的细菌也能够长出典型菌落，所以需要进行证实试验。

⑤ MPN 法与平板计数法的特点与应用范围。平板计数法相对于 MPN 法来说，检验结果更精确。适合用于大肠菌群污染比较严重的样品，但不适合检测大肠菌群数量较低的产品。对于大肠菌群含量较低的样品，还是 MPN 法更有优势。

比如，当大肠菌群含量在 50CFU/g 或者 5CFU/mL 之下，使用平板计数法获得的结果很可能不准确。而这个时候，MPN 方法就可以获得较好的结果。因此，第二法的 VRBA 可以作为第一法 MPN 方法的补充，专门检测大肠菌群含量较高的样本。而且它可以得到直接观测值，比第一法精确。

结果与评价

根据结果，填写《食品微生物检验技术任务工单》。

知识拓展

由于部分食品质量标准的修订相对检测方法标准有所滞后，现行食品标准中规定的大肠菌群 MPN 值指标有两种单位即"MPN/100g（mL）"和"MPN/g（mL）"。

根据"卫生部关于规范食品中大肠菌群指标的检测工作的公告（2009 年第 16 号）"要求：现行食品标准中规定的大肠菌群指标以"MPN/100 克或 MPN/100 毫升"为单位的，适用《食品卫生微生物学检验 大肠菌群测定》（GB/T 4789.3—2003）进行检测；以"MPN/克或 MPN/毫升""CFU/克或 CFU/毫升"为单位的，适用《食品卫生微生物学检验 大肠菌群计数》（GB 4789.3—2008）进行检测。目前，GB 4789.3—2008 已被 GB 4789.3—2016 代替，前文已详述，下面介绍《食品卫生微生物学检验 大肠菌群测定》（GB/T 4789.3—2003）检测方法。

一、专用培养基（制备方法参考附录一）

乳糖胆盐发酵管；乳糖发酵管；伊红亚甲蓝琼脂（EMB）。

二、检验程序

检验程序见图 6-11。

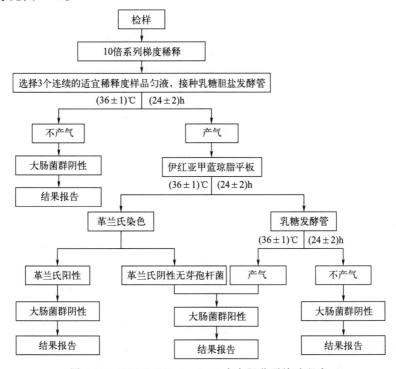

图 6-11　GB/T 4789.3—2003 中大肠菌群检验程序

三、操作步骤

1. 检样稀释

① 以无菌操作将检样 25g（mL）放于含有 225ml 灭菌生理盐水或其他稀释液的灭菌玻璃瓶内（瓶内预置适当数量的玻璃珠）或灭菌乳钵内，经充分振摇或研磨做成 1：10 的均匀稀释液。固体检样最好用均质器，以 8000～10000r/min 的速度处理 1min，做成 1：10 的均匀稀释液。

② 用 1mL 灭菌吸管吸取 1：10 稀释液 1mL，注入含有 9mL 灭菌生理盐水或其他稀释液的试管内，振摇试管混匀，做成 1：100 的稀释液。

③ 另取 1mL 灭菌吸管，按上条操作依次做 10 倍递增稀释液，每递增稀释一次，换用 1 支 1mL 灭菌吸管。

④ 根据食品卫生标准要求或对检样污染情况的估计，选择三个稀释度，每个稀释度，接种三管。

2. 乳糖发酵试验

将待检样品接种于乳糖胆盐发酵管内，接种量在 1mL 以上者，用双料乳糖胆盐发酵管，1mL 及 1mL 以下者，用单料乳糖胆盐发酵管。每一稀释度接种三管，置（36±1）℃温箱内培养（24±2）h，如所有乳糖胆盐发酵管都不气，则可报告为大肠菌群阴性，如有产气者，则按下列程序进行。

3. 分离培养

将产气的发酵管分别转种在伊红亚甲蓝琼脂平板上，置（36±1）℃温箱内，培养 18～24h，然后取出，观察菌落形态，并做革兰氏染色和证实实验。

4. 证实试验

在上述平板上，挑取可疑大肠菌群菌落 1～2 个进行革兰氏染色，同时接种乳糖发酵管，置（36±1）℃培养箱内培养（24±2）h，观察产气情况。凡乳糖管产气、革兰氏染色为阴性的无芽孢杆菌，即可报告为大肠菌群阳性。

5. 报告

根据证实为大肠菌群阳性的管数查 MPN 检索表，报告每 100mL（g）大肠菌群的 MPN 值。

课外巩固

一、判断题

1. 大肠菌群测定时，取样前应对样品包装表面消毒。
2. 大肠菌群应包括在细菌总数内，出现大肠菌群比细菌总数多是不正常的。
3. GB 4789.3—2016 中，平板计数法适合检测大肠菌群数量较低的产品。
4. GB 4789.3—2016 中，MPN 计数法测定大肠菌群时，可根据 LST 肉汤发酵管阳性管数查检索表确定食品中 MPN 值。
5. GB 4789.3—2016 中，第一法测定大肠菌群 MPN 值的单位为 MPN/100g（mL）。

二、不定项选择题

1. 大肠菌群的生物学特性是（　　）。

A. 发酵乳糖，产酸，不产气 B. 不发酵乳糖，产酸，产气
C. 发酵乳糖，产酸，产气 D. 发酵乳糖，不产酸，不产气

2. 大肠菌群的生物学特性是（　　）。
A. 革兰氏阳性，需氧，兼性厌氧 B. 革兰氏阴性，需氧，兼性厌氧
C. 革兰氏阳性，厌氧 D. 革兰氏阳性，需氧

3. 以下（　　）可认为是大肠菌群在 VRBA 平板上的可疑菌落。
A. 黑灰色，菌落直径为 0.5mm 或更大
B. 紫红色，菌落周围有胆盐与酸形成的沉淀环，菌落直径为 0.5mm 或更大
C. 紫红色，菌落直径为 0.5mm 或更大
D. 紫红色，菌落周围有胆盐与酸形成的沉淀环，菌落直径为 0.2mm 或更小

4. GB 4789.3—2016 中，平板计数法测定大肠菌群时，因为（　　），故在第一次倾注 VRBA 后，需要第二次覆盖一薄层 VRBA。
A. 第一次倾注量较少，要第二次增加 VRBA 琼脂量
B. 防止菌落蔓延，形成菌落形态容易判断
C. 产生胆盐沉淀环不会连成一片
D. 利于菌落生长

5. GB 4789.3—2016 中，平板计数法测定大肠菌群时，菌落计数范围为（　　）。
A. 30～300CFU B. 10～150CFU C. 15～150CFU D. 20～200CFU

6. 关于 GB 4789.3—2016 中，MPN 计数法测定大肠菌群，描述错误的有（　　）。
A. BGLB 肉汤中煌绿既是指示剂，又是抑菌抗腐剂
B. 此法是统计学和微生物学结合的一种定量检测法
C. 初发酵试验中，要对产酸产气的 LST 发酵管进行复发酵验证
D. 复发酵试验，是以（24±2）h 为最终观察结果时限。结果也以此时为最终结果

7. 关于 GB 4789.3—2016 中，平板计数法测定大肠菌群，描述正确的有（　　）。
A. 从制备样品匀液至样品接种完毕，全过程不得超过 15min
B. 为保证样品匀液的 pH 值在 6.5～7.5 之间，可用 1mol/L NaOH 或 1mol/L HCl 调节
C. 为防止食品样品中所含有乳糖之外其他糖类产生干扰，故要对典型和可疑菌落进行证实试验
D. 可疑菌落指的是在颜色或直径或沉淀环上与典型菌落不符合的菌落

8. 结晶紫中性红胆盐琼脂培养基灭菌的条件为（　　）。
A. 121℃，15min B. 115℃，15min C. 过滤除菌 D. 煮沸 2min

三、根据所给数据，请对以下 5 种样品中大肠菌群的 MPN 值进行报告

例次	不同稀释度的阳性管数				报告/[MPN/g(mL)]
	稀释度	0.1	0.01	0.001	
1	初发酵试验	3	1	0	
	复发酵证实试验	3	0	0	
2	稀释度	1	0.1	0.01	
	初发酵试验	2	2	1	
	复发酵证实试验	2	2	0	

续表

例次	不同稀释度的阳性管数				报告/[MPN/g(mL)]
3	稀释度	0.01	0.001	0.0001	
	初发酵试验	2	1	2	
	复发酵证实试验	2	0	2	
4	稀释度	0.1	0.01	0.001	
	初发酵试验	0	1	0	
	复发酵证实试验	0	0	0	
5	稀释度	0.01	0.001	0.0001	
	初发酵试验	0	0	1	
	复发酵证实试验	0	0	0	

四、根据所给数据，请对以下 4 种样品中大肠菌群的平板菌落数进行报告

例次	不同稀释度大肠菌群初始菌落数/CFU						证实实验阳性管数	报告/[CFU/g(mL)]
1	10^0		10^{-1}		10^{-2}		6	
	302	341	33	37	4	3		
2	10^{-1}		10^{-2}		10^{-3}		7	
	1521	1411	157	135	18	11		
3	10^0		10^{-1}		10^{-2}		4	
	4	4	0	0	0	0		
4	10^0		10^{-1}		10^{-2}		—	
	0	0	0	0	0	0		

任务 6-3　食品中霉菌与酵母菌的测定

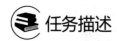 任务描述

食品微生物化验室采样员从生产线上采集一批食品成品，有固体食品和液体食品，作为检验员，你需要按最新国标规定方法对样品进行霉菌和酵母菌指标的测定，包括会按要求选择平板计数法和霉菌直接镜检计数法以及具体检验步骤；霉菌与酵母菌在平板上典型菌落形态的识别以及计数的方法；结果的修约及报告。并根据实验结果填写原始数据记录。

任务目标

① 掌握食品中霉菌与酵母菌测定方法。
② 理解食品中霉菌与酵母菌测定原理。
③ 了解食品中霉菌与酵母菌测定意义。
④ 会依据国标规范进行食品中霉菌与酵母菌的测定。
⑤ 会对最后的检测结果进行正确的计算与报告。
⑥ 能正确规范填写检验原始记录。

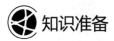 知识准备

一、霉菌和酵母菌简介

霉菌和酵母菌都属于真菌，广泛分布于自然界，有时是食品中正常菌相的一部分。长期以来，人们利用某些霉菌和酵母菌加工一些食品，如用霉菌加工干酪和肉，使其味道鲜美；还可利用霉菌和酵母菌酿酒、制酱；食品、化学、医药等工业都少不了霉菌和酵母菌。但有时霉菌和酵母菌也能造成多种食品的腐败变质。

相对于低等的细菌来说，霉菌和酵母菌生长缓慢，竞争能力较弱，故霉菌和酵母菌常在不利于细菌生长繁殖的环境中形成优势菌群。由于霉菌和酵母菌的细胞较大，新陈代谢能力强，如 $10^2 \sim 10^4$ 个酵母菌即可引起 1g 食物的变质，而细菌则需要 100 倍于此数的细胞。

通常霉菌和酵母菌适合在高碳低氮有机物如植物性物质上生存。适合生存的 pH 3~8，有些霉菌可以在 pH 2，酵母菌在 pH 1.5 时生活。水分活度要求 0.99~0.61，霉菌 0.85 时最适宜，某些嗜渗酵母菌和霉菌常引起糖果类食品的变质。一般霉菌的生长温度为 20~30℃，部分霉菌可以在不低于 -7℃ 的温度下生长。酵母菌一般在 0~45℃ 时生长。耐热能力较差，酵母菌细胞 55~56℃ 几分钟就被杀死。少数霉菌的孢子（如丝衣霉）则可在 90℃ 中耐受几分钟。霉菌和酵母菌很多可以耐受防腐剂。有些酵母菌酯酶活性高并能合成 B 族维生素。

1. 菌体形态

霉菌和酵母菌这种称谓仅是为了方便起见，并没有分类学上的依据。通常将能够形成疏松的绒毛状菌丝体的小型真菌称为霉菌（图 6-12），没有菌丝的单细胞真菌称酵母菌（图 6-13），酵母菌通常呈圆形、卵圆形、腊肠形或杆状。

2. 菌落形态

（1）霉菌菌落（图 6-14）　比细菌、酵母菌的要大，菌丝粗长，菌落干燥，表面疏松呈

绒毛状、棉絮状或蛛网状等。菌落有的菌落呈圆形，有的无定形。菌落最初往往是浅色或白色，当长出各种颜色的孢子后，便相应呈现出肉眼可见的不同结构和色泽特征，颜色大多绿色、黑色、墨绿色等，有霉味。

 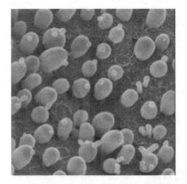

图 6-12　霉菌电子显微镜下形态　　　图 6-13　酵母菌电子显微镜下形态

（2）酵母菌菌落（图 6-15）　　多类似细菌菌落，但大而厚，菌落表面光滑、湿润、黏稠，易挑起，某些菌种长时间培养而呈皱缩状。颜色多为乳白色，少数为黄色或红色、粉红色等。

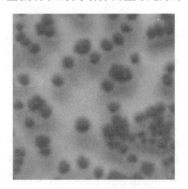 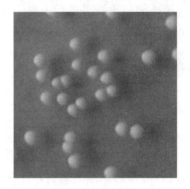

图 6-14　霉菌菌落形态　　　图 6-15　酵母菌菌落形态

二、霉菌和酵母菌的测定意义

1. 防止食品，尤其是不适于细菌生长的食品腐败变质

在某些情况下，霉菌和酵母菌可造成食品腐败变质。由于它们生长缓慢和竞争能力不强，故常常在不适于细菌生长的食品中出现，如 pH 低、湿度低、含盐和含糖高的食品，低温贮藏的食品，以及含有抗生素的食品等，使食品和粮食发生霉变。由于霉菌和酵母菌能抵抗热、冷冻以及抗生素和辐照等贮藏及保藏技术，它们能转换某些不利于细菌的物质，而促进致病细菌的生长，影响食品的食用安全。

2. 防止霉菌毒素引起急慢性食物中毒

有些霉菌能够合成有毒代谢产物——霉菌毒素，引起各种急慢性中毒，特别某些霉菌毒素强烈致癌。

3. 作为评价食品卫生质量的指示菌，对食品被其污染程度进行判定

霉菌和酵母菌往往使食品表面失去色、香、味。例如，酵母菌在新鲜的和加工的食品中繁殖，可使产品产生难闻的异味，它还可以使液体发生浑浊，产生气泡，形成薄膜，改变颜色及散发不正常的气味等。因此霉菌和酵母菌也作为评价食品卫生质量的指示菌，并以霉菌和酵母菌计数来制订食品被污染的程度。目前，许多国家的食品微生物学常规检验中都包括

霉菌和酵母菌计数,也有若干个国家制定了某些食品的霉菌和酵母菌限量标准。我国已制定了一些食品中霉菌和酵母菌的限量标准。

三、霉菌和酵母菌的检验方法

食品中霉菌和酵母菌的计数方法参考标准为《食品安全国家标准 食品微生物学检验 霉菌和酵母计数》(GB 4789.15—2016),本标准规定了食品中霉菌和酵母菌的计数方法,适用于各类食品中霉菌和酵母菌的计数。

霉菌和酵母菌平板计数法(第一法)是常用方法,与菌落总数的测定方法基本相似,其操作步骤包括样品的稀释、培养、菌落计数、结果与报告。

任务实施

【**主要设备与常规用品**】

高压蒸汽灭菌锅;冰箱(2~5℃);pH 计或 pH 比色管或精密 pH 试纸;天平(感量 0.1g);拍击式均质器;涡旋混合器;恒温水浴箱[(46±1)℃];恒温培养箱[(28±1)℃];放大镜和/或菌落计数仪;无菌培养皿(直径 90mm);1mL 无菌刻度吸管(具 0.01mL 刻度);10mL 或 25mL 无菌刻度吸管(具 0.1mL 刻度);微量移液器及吸头(1.0mL);无菌锥形瓶(容量 250mL、500mL)或无菌均质袋;无菌试管(18mm×180mm);无菌剪刀;无菌镊子;无菌玻璃珠;75%酒精消毒棉球;酒精灯;试管架;记号笔等。

【**材料**】

① 培养基(制备方法参考附录一):马铃薯葡萄糖琼脂(PDA)培养基或孟加拉红(虎红)琼脂培养基。

② 试剂(制备方法参考附录一):无菌磷酸盐缓冲液;无菌生理盐水。

根据制备情况,填写《培养基和试剂制备记录》(见《食品微生物检验技术任务工单》)。

【**检验程序**】

检验程序见图 6-16。

图 6-16 霉菌和酵母菌平板计数法检测程序

【技术提示】

1. 检验前的准备

① 无菌室及超净工作台准备。

② 用酒精棉球擦手。

③ 用酒精棉球以酒精灯摆放处为圆心,从里向外擦拭实验台,并合理摆放实验台上物品。

④ 点燃酒精灯。

⑤ 打开锥形瓶、试管及培养皿外包扎的纸。

⑥ 于锥形瓶、试管及培养皿上标注稀释倍数,并合理放置器皿,培养皿按稀释倍数由低到高,从上往下放置(最上面放空白皿)。

2. 样品的处理

为了准确测定霉菌和酵母菌数,真实反映被检食品的卫生质量,首先应注意样品的代表性。对大的固体食品样品,要用灭菌刀或镊子从不同部位采取实验材料,再混合磨碎。如样品不太大,最好把全部样品放到灭菌均质器杯内搅拌 2min。液体或半固体样品可用迅速颠倒容器 25 次混匀。

3. 检样稀释与加样

(1) 检样

① 固体和半固体样品:以无菌操作,称取 25g 样品至盛有 225mL 无菌稀释液(蒸馏水或生理盐水或磷酸盐缓冲液)的锥形瓶(可在瓶内预置适当数量的无菌玻璃珠)中充分振摇,或放入盛有 225mL 无菌稀释液的均质袋中,用拍击式均质器拍打 1~2min,制成 1:10 的样品匀液。

② 液体样品:以无菌操作,用无菌刻度吸管吸取 25mL 样品至盛有 225mL 无菌稀释液(蒸馏水或生理盐水或磷酸盐缓冲液)的锥形瓶(可在瓶内预置适当数量的无菌玻璃珠)中充分混匀,或放入盛有 225mL 无菌稀释液的均质袋中,用拍击式均质器拍打 1~2min,制成 1:10 的样品匀液。

(2) 10 倍系列稀释及加样 以无菌操作取 1mL 1:10 样品匀液,注入含有 9mL 无菌稀释液的试管中,在涡旋混合器上混匀,另换一支 1mL 无菌刻度吸管反复吹吸,制成 1:100 样品匀液。

按上述操作程序,制备 10 倍系列递增稀释样品匀液。每递增稀释一次,换用 1 次 1mL 无菌刻度吸管。

根据对样品污染状况的估计,选择 2~3 个连续的适宜稀释度样品匀液(液体样品可包括原液),在进行 10 倍递增稀释的同时,每个稀释度分别吸取 1mL 样品匀液于 2 个无菌培养皿内。同时分别取 1mL 无菌稀释液加入 2 个无菌培养皿作空白对照。

4. 倾注培养皿

及时将 20~25mL 冷却至 46℃的马铃薯葡萄糖琼脂培养基或孟加拉红琼脂培养基[可放置于(46±1)℃恒温水浴箱中保温]倾注培养皿,并转动培养皿使其混合均匀。置水平台面待培养基完全凝固。

5. 培养

待琼脂凝固后,正置平板,置(28±1)℃恒温培养箱中培养。

3d 后开始观察菌落生长情况，并剔除霉菌菌落开始蔓延的平板，观察并记录培养至第 5d 的结果。

6. 菌落计数

肉眼观察，必要时可用放大镜，记录各稀释倍数和相应的霉菌和酵母菌落数。以 CFU 表示。
① 选取菌落数在 10~150CFU 的平板，根据菌落形态分别计数霉菌和酵母菌。
② 霉菌蔓延生长覆盖整个平板的可记录为菌落蔓延。
③ 若霉菌蔓延生长不到平板的一半，而其余一半中菌落分布又很均匀，即可计算半个平板菌落数后乘以 2，代表一个平板菌落数，计数方式为：半个平板菌落数×2。

7. 计算

(1) 结果计算方法

① 若只有一个稀释度平板菌落数在 10~150CFU 之间，计算该稀释度的两个平板菌落数的平均值，再将平均值乘以相应稀释倍数。
② 若有两个连续稀释度平板上菌落数在 10~150CFU 之间，则按照 GB 4789.2 的相应规定进行计算。
③ 若所有平板上菌落数均大于 150CFU，则对稀释度最高的平板进行计数，其他平板可记录为多不可计，结果按平均菌落数乘以最高稀释倍数计算。
④ 若所有平板上菌落数均小于 10CFU，则应接稀释度最低的平均菌落数乘以稀释倍数计算。
⑤ 若所有稀释度（包括液体样品原液）平板均无菌落生长，则以小于 1 乘以最低稀释倍数计算。
⑥ 若所有稀释度的平板菌落数均不在 10~150CFU 之间，其中一部分小于 10CFU 或大于 150CFU 时，则以最接近 10CFU 或 150CFU 的平均菌落数乘以稀释倍数计算。

(2) 报告方式

① 菌落数按"四舍五入"原则修约。菌落数在 10CFU 以内时，采用一位有效数字报告；菌落数在 10~100CFU 之间时，采用两位有效数字报告。
② 菌落数大于或等于 100CFU 时，前第 3 位数字采用"四舍五入"原则修约后，取前 2 位数字，后面用 0 代替位数来表示结果；也可用 10 的指数形式来表示，此时也按"四舍五入"原则修约，采用两位有效数字。
③ 若空白对照平板上有菌落出现，则此次检测结果无效。
④ 称重取样以 CFU/g 为单位报告，体积取样以 CFU/mL 为单位报告，报告或分别报告霉菌和/或酵母菌数。

(3) 举例说明

例次	不同稀释度菌落数/CFU						结果/[CFU/mL(g)]	报告/[CFU/mL(g)]
	10^{-1}		10^{-2}		10^{-3}			
1	523	451	49	58	4	6	5350	5400 或 5.4×10^3
2	1760	1569	155	117	15	8	12000	12000 或 1.2×10^4
3	多不可计	多不可计	多不可计	多不可计	166	159	162500	160000 或 1.6×10^5
4	3	2	1	0	0	0	25	25

续表

例次	不同稀释度菌落数/CFU						结果/[CFU/mL(g)]	报告/[CFU/mL(g)]
	10^{-1}		10^{-2}		10^{-3}			
5	0	0	0	0	0	0	$<1×10$	<10
6	多不可计	多不可计	155	155	5	4	15500	16000 或 $1.6×10^4$

说明：例 1 计算　　$N=(49+58)/2×10^2=5350$

　　　　例 2 计算　　$N=(117+15)/[(1+0.1×1)×10^{-2}]=12000$

　　　　例 3 计算　　$N=(166+159)/2×10^3=162500$

　　　　例 4 计算　　$N=(3+2)/2×10^1=25$

　　　　例 5 计算　　$N<1×10^1=10$

　　　　例 6 计算　　$N=(155+155)/2×10^2=15500$

8. 注意事项

① 样品稀释时，为了使霉菌的孢子充分散开，需充分混匀，但反复吹吸样品稀释液容易导致形成有害气溶胶，并增加污染机会，应尽量采用涡旋混合器来保证样品稀释液的均匀，减少污染。

② 无菌试管规格为 18mm×180mm，有利于进行样品稀释液的混匀，否则在小试管里面很难充分混匀。

③ 马铃薯葡萄糖琼脂和孟加拉红琼脂成分中的氯霉素能够耐高压灭菌，可加入培养基中同时灭菌。灭菌时间控制为 15min，太长时间的高压灭菌可能会破坏糖类。

④ 霉菌和酵母菌在 PDA 培养基上生长良好，但霉菌菌落易蔓延，菌落也不易识别；孟加拉红培养基中的孟加拉红可抑制霉菌菌落的蔓延生长，该培养基中霉菌菌落致密，菌落背面显现较浓的红色有助于菌落计数，但孟加拉红见光易分解，配制的溶液或琼脂需要避光保存和使用。已变黄的溶液和琼脂应弃去。

⑤ 霉菌和酵母菌培养时间较长，用于倾注的培养基量应稍多于细菌计数，以保证培养时不至于造成培养基过分干燥。

⑥ 霉菌培养箱应专用。大多数霉菌和酵母菌在 25～30℃ 的情况下生长良好，因此培养温度（28±1）℃。要注意培养箱内温湿度，若温湿度调节不当，会造成霉菌蔓延生长或培养基失水。尤其是当湿度过高时，常导致嗜湿的根霉、木霉、毛霉、链孢霉等的强烈污染。

⑦ 菌落计数应于培养后的 72h 进行第一次观察，这时主要是观察那些密集生长的平板，以免到第五天之后，菌落生长成片而难以计数。以后逐日观察，以第五天的读数为最终计数。

⑧ 平板为正置培养。培养过程中观察平板时，尽量不要移动平板，动作宜轻，动作稍重，生长快速的霉菌孢子就会在培养基内扩散，导致二次污染，结果读数异常。

结果与评价

根据结果，填写《食品微生物检验技术任务工单》。

知识拓展

霉菌直接镜检计数法

《食品安全国家标准　食品微生物学检验　霉菌和酵母计数》（GB 4789.15—2016）第二法，也称郝氏霉菌计数法（霍华德霉菌计数法）。本法适用于番茄酱和番茄汁中霉菌计数。

一、主要设备和材料

折射仪，显微镜（10～100 倍），郝氏计测玻片（具有标准计测室的特制玻片，见图 6-17），盖玻片，测微器（显微镜目镜配套的具标准刻度的玻片）。

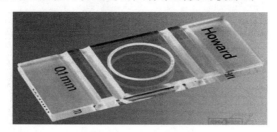

图 6-17　郝氏计测玻片

二、操作步骤

① 检样的制备：取定量检样，加蒸馏水稀释至折射率为 1.3447～1.3460（即浓度为 7.9%～8.8%），备用。

② 显微镜标准视野的校正：将显微镜按放大率 90～125 倍调节标准视野，使其直径为 1.382mm。

③ 涂片：洗净郝氏计测玻片，将制好的样品稀释液，用玻璃棒均匀地摊布于计测室，加盖玻片，以备观察。

④ 观测：将制好的载玻片放于显微镜标准视野下进行霉菌观测，一般每一检样每人观察 50 个视野，同一检样应由两人进行观察。

⑤ 结果与计算：在标准视野下，发现有霉菌菌丝其长度超过标准视野（1.382mm）的 1/6 或三根菌丝总长度超过标准视野的 1/6（即测微器的一格）时即为阳性（＋），否则为阴性（－）。

三、结果判定标准

结果判定标准见图 6-18。

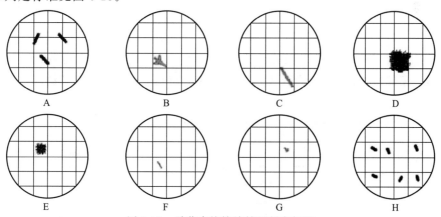

图 6-18　霉菌直接镜检结果判定标准

阳性结果：A—3 个独立的菌丝长度总和大于视野直径 1/6；
　　　　　B—菌丝 3 个分枝的长度总和大于视野直径 1/6；
　　　　　C—1 根菌丝的长度大于视野直径 1/6；
　　　　　D——丛菌丝（包括所有分枝）长度总和大于视野直径 1/6；
　　　　　E—因为是一丛菌丝，即使最长的 3 根菌丝长度总和不超过视野直径 1/6
阴性结果：F—1 根菌丝的长度不超过视野直径 1/6；
　　　　　G—菌丝 3 个分枝的长度总和不超过视野直径 1/6；
　　　　　H—任何 3 根菌丝长度总和还是在视野直径 1/6 内

四、报告

报告每 100 个视野中全部阳性视野数为霉菌的视野百分数（视野%）。

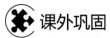 课外巩固

一、判断题

1. 霉菌和酵母菌生长迅速，竞争能力较强，在食品中往往形成优势菌群。
2. 霉菌菌落比细菌、酵母菌的要大，表面干燥，呈疏松绒毛状、棉絮状或蛛网状等。
3. GB 4789.15—2016 中规定，平板计数法所用试管规格为 15mm×150mm。
4. GB 4789.15—2016 中第一法要求，倾注完平板后，待琼脂凝固后，翻转平板置 (28±1)℃恒温培养箱中培养 5d。
5. 霉菌蔓延生长覆盖整个平板的可记录为多不可计。

二、不定项选择题

1. GB 4789.15—2016 中，霉菌和酵母平板计数法规定的菌落计数范围为（　　）。
　　A. 30~300CFU　　B. 10~150CFU　　C. 15~150CFU　　D. 20~200CFU

2. 以下关于孟加拉红琼脂培养基的说法，正确的是（　　）。
　　A. 成分中孟加拉红可抑制细菌生长　　B. 成分中氯霉素可抑制细菌的生长
　　C. 配制完成后需避光保存备用　　D. 生长的菌落背面红色

3. 菌落计数时按"四舍五入"原则修约。菌落数在 10CFU 以内时，采用（　　）位有效数字报告。
　　A. 1　　B. 2　　C. 3　　D. 4

4. 菌落计数应于培养后的（　　）h 进行第一次观察，以后逐日观察，以第五天的读数为最终计数。
　　A. 24　　B. 48　　C. 72　　D. 96

5. GB 4789.15—2016 中，霉菌和酵母菌平板计数法规定倾注平板时，培养基倾注量为（　　）。
　　A. 10~15mL　　B. 15~20mL　　C. 20~25mL　　D. 25~30mL

三、根据所给数据，请对以下 4 种样品中霉菌和酵母菌的平板菌落数结果进行计算，并报告。

例次	不同稀释度菌落数/CFU						结果/[CFU/g(mL)]	报告/[CFU/g(mL)]
1	10^0		10^{-1}		10^{-2}			
	5	4	1	0	0	0		
2	10^{-1}		10^{-2}		10^{-3}			
	1521	1411	142	135	16	9		
3	10^0		10^{-1}		10^{-2}			
	不可计	不可计	168	183	26	18		
4	10^0		10^{-1}		10^{-2}			
	0	0	0	0	0	0		

数字资源

饮料中菌落总数的测定方法实验操作

食品中菌落计数

菌落总数结果计算和报告

菌落计数器

饮料中 MPN 计数法实验操作

食品中大肠菌群 MPN 计数及报告

大肠菌群 MPN 值的报告

平板计数法实验操作

食品中大肠菌群平板计数法检测

平板计数法结果计算、结果报告和注意事项

糕点中霉菌与酵母菌平板计数法操作实验操作

食品中霉菌及酵母菌计数

霉菌与酵母菌检测结果计算报告

项目七
食品微生物指标中致病菌的检验

📖 项目描述

随着社会的发展，食品安全问题日益突出，已引起全社会的广泛关注。微生物污染导致的食源性疾病是世界食品安全最为严峻的问题，而食源性致病性微生物是其中的主要危害要素。食品中致病菌的检验主要包括食品原料及食品中各种病原菌的检验，如致病性大肠杆菌、金黄色葡萄球菌、溶血性链球菌、沙门氏菌、志贺氏菌、副溶血性弧菌、肉毒梭菌及毒素等19种病原菌。

根据微生物对人体危害的程度，可将食源性有害微生物分为四大类：①间接传播的轻度有害微生物：大肠菌群、大肠杆菌和金黄色葡萄球菌等；②局部传播的中度有害微生物：蜡样芽孢杆菌和产气荚膜杆菌等；③广泛传播的中度有害微生物：沙门氏菌、副溶血性弧菌等；④重度危害微生物：肉毒梭菌、霍乱弧菌和伤寒杆菌等。除上述细菌性有害微生物外，食物链中还存在着病毒、真菌、支原体、衣原体、螺旋体、立克次体、阮病毒等病原微生物，严重威胁世界食品安全与人类的健康。

微生物检测与食品安全密切相关，是提高食品安全水平与控制食品质量的重要技术手段，有助于减少食品微生物污染，降低食品有害微生物对人类社会的危害。传统微生物检测主要是基于微生物培养的方法，即根据微生物生长繁殖特性，利用选择性培养基筛选和分离有害微生物，再结合形态学特征和生理生化特性进行定性（定型）和定量，具体包括预增菌（18～24h）、选择性增菌（18～24h）、选择性平板（24～48h）、生化反应、显微镜观察、血清型测定等过程。传统微生物检测方法至今仍是国内外公共卫生组织的主要技术手段之一，是检验的"金标准"，但费时费力、成本高、专业性强，显然不适用于快速检测需求。

随着现代科技水平的进步，食品中有害微生物的检测技术获得了很大的发展，主要有两个方面：一是传统微生物检测方法的改进，如使用特定荧光或显色酶底物等进行快速生化鉴定，大大缩短检测的时间，提高了检测效率；二是基于抗体与核酸的快速检测技术的飞速发展，与其相应的自动化检测仪器的开发，进一步提高了食品有害微生物的检测效率。DNA聚合酶链式反应（PCR）的检测方法具有准确性高、较为快速的特点，但是依赖于PCR仪和昂贵的耗材，并且需要专业的操作技术避免假阳性、假阴性和气溶胶污染。抗原-抗体反应的免疫快速检测方法包括酶联免疫方法（ELISA）和胶体金免疫色谱试纸条方法，比PCR方法操作更为简便、成本较低，胶体金试纸条方法的检测速度更快（10～15min）。然而，目前免疫方法检测食源性致病菌的主要问题是使用的抗体特异性差、交叉反应不均一，导致与其它细菌有交叉反应或者不能识别所有该类细菌，检测结果不可靠。

食源性致病菌的检测方法历经了从生物培养、显微镜观察、生化检测、免疫学到分子生物学检测几个阶段的发展，基本的目标是朝着快速、高通量、特异性强、定量化和低成本方向发展。现在的发展趋势更是进一步转向在一个检测平台上同时检测多种致病菌，以缩短检测周期、减少检测成本。因此，能同时快速有效检测多种致病菌的高通量临床检测技术，如多重荧光 PCR 技术已成为致病菌临床诊断、食品安全检测等领域的研究热点。

我国居高不下的食源性疾病发病率和日益增加的食品质量问题投诉严重影响人民的生活质量。由于致病菌的种类较多，而食品中致病菌的总数一般不太多，在实际检测中，一般根据不同食品的特点，选择比较有代表性的致病菌作为检测的重点，并以此来判断某种食品中有无致病菌的存在，具体如下。

① 蛋及蛋制品：沙门氏菌、葡萄球菌、变形杆菌等；
② 水产品：链球菌、副溶血性弧菌；
③ 乳制品：沙门氏菌、志贺氏菌、葡萄球菌、链球菌、蜡样芽孢杆菌；
④ 畜禽肉类：肠道致病菌和致病性球菌；
⑤ 米面类：蜡样芽孢杆菌、变形杆菌、酵母菌、霉菌等；
⑥ 罐头：耐热性芽孢杆菌、嗜热脂肪杆菌、大芽孢杆菌、凝结芽孢杆菌等。

无论是从国内还是从世界范围看，沙门氏菌和金黄色葡萄球菌都是分布广泛、危害巨大的食源性致病菌。沙门氏菌作为主要的肠道致病菌，每年致死的人数达数百万之多，其中大部分案例发生在发展中国家。金黄色葡萄球菌是发达国家感染病例最多的食源性致病菌之一。国内超过 30％的食源性中毒病例都与这两种细菌有关，沙门氏菌更是在所有食源性致病菌感染源中高居首位。

本项目就按现行的国家标准要求方法，以最常见的致病性金黄色葡萄球菌和沙门氏菌的检测技术为例，介绍食品中致病菌的检验方法。

食安先锋说

检测人生（二）

① 小小的微生物随处可以生长，即使不是温床，甚至条件恶劣；人岂不是应该学习它们，适应环境，才能得以立足。

② 微生物的污染，未经检测常常不被发现；居安思危，善于预测到危机，看不见不代表不存在。

③ 微生物检测过程中，任意一个环节被污染，都会导致结果的错误；人生亦是如此，每做出一个选择都应该慎重。

④ 一个细菌很小，但很多细菌聚集在一起，就是一个漂亮的菌落；一个人的力量很小，一个团队则能聚集力量，大放异彩。

⑤ 菌落总数的测定可以通过梯度稀释，将庞大的微生物群体转化成可计数的形式；当面对困难时，也不妨进行拆解或稀释，化难为易。

⑥ 对于未知微生物的检测，只有通过不同方式的实验，才能在大量的微生物中筛选出正确的菌株，正如人在追逐理想时，不是非要遇到志同道合的人，才能上路，往往是上了路，才能遇到志同道合的人。成功是一个不断累积和吸引的过程，自己是梧桐，凤凰才来栖；自己是海，百川才来汇聚。决定前行，志同道合的有缘人就会随你而来。往往起步时同行者众，前行后，经历风雨，才知谁是真的志同道合。

⑦ 检测致病性微生物时，要将其从杂菌中筛选出来；面对网上扑面而来的信息，也要擦亮双眼，去识别有用的、有价值的信息。

⑧ 欲成事者，应该如同高温蒸汽灭菌锅，既要有全力以赴的热情（121℃），也要能够

坚持足够长的时间（15～20min），才能成功达到目标。

⑨ 爱情好似在平板培养基上的划线操作，用力过猛反倒会让对方受伤，甚至支离破碎，只有恰到好处的温柔，才能培育出理想结果。

⑩ 对待工作要向食品微生物检验员学习，做活到老、学到老的终身学习者，永远在更新自己知识技能库的路上。（食品微生物检验员需要参加岗前培训、持续的岗位技能培训和专项知识培训等持续性培训，还要通过相应考核才可得到资格确认和授权，进行相应工作。）

食安先锋说7

任务 7-1　食品中金黄色葡萄球菌的检验

 任务描述

食品微生物化验室采样员从生产线上采集一批食品成品，有固体食品和液体食品，作为检验员，你需要按最新国标规定，选择合适的检测方法对样品进行金黄色葡萄球菌指标的测定，包括定性检验与定量检验的检验步骤；金黄色葡萄球菌在选择性平板上典型菌落形态的识别以及计数的方法；血浆凝固酶确证实验的步骤；MPN 表的检索；结果的修约及报告；葡萄球菌肠毒素检验的原理和方法。同时根据实验结果填写原始数据记录。

任务目标

① 理解金黄色葡萄球菌的生物学特性。
② 了解金黄色葡萄球菌检测的目的和意义。
③ 掌握金黄色葡萄球菌检验的原理和方法。
④ 会根据样品特性正确选择金黄色葡萄球菌的不同检测方法。
⑤ 会对样品中金黄色葡萄球菌进行规范的定性检验与定量检验。
⑥ 会对金黄色葡萄球菌检验结果进行正确判定与规范报告。
⑦ 能正确规范填写检验原始记录。

 知识准备

金黄色葡萄球菌隶属于微球菌科、葡萄球菌属，是革兰氏阳性菌的代表，在自然界分布极广，空气、土壤、水、饲料、食品（剩饭、糕点、牛乳、肉品等）以及人和动物的体表黏膜等处均存在。大部分葡萄球菌为不致病的腐物寄生菌，金黄色葡萄球菌却是人类的一种重要的病原菌，一方面可引起局部化脓感染，也可引起肺炎、胃肠炎、心包炎，甚至败血症、脓血症等全身感染；另一方面，金黄色葡萄球菌污染食品后，在食品中生长繁殖，可产生肠毒素，引起毒素型细菌性食物中毒，是食品卫生的一种潜在危险。因为在食物中毒中占很大的比例，金黄色葡萄球菌肠毒素食物中毒是世界性公共卫生问题，我国每年发生的此类中毒事件也非常多。因此，检查食品中金黄色葡萄球菌有实际意义。

一、金黄色葡萄球菌的分类

典型的葡萄球菌呈球形，致病性葡萄球菌一般比非致病性葡萄球菌略小，且各个菌体的大小及排列也较整齐。细菌繁殖时呈多个平面的不规则分裂，堆积成为葡萄串状排列。在液体培养基中生长，常呈双球或短链状排列，易误认为链球菌。葡萄球菌无鞭毛及芽孢，一般不形成荚膜，易被碱性染料着色，革兰氏染色阳性，当衰老、死亡或被白细胞吞噬后常转为革兰氏阴性，对青霉素有抗药性的菌株也为革兰氏阴性。根据《伯杰氏鉴定细菌学手册》第八版，按葡萄球菌的生理化学组成，将葡萄球菌分为三种：

① 金黄色葡萄球菌：多为致病菌，也是与食物中毒关系最密切的一种。

② 表皮葡萄球菌：偶尔致病。
③ 腐生葡萄球菌：一般为非致病菌。

二、金黄色葡萄球菌的病原学特性

1. 形态与染色

典型的金黄色葡萄球菌为球形，直径 $0.5\sim1\mu m$，呈葡萄串状排列，无芽孢、无鞭毛、无荚膜，革兰氏染色阳性（图7-1），衰老、死亡和被吞噬后常呈阴性。

2. 培养特性

大多数金黄色葡萄球菌为需氧或兼性厌氧菌，但在 $20\%\sim30\%$ CO_2 的环境中有利于毒素的产生。对营养要求不高，在普通培养基上生长良好，最适生长温度为37℃，最适pH7.2～7.4，pH为4.2～9.8时亦可生长。金黄色葡萄球菌有高度的耐盐性，在 $7\%\sim15\%$ NaCl肉汤中可生长，可用于筛选菌种。

① 普通肉汤：培养24h后均匀浑浊，2～3d后能形成菌膜，在管底则形成多量黏稠沉淀。

② 普通琼脂平板：经18～24h培养后，形成圆形隆起、边缘整齐、表面光滑湿润、不透明的菌落，直径为1～2mm，不同菌株可产生不同色素，出现金黄色、白色、柠檬色。

③ Baird-Parker平板（简称B-P平板）（图7-2）：菌落圆形、光滑、凸起、湿润，直径2～3mm，呈灰色到黑色，边缘色淡，周围为一浑浊带，在其外层有一透明带。

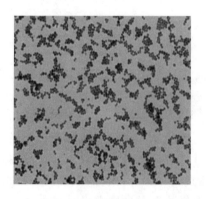

图7-1　金黄色葡萄球菌革兰氏染色

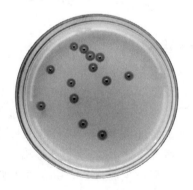

图7-2　金黄色葡萄球菌B-P平板

④ 血平板（图7-3）：多数致病性菌株可产生溶血素，在菌落周围出现β溶血，非致病性葡萄球菌则无溶血现象。

根据细菌对红细胞的溶解能力可分为以下三种溶血类型及现象（图7-4）：

a. α（甲型）溶血：产生溶血素，不完全性溶血，在血平板上菌落周围有1～2mm、较窄半透明的草绿色溶血环，又称部分溶血或草绿色溶血，如甲型溶血性链球菌可形成α溶血。

b. β（乙型）溶血：呈完全性溶血，在血平板上菌落周围有宽大（2～4mm）、界限分明、无色透明的溶血环。β溶血环中的红细胞完全溶解，是细菌产生的溶血素使红细胞完全溶解所致，又称完全溶血。如乙型溶血性链球菌、金黄色葡萄球菌等可形成β溶血。

c. γ（丙型）溶血：不产生溶血素，在血平板上的菌落周围无溶血环，即不溶血。

3. 生化特性

金黄色葡萄球菌的生化活性强,可分解葡萄糖、麦芽糖、乳糖、蔗糖,产酸不产气。一般为 M.R. 阳性,VP 弱阳性,靛基质实验阴性,还原硝酸盐,分解尿素产氨,凝固牛乳或被胨化、能产生氨,致病菌株可产生血浆凝固酶。

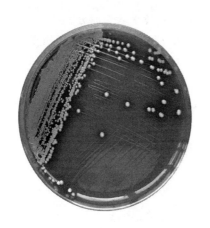
图 7-3　金黄色葡萄球菌血平板

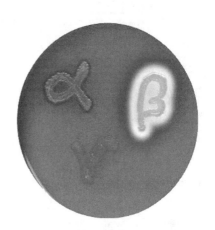
图 7-4　细菌的三种溶血现象

4. 毒素和酶

葡萄球菌可产生溶血素、杀白细胞素、肠毒素、血浆凝固酶、耐热 DNA 酶、溶纤维蛋白酶、透明质酸酶和脂酶等与致病性有关的毒素和酶,它们均可增强葡萄球菌的毒力和侵袭力。其中与致病性密切相关的酶是血浆凝固酶和耐热 DNA 酶。一般认为,血浆凝固酶阳性的金黄色葡萄球菌菌株有致病力,否则为无致病力菌株,血浆凝固酶对热稳定,60℃甚至100℃加热 30min 后,仍能保存大部分活性;耐热 DNA 酶作为除血浆凝固酶以外鉴定金黄色葡萄球菌致病力的指标之一,其最适 pH 为 9.0。而与食物中毒有密切关系的毒素是肠毒素。

5. 抗原结构

一般具有蛋白质和多糖类两种抗原。蛋白质抗原存在于菌体表面,称为葡萄球菌 A 蛋白(SPA),为完全抗原,具有种属特异性,无型特异性。多糖类抗原为半抗原,具有型特异性。

三、金黄色葡萄球菌的检验方法

食品中金黄色葡萄球菌的检验方法参考标准为《食品安全国家标准　食品微生物学检验　金黄色葡萄球菌检验》(GB 4789.10—2016)。

该标准对食品中金黄色葡萄球菌的检验提供了三种方法,第一法为定性检验法;第二法为平板计数定量法,适用于金黄色葡萄球菌含量较高的食品中金黄色葡萄球菌的计数;第三法为 MPN 定量法,适用于金黄色葡萄球菌含量较低的食品中金黄色葡萄球菌的计数。

检验依据:金黄色葡萄球菌为革兰氏染色阳性球菌,有高度耐盐性,可在 7%～15%

NaCl 肉汤中可生长；产生溶血素，在血平板上形成 β 溶血；在 Baird-Parker 平板上形成典型菌落；致病性金黄色葡萄球菌可产生血浆凝固酶，血浆凝固酶实验阳性。

四、培养基原理

1. 7.5%氯化钠肉汤

① 蛋白胨、牛肉膏：提供碳源、氮源等微生物生长的基本营养成分。

② 氯化钠：高浓度氯化钠起到选择作用，不能耐受高盐环境的细菌（如霍乱弧菌）在该培养基上生长受到抑制。

2. 血平板

① 豆粉琼脂：提供碳源、氮源等微生物生长的基本营养成分。

② 脱纤维血：含有丰富且营养均衡的物质，能促进营养苛求细菌的生长，金黄色葡萄球菌能产生溶血素，使红细胞裂解，从而在菌落周围形成透明溶血圈（β 溶血）。

3. Baird-Parker 琼脂平板

① 氯化锂：抑制非葡萄球菌的微生物生长。

② 丙酮酸钠、甘氨酸：促进葡萄球菌生长。

③ 亚碲酸钾：抑制非葡萄球菌的微生物生长，还可被金黄色葡萄球菌还原为碲盐呈黑色。

④ 卵黄：金黄色葡萄球菌产生卵磷脂酶和脂酶，卵磷脂酶可降解卵黄中的卵磷脂使菌落产生透明圈，脂酶使菌落产生不透明的沉淀环。

⑤ 胰蛋白胨、牛肉膏、酵母膏：提供碳源、氮源、B 族维生素和生长因子等微生物生长的基本营养成分。

第一法　金黄色葡萄球菌定性检验

任务实施

【主要设备与常规用品】

高压蒸汽灭菌锅；冰箱（2~5℃）；pH 计或 pH 比色管或精密 pH 试纸；电子天平（感量 0.1g）；均质器；振荡器；恒温水浴箱（36~56℃）；恒温培养箱［(36±1)℃］；无菌培养皿（直径 90mm）；1mL 无菌刻度吸管（具 0.01mL 刻度）；10mL 或 25mL 无菌刻度吸管（具 0.1mL 刻度）或微量移液器及吸头；无菌锥形瓶（容量 250mL、500mL 或无菌均质袋）；无菌试管（适宜大小）；接种环；无菌剪刀；无菌镊子；无菌玻璃珠；75%酒精消毒棉球；酒精灯；试管架；记号笔等。

【材料】

① 培养基（制备方法参考附录一）：7.5%氯化钠肉汤；血平板；Baird-Parker 琼脂平板；脑心浸出液肉汤（BHI）；营养琼脂小斜面。

② 试剂（制备方法参考附录一）：兔血浆；磷酸盐缓冲液；革兰氏染色液；无菌生理盐水。

根据制备情况，填写《培养基和试剂制备记录》（见《食品微生物检验技术任务工单》）。

【检验程序】

检验程序见图 7-5。

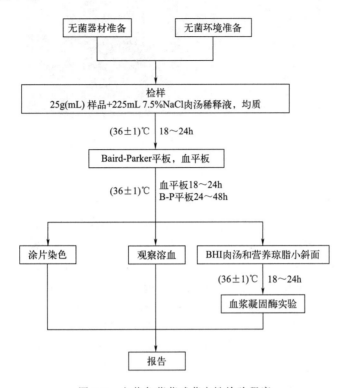

图 7-5　金黄色葡萄球菌定性检验程序

【技术提示】

1. 检验前的准备

① 食品样品制备应在洁净区（超净工作台或洁净实验室）进行。
② 分离鉴定及阴性、阳性对照应在二级或以上生物安全实验室准备。
③ 检测人员做好个人防护，严格无菌操作。
④ 合理摆放实验台上物品。

2. 检样与增菌

（1）样品的处理

① 固体和半固体样品：以无菌操作称取 25g 样品至盛有 225mL 7.5％氯化钠肉汤的无菌均质杯内，8000～10000r/min 均质 1～2min，或放入盛有 225mL 7.5％氯化钠肉汤无菌均质袋中，用拍击式均质器拍打 1～2min。

② 液体样品：以无菌操作吸取 25mL 样品至盛有 225mL7.5％氯化钠肉汤的无菌锥形瓶（瓶内可预置适当数量的无菌玻璃珠）中，振荡混匀。

（2）增菌

① 目的：复苏细菌，并进行选择性增菌，以便后期分离培养，但不具有鉴定作用。
② 操作：将上述样品匀液于（36±1）℃培养 18～24h。金黄色葡萄球菌在 7.5％氯化钠肉汤中呈浑浊生长（图 7-6）。

图 7-6　金黄色葡萄球菌 7.5% NaCl 肉汤培养

左侧为浑浊生长；右侧为澄清透亮

3．选择性平板分离与初步鉴定

（1）划线分离　将增菌后的培养物，以无菌操作分别用接种环取培养液 1 环分区划线（尽可能保证划出单个菌落）接种到一个 B-P 平板和一个血平板上。置（36±1）℃恒温培养箱培养，血平板培养 18～24h，B-P 平板培养 24～48h。

B-P 平板具有非葡萄球菌抑制性，若前增菌菌量少，可能造成假阴性；血平板营养丰富，但是无特定选择性。B-P 平板和血平板结合使用，防止漏检。

（2）初步鉴定

① B-P 平板上金黄色葡萄球菌菌落呈圆形，表面光滑、凸起、湿润，菌落直径为 2～3mm，颜色呈灰黑色至黑色，有光泽，常有浅色（非白色）的边缘，周围绕以不透明圈（沉淀），其外常有一清晰带（图 7-7）。当用接种针触及菌落时具有黄油样黏稠感。有时可见到不分解脂肪的菌株，除没有不透明圈和清晰带外，其他外观基本相同。从长期贮存的冷冻或脱水食品中分离的菌落，其黑色常较典型菌落浅些，且外观可能较粗糙，质地较干燥。

② 血平板上金黄色葡萄球菌形成的菌落较大、圆形、光滑凸起、湿润、金黄色（有时为白色），菌落周围可见完全透明溶血圈（图 7-8）。

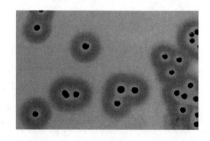　　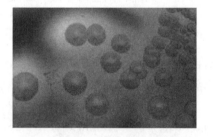

图 7-7　B-P 平板金黄色葡萄球菌　　图 7-8　血平板金黄色葡萄球菌

典型菌落形态　　　　　　　　　　典型菌落形态

4．确证鉴定

挑取 B-P 平板和血平板上可疑菌落进行革兰氏染色镜检及血浆凝固酶实验。

（1）染色镜检　金黄色葡萄球菌为革兰氏阳性球菌，排列呈葡萄球状，无芽孢，无荚膜，直径为 0.5～1μm。

(2) 血浆凝固酶实验

① 挑取 B-P 平板或血平板上至少 5 个可疑菌落（小于 5 个全选），每个可疑菌落同时接种 5mL BHI 和营养琼脂小斜面，(36±1)℃培养 18~24h。

② 取新鲜配制兔血浆 0.5mL，放入小试管中，再加入 BHI 培养物 0.2~0.3mL，振荡摇匀，置（36±1）℃温箱或水浴箱内，每半小时观察一次，观察 6h，如呈现凝固（即将试管倾斜或倒置时，呈现凝块）或凝固体积大于原体积的一半，判定为阳性结果（图 7-9）。

图 7-9 血浆凝固酶实验
从左至右分别为阳性对照、空白、溶解后的空白、阴性对照

③ 同时以血浆凝固酶实验阳性和阴性葡萄球菌菌株的肉汤培养物作为对照。也可用商品化的试剂，按说明书操作，进行血浆凝固酶实验。

④ 结果如可疑（似凝非凝），挑取营养琼脂小斜面的菌落到 5mL BHI，(36±1)℃培养 18~48h，重复实验。

5．葡萄球菌肠毒素的检验（选做）

可疑食物中毒样品或产生葡萄球菌肠毒素的金黄色葡萄球菌菌株的鉴定，可选做葡萄球菌肠毒素检测。

6．报告

① 结果判定：菌落形态（血平板和 B-P 平板）、染色镜检、血浆凝固酶皆符合金黄色葡萄球菌特性的，可判定为金黄色葡萄球菌。

② 结果报告：综合以上检验结果，报告在 25g（mL）样品中检出或未检出金黄色葡萄球菌。

7．注意事项

① 金黄色葡萄球菌在 7.5% NaCl 肉汤中，菌量大时呈浑浊生长。但若增菌液培养后较澄清、不浑浊，可能是菌量较少，仍需进行分离培养。

② 血平板使用前要检查平板内是否干裂或染菌，使用时要注意无菌操作，避免杂菌干扰。

③ 用于划线分离的 B-P 平板和血平板需现配现用，要保持平板表面干燥。

④ 革兰氏染色要 24h 新鲜培养物。若菌龄太老，由于菌体死亡、自溶、细胞壁通透性改变等，结晶紫染液可脱色透出，从而造成假阴性。

⑤ 由于金黄色葡萄球菌可产生血浆凝固酶，使血浆中的纤维蛋白原转变为纤维蛋白附着于细菌表面产生凝固，故可用血浆凝固酶实验鉴别葡萄球菌致病性。血浆凝固酶实验根据抗原性不同，可分为与细胞壁结合的结合凝固酶（玻片法）及菌体生成后释放在培养基中的

游离凝固酶（试管法），国标采用试管法。

⑥ 陈旧培养物（培养超过 18～24h）或生长不良的，可能导致血浆凝固酶试验假阴性。

结果与评价

根据结果，填写《食品微生物检验技术任务工单》。

第二法　金黄色葡萄球菌平板计数法

任务实施

【主要设备与常规用品】

高压蒸汽灭菌锅；冰箱（2～5℃）；pH 计或 pH 比色管或精密 pH 试纸；电子天平（感量 0.1g）；均质器；振荡器；恒温水浴箱（36～56℃）；恒温培养箱［(36±1)℃］；放大镜和/或菌落计数仪；无菌培养皿（直径 90mm）；1mL 无菌刻度吸管（具 0.01mL 刻度）；10mL 或 25mL 无菌刻度吸管（具 0.1mL 刻度）或微量移液器及吸头；无菌锥形瓶（容量 250mL、500mL）或无菌均质袋；无菌试管（适宜大小）；涂布棒；接种环；无菌剪刀；无菌镊子；无菌玻璃珠；75％酒精消毒棉球；酒精灯；试管架；记号笔等。

【材料】

① 培养基（制备方法参考附录一）：7.5％氯化钠肉汤；血平板；Baird-Parker 琼脂平板；脑心浸出液肉汤（BHI）；营养琼脂小斜面。

② 试剂（制备方法参考附录一）：兔血浆；磷酸盐缓冲液；革兰氏染色液；无菌生理盐水。

根据制备情况，填写《培养基和试剂制备记录》（见《食品微生物检验技术任务工单》）。

【检验程序】

检验程序见图 7-10。

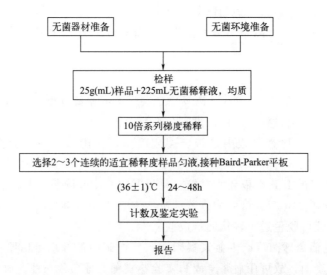

图 7-10　金黄色葡萄球菌平板计数法检验程序

【技术提示】

1. 检验前的准备
① 食品样品制备应在洁净区（超净工作台或洁净实验室）进行。
② 分离鉴定及阴性、阳性对照应在二级或以上生物安全实验室准备。
③ 检测人员做好个人防护，严格无菌操作。
④ 合理标记并摆放实验台上物品。

2. 检样和稀释
(1) 检样
① 固体和半固体样品：以无菌操作称取25g样品置于盛有225mL无菌稀释液（磷酸盐缓冲液或生理盐水）的无菌均质杯内，8000～10000r/min均质1～2min，或置于盛有225mL无菌稀释液的无菌均质袋中，用拍击式均质器拍打1～2min，制成1∶10的样品匀液。
② 液体样品：以无菌操作用无菌刻度吸管吸取25mL样品置于盛有225mL无菌稀释液（磷酸盐缓冲液或生理盐水）的无菌锥形瓶（瓶内预置适当数量的无菌玻璃珠）中，充分混匀，制成1∶10的样品匀液。

(2) 10倍系列稀释 以无菌操作用1mL无菌吸管或微量移液器吸取1∶10样品匀液1mL，沿管壁缓慢注于盛有9mL无菌稀释液的无菌试管中（注意吸管或吸头尖端不要触及稀释液面），振摇试管或换用1支1mL无菌吸管反复吹打使其混合均匀，制成1∶100的样品匀液。

按上述操作程序，制备10倍系列稀释样品匀液。每递增稀释一次，换用1次1mL无菌吸管或吸头。

3. 样品的接种
① 根据对样品污染状况的估计，选择2～3个适宜的连续稀释度样品匀液（液体样品可包括原液），在进行10倍递增稀释的同时，每个稀释度分别吸取1mL样品匀液以0.3mL、0.3mL、0.4mL接种量分别加入三块Baird-Parker平板，每完成一个稀释度的加样，立刻用无菌涂布棒涂布整个平板，注意涂布棒不要触及平板边缘。注意边稀释，边接种。
② 使用前，如Baird-Parker平板表面有水珠，可放在25～50℃的培养箱里干燥，直到平板表面的水珠消失。

4. 培养
涂布完成后，将平板静置10min，如样液不易吸收，可将平板正放在培养箱（36±1）℃培养1h；等样品匀液吸收后翻转平板，倒置后于（36±1）℃培养24～48h。

5. 典型菌落确认和计数
① 金黄色葡萄球菌在Baird-Parker平板上呈圆形，表面光滑、凸起、湿润，菌落直径为2～3mm，颜色呈灰黑色至黑色，有光泽，常有浅色（非白色）的边缘，周围绕以不透明圈（沉淀），其外常有一清晰带。当用接种针触及菌落时具有黄油样黏稠感。有时可见到不分解脂肪的菌株，除没有不透明圈和清晰带外，其他外观基本相同。
② 从长期贮存的冷冻或脱水食品中分离的菌落，其黑色常较典型菌落浅些，且外观可能较粗糙，质地较干燥。
③ 选择有典型的金黄色葡萄球菌菌落的平板，且同一稀释度3个平板所有菌落数合计

在 20～200CFU 之间的平板，计数典型菌落数。

④ 从典型菌落中至少选 5 个可疑菌落（小于 5 个全选）进行鉴定实验。分别做染色镜检，血浆凝固酶实验；同时划线接种到血平板（36±1）℃培养 18～24h 后观察菌落形态。凡是血平板菌落形态、染色镜检、血浆凝固酶皆符合金黄色葡萄球菌特性的，可判定为阳性菌落。

6．计算报告

（1）结果计算方法

① 只有一个稀释度平板的典型菌落数合计在适宜计数范围内，计数该稀释度平板上的典型菌落之和，乘以相应稀释倍数后，再乘以最后证实为金黄色葡萄球菌阳性菌落的比例。

② 若最低稀释度平板的典型菌落数之和小于 20CFU，计数该稀释度平板上的典型菌落之和，乘以相应稀释倍数后，再乘以最后证实为金黄色葡萄球菌阳性菌落的比例。

③ 若某一稀释度平板的典型菌落数之和大于 200CFU，但下一稀释度平板上没有典型菌落，计数该稀释度平板上的典型菌落之和，乘以相应稀释倍数后，再乘以最后证实为金黄色葡萄球菌阳性菌落的比例。

④ 若某一稀释度平板的典型菌落数之和大于 200CFU，而下一稀释度平板上虽有典型菌落但总和不在 20～200CFU 范围内，应计数该稀释度平板上的典型菌落之和，乘以相应稀释倍数后，再乘以最后证实为金黄色葡萄球菌阳性菌落的比例。

⑤ 若 2 个连续稀释度的平板典型菌落数之和均在适宜计数范围内，按下面公式计算：

$$T=\frac{A_1B_1/C_1+A_2B_2/C_2}{1.1d}$$

式中　T——样品中金黄色葡萄球菌菌落数；

A_1——第一稀释度（低稀释倍数）典型菌落总数；

B_1——第一稀释度（低稀释倍数）鉴定为阳性的菌落数；

C_1——第一稀释度（低稀释倍数）用于鉴定实验的菌落数；

A_2——第二稀释度（高稀释倍数）典型菌落总数；

B_2——第二稀释度（高稀释倍数）鉴定为阳性的菌落数；

C_2——第二稀释度（高稀释倍数）用于鉴定实验的菌落数；

1.1——计算系数；

d——稀释因子（第一稀释度）。

（2）报告方式　根据计算结果，报告每 g(mL) 样品中金黄色葡萄球菌数，以 CFU/g(mL) 表示；如计算结果为 0，则以小于 1 乘以最低稀释倍数报告。

（3）举例说明

例次	不同稀释度典型菌落数/CFU									鉴定实验阳性菌落数/CFU	报告/[CFU/g(mL)]
1	10^{-1}			10^{-2}			10^{-3}			3	7000 或 7.0×10³
	395	373	333	33	43	40	3	2	3		
2	10^{-2}			10^{-3}			10^{-4}			1	100 或 1.0×10²
	1	2	0	0	0	0	0	0	0		
3	10^{0}			10^{-1}			10^{-2}			2	810 或 8.1×10²
	780	690	683	66	66	70	0	0	0		

续表

例次	不同稀释度典型菌落数/CFU									鉴定实验阳性菌落数/CFU		报告/[CFU/g(mL)]
4	10^{-1}			10^{-2}			10^{-3}			5		2000 或 2.0×10^3
	66	66	70	3	2	2	0	0	0			
5	10^{-1}			10^{-2}			10^{-3}			10^{-1}	10^{-2}	1100 或 1.1×10^3
	53	63	60	7	10	8	0	0	1	3	2	
6	10^{-1}			10^{-2}			10^{-3}			0		<10
	1	2	0	0	0	0	0	0	0			

说明：例1计算　$T=(33+43+40)\times10^2\times(3/5)=6960\text{CFU/g(mL)}$

例2计算　$T=(1+2+0)\times10^2\times(1/3)=100\text{CFU/g(mL)}$

例3计算　$T=(66+66+70)\times10^1\times(2/5)=808\text{CFU/mL}$

例4计算　$T=(66+66+70)\times10^1\times(5/5)=2020\text{CFU/mL}$

例5计算　$T=[(53+63+60)\times(3/5)+(7+10+8)\times(2/5)]/(1.1\times10^{-1})=1051\text{CFU/g(mL)}$

例6计算　$T=(1+2+0)\times10^1\times(0/3)=0\text{CFU/g(mL)}$

7. 说明及注意事项

① 计数用 Baird-Parker 平板，为防止菌落蔓延，在用前可提前在 25～50℃ 烘箱中把表面水汽烘干。

② 每接种完一个稀释度后，立刻用无菌涂布棒快速涂布菌液，避免放置过久导致菌液被培养基吸收而造成涂布不均匀。

结果与评价

根据结果，填写《食品微生物检验技术任务工单》。

第三法　金黄色葡萄球菌 MPN 计数法

任务实施

【主要设备与常规用品】

高压蒸汽灭菌锅；冰箱（2～5℃）；pH 计或 pH 比色管或精密 pH 试纸；电子天平（感量 0.1g）；均质器；振荡器；恒温水浴箱（36～56℃）；恒温培养箱[(36±1)℃]；放大镜；无菌培养皿（直径 90mm）；1mL 无菌刻度吸管（具 0.01mL 刻度）；10mL 或 25mL 无菌刻度吸管（具 0.1mL 刻度）或微量移液器及吸头；无菌锥形瓶（容量 250mL、500mL）或无菌均质袋；无菌试管（适宜大小）；接种环；无菌剪刀；无菌镊子；无菌玻璃珠；75% 酒精消毒棉球；酒精灯；试管架；记号笔等。

【材料】

① 培养基（制备方法参考附录一）：7.5% 氯化钠肉汤；血平板；Baird-Parker 琼脂平板；脑心浸出液肉汤（BHI）；营养琼脂小斜面。

② 试剂（制备方法参考附录一）：兔血浆；磷酸盐缓冲液；革兰氏染色液；无菌生

理盐水。

根据制备情况，填写《培养基和试剂制备记录》（见《食品微生物检验技术任务工单》）。

【检验程序】

检验程序见图 7-11。

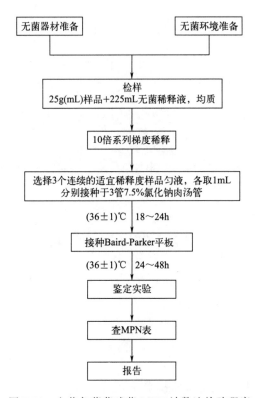

图 7-11　金黄色葡萄球菌 MPN 计数法检验程序

【技术提示】

1．检验前的准备

① 食品样品制备应在洁净区（超净工作台或洁净实验室）进行。

② 分离鉴定及阴性、阳性对照应在二级或以上生物安全实验室准备。

③ 检测人员做好个人防护，严格无菌操作。

④ 合理标记并摆放实验台上物品。

2．检样和稀释

按第二法"检样和稀释"进行。

3．接种和培养

根据对样品污染状况的估计，选择 3 个适宜稀释度的样品匀液（液体样品可包括原液），在进行 10 倍递增稀释的同时，每个稀释度分别接种 1mL 样品匀液至 7.5％氯化钠肉汤管（如接种量超过 1mL，则用双料 7.5％氯化钠肉汤），每个稀释度接种 3 管。注意边稀释，边接种。

将上述接种物（36±1）℃培养，18～24h。

4．阳性管的确认

① 用接种环从培养后的 9 支 7.5％氯化钠肉汤管中各取培养物 1 环，分别移种于 9 块 Baird-Parker 平板（36±1）℃培养 24～48h。

② 从每块 Baird-Parker 平板上各取典型和可疑菌落进行鉴定实验，分别做染色镜检、血浆凝固酶实验、血平板划线接种。凡是血平板（36±1）℃培养 18～24h 后菌落形态、染色镜检、血浆凝固酶皆符合金黄色葡萄球菌特性的，可判定对应 7.5％氯化钠肉汤管为阳性管。

5．报告

根据证实为金黄色葡萄球菌阳性的试管管数，查 MPN 检索表（见附录二），报告每 g(mL)样品中金黄色葡萄球菌的最大概率数，以 MPN/g（mL）表示。

在 MPN 表中，3 个稀释倍数的检测结果都是阴性时，应该按<3.0 封定，这样更能反映实际情况。

6．注意事项

① 7.5％氯化钠肉汤不具有鉴定作用，需要对每一支接种培养后的 7.5％氯化钠肉汤管进行 B-P 平板接种、血平板接种、革兰氏染色和血浆凝固酶四个确证实验，四个确证实验皆符合金黄色葡萄球菌特性的肉汤管才能确认为阳性管。

② 稀释度的选择应使样品最高稀释度的三支肉汤管皆能达到阴性终点，避免出现＞1100MPN/g(mL) 的结果。

结果与评价

根据结果，填写《食品微生物检验技术任务工单》。

知识拓展

一、金黄色葡萄球菌的致病性

金黄色葡萄球菌在空气、水、灰尘及人和动物的排泄物中都可找到，可通过煮沸加热杀死。金黄色葡萄球菌并不总是致病，它是皮肤感染，包括脓肿的常见原因，如呼吸道感染、鼻窦炎和食物中毒。

若仅摄入该菌时不发生中毒，只有当食物中大量金黄色葡萄球菌在适宜条件下产生肠毒素时才引起中毒。美国由金黄色葡萄球菌肠毒素引起的食物中毒，占整个细菌性食物中毒的 33％，加拿大则更多，占到 45％。而金黄色葡萄球菌肠毒素稳定性很好，中毒剂量低，毒性强，在食品中难以通过后续加工去除。研究表明我国 2003～2015 年间金黄色葡萄球菌引起的食物中毒事件 86 起，发病 2431 人，无死亡。

二、金黄色葡萄球菌的抵抗力

金黄色葡萄球菌具有较厚的细胞壁，是抵抗力最强的非芽孢菌种。耐干燥可达数月；抗热力很强，80℃加热30min甚至1h才能灭活，一般家庭中大部分食物的蒸煮温度和时间都不能破坏之。

50g/L的石炭酸或1g/L的升汞溶液中15min便会死亡；1∶（10万～20万）龙胆紫能抑制其生长。在干燥的脓汁和血液中可存活数月，能耐冷冻环境，耐盐性很强，在50%～60%的蔗糖或15%以上的NaCl中生长才被抑制。

三、金黄色葡萄球菌食物中毒的流行病学

金黄色葡萄球菌肠毒素不受蛋白酶影响，其中，肠毒素A所引起的食物中毒事件最多，其次为肠毒素C。耐甲氧西林金黄色葡萄球菌（MRSA）的出现是临床医学界的一个世界性难题。而且许多研究没有可供使用的金黄色葡萄球菌疫苗。

① 季节性特点：全年皆可发生，但多见于气温较高的夏秋。

② 食品种类：引起中毒的食物种类很多，主要是乳类及乳制品、肉类、鱼、蛋类及其制品等动物性食品，剩饭米酒等食品。

③ 污染原因：人和动物化脓性感染部位常成为污染源，如奶牛患化脓性乳腺炎时，乳汁中可能带有该菌；带菌从业人员直接或间接污染食物；畜禽局部患化脓性感染时，感染部位该菌对体内其他部位的污染。

四、金黄色葡萄球菌肠毒素形成的条件

影响金黄色葡萄球菌生长并产毒的因素主要包括温度、pH、水分活度、盐分、氧气含量、氧化还原电势以及乳酸菌。肠毒素最适产毒条件是34～40℃，pH7～8，水分活度0.99，无盐，有氧，氧化还原电势大于200mV。极端条件如10～46℃，pH5～9.6，水分活度0.86，盐浓度12%，兼性厌氧，氧化还原电势100～200mV也可以产生肠毒素。肉类特别是速冻饺子中的肉糜如不能及时加工，很容易达到最适产毒条件，污染金黄色葡萄球菌并短时间内产生肠毒素。乳制品如鲜乳室温储存时间过长，温度过高，或者生产线停运时间过久，均可能生长金黄色葡萄球菌并产生肠毒素。主要家庭形成肠毒素的条件包括：

① 存放温度：在37℃内，温度越高，产毒时间越短。

② 存放地点：通风不良、氧分压低易形成肠毒素。

③ 食物种类：含蛋白质丰富，水分多，同时含一定量淀粉的食物，肠毒素易生成。

五、临床表现

毒素进入人体后，潜伏期1～5h，最短15min，有发病快、消失快的特点。

主要症状：先唾液分泌亢进，恶心、剧烈地反复呕吐（最为显著）、腹痛、水样腹泻等胃肠道症状。儿童对肠毒素敏感，故发病率比成人高，病情也较成人重。

葡萄球菌的呕吐反应，并非肠毒素对肠道直接刺激的结果，而是肠毒素经消化道被吸收进入血液，作用于神经系统引起的。

六、预防措施

① 防止带菌人群对各种食物的污染：定期对生产加工人员进行健康检查，患局部化脓

②防止金黄色葡萄球菌对乳及乳制品的污染：牛奶厂要定期检查奶牛的乳房，不能挤用患化脓性乳腺炎的牛乳；牛乳挤出后，要迅速冷却至－10℃以下，以防毒素生成、细菌繁殖；乳制品要以消毒牛乳为原料，注意低温保存。

③防止肉及肉制品污染：动物屠宰企业要加强对动物的宰前、宰后检疫，患局部化脓感染的禽、畜尸体应除去病变部位，经高温或其他适当方式处理后进行加工生产。

④防止食品中金黄色葡萄球菌肠毒素的生成：应在低温和通风良好的条件下贮藏食物，以防肠毒素形成；在气温高的春夏季，食物置冷藏或通风阴凉地方也不应超过6h，并且食用前要彻底加热。

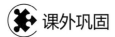

课外巩固

一、判断题

1. 金黄色葡萄球菌计数时对于金黄色葡萄球菌含量较高的食品适合用 MPN 计数法，而金黄色葡萄球菌含量较低杂菌含量较高食品适合采用 B-P 平板计数法。

2. 对金黄色葡萄球菌检验时，通过检测其是否产生肠毒素来判定其是否具有致病性。

3. 金黄色葡萄球菌平板计数法规定适宜计数范围为同一稀释度所有平板平均典型菌落数在 20～200CFU 之间。

4. 只有当菌落形态（血平板和 Baird-Parker 平板）、染色镜检、血浆凝固酶实验皆符合金黄色葡萄球菌特性的，才可判定为金黄色葡萄球菌。

5. 根据金黄色葡萄球菌定性检验的结果可报告样品中检出或未检出金黄色葡萄球菌。

二、不定项选择题

1. 关于金黄色葡萄球菌的检验，下列说法正确的是（　　）。
   A. 使用 Baird-Parker 平板分离　　　B. 使用血平板进行分离
   C. 使用革兰氏染色试验进行鉴定　　　D. 使用动力试验进行鉴定

2. 金黄色葡萄球菌在血平板上产生（　　）溶血。
   A. 甲型　　　B. 乙型　　　C. 丙型　　　D. 丁型

3. 对金黄色葡萄球菌生物学特性描述正确的是（　　）。
   A. 显微镜下排列成葡萄串状　　　B. 高耐盐性
   C. 革兰氏染色阴性　　　D. 甲基红反应阳性

4. 金黄色葡萄球菌在 B-P 平板后产生的典型菌落形态特征为（　　）。
   A. 菌落呈圆形，表面光滑、凸起、湿润，菌落直径为 2～3mm
   B. 菌落周围形成透明的溶血环
   C. 菌落周围为一浑浊带，其外层有一透明圈
   D. 菌落颜色呈灰黑色至黑色，有光泽

5. 金黄色葡萄球菌平板计数法接种 Baird-Parker 平板的方式为（　　）。
   A. 混浇法　　　B. 分区划线法　　　C. 涂布法　　　D. 三点接种法

三、根据所给数据,请对以下 4 种样品中金黄色葡萄球菌平板计数结果进行报告

例次	不同稀释度典型菌落数/CFU									鉴定实验阳性菌落数/CFU		报告/[CFU/g(mL)]
1	10^0			10^{-1}			10^{-2}			4		
	267	278	301	33	28	27	1	2	3			
2	10^{-2}			10^{-3}			10^{-4}			0		
	1	2	1	0	0	0	0	0	0			
3	10^{-1}			10^{-2}			10^{-3}			10^{-2}	10^{-3}	
	570	539	672	66	56	60	7	6	8	3	2	
4	10^{-1}			10^{-2}			10^{-3}			1		
	1	2	1	0	0	0	0	0	0			

任务 7-2　食品中沙门氏菌的检验

任务描述

食品微生物化验室采样员从生产线上采集一批食品成品，有固体食品和液体食品，作为检验员，你需要按最新国标规定方法对样品进行沙门氏菌指标的测定，包括预增菌液和增菌液的选择以及其培养；沙门氏菌在各种选择性平板上典型菌落形态的识别；生化反应结果的判定（三糖铁琼脂的生化反应、其他初步生化反应以及全自动生化反应）；血清学鉴定方法。同时根据实验结果填写原始数据记录。

任务目标

① 理解沙门氏菌的生物学特性。
② 了解沙门氏菌检测的目的和意义。
③ 掌握沙门氏菌检验的原理和方法。
④ 会对食品中沙门氏菌进行规范检验。
⑤ 会对食品中沙门氏菌检验结果进行正确判定。
⑥ 会对食品中沙门氏菌检验结果进行规范报告。
⑦ 能正确规范填写检验原始记录。

知识准备

沙门氏菌最早是由美国人 Salmon 发现的，并以此命名。它是引起食品污染及食物中毒的重要致病菌，是最常见的食源性疾病病原微生物。

沙门氏菌是一群抗原结构、生化性状相似的革兰氏阴性杆菌，宿主特异性极弱，广泛存在于猪、牛、羊、家禽、鸟类、鼠类等多种动物的肠道和内脏中，既可感染动物也可感染人类，并能引起人类食物中毒，是人类细菌性食物中毒的最主要病原菌之一。

沙门氏菌是公共卫生学上有重要意义的人畜共患病原菌之一，在世界各地的食物中毒中，由沙门氏菌引起的食物中毒常居首位或第二位。沙门氏菌病常在动物中广泛传播，不同血清型的沙门氏菌可引起鸡白痢、鸡伤寒、猪副伤寒及动物流产等多种疾病，部分血清型沙门氏菌亦可以带菌状态寄生于动物体内，严重影响养殖业健康发展。沙门氏菌在全世界的感染程度非常严重，所引发的相关疾病属于世界性疾病，各国的血清型分布情况也较为复杂，人类和动物感染沙门氏菌的情况都比较普遍。患病的人和动物及其带菌者都是该病的传染源，肉蛋奶类动物源性食品、粪便、尿液以及污染的水源、土壤和饲料等都是主要的传播媒介，最终经消化道感染健康人及动物，多寄居于肠道内。一般饲料中均含有沙门氏菌，尤其在动物性饲料中最为常见。

一、沙门氏菌的分类

沙门氏菌属于肠杆菌科，是肠杆菌科中一个重要菌属。根据沙门氏菌菌体抗原（O 抗原）和鞭毛抗原（H 抗原）的不同，目前沙门氏菌分成 2600 多种血清型，我国至少检出 255 个型或变异型，其中已知能引起人类致病的有 57 个型。根据生化特性不同又分为 6 个亚属，即Ⅰ亚属～Ⅵ亚属，亚属Ⅰ是生化反应典型的沙门氏菌，是常见的沙门氏菌，亚属Ⅲ也称亚利桑那菌属。

由沙门氏菌引起的疾病统称为沙门氏菌病，人的沙门氏菌病主要有伤寒、副伤寒、食物中毒以及败血症等。食用生前感染的畜禽肉、感染沙门氏菌的人或带菌者的粪便污染食品，都会引起人类的食物中毒。致病性最强的是猪霍乱沙门氏菌，其次是鼠伤寒沙门氏菌和肠炎沙门氏菌。

二、沙门氏菌的病原学特性

1．形态与染色

沙门氏菌为革兰氏阴性、两端钝圆的短杆菌（图7-12），大小与大肠杆菌相似，为 $(0.4～0.9)\mu m×(2～3)\mu m$，不形成芽孢、无荚膜，除了鸡白痢和鸡伤寒沙门氏菌外，都有周身鞭毛，能运动，绝大多数具有菌毛，能吸附于细胞表面。

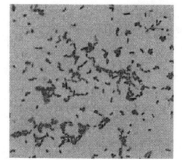

图7-12 伤寒沙门氏菌纯培养的显微镜下形态（革兰氏染色）

2．培养特性

该菌为需氧或兼性厌氧菌，在10～42℃均生长，最适生长温度37℃，最适pH6.8～7.8，对营养要求不高，在普通培养基上能良好生长，18～24h培养后形成中等大小、圆形、表面光滑、无色半透明、边缘整齐的菌落，其菌落特征与大肠杆菌相似。从污水或食品中分离的沙门氏菌也有部分为粗糙型菌落。在肉汤培养基中呈均匀生长。

3．生化特性

沙门氏菌基本的生化反应特性见表7-1。

表7-1 沙门氏菌基本生化反应特性

生化实验	结果	生化实验	结果
葡萄糖	+	VP	-
麦芽糖	+	靛基质	-
甘露醇	+	H_2S	+
山梨醇	+	尿素酶	-
乳糖	-	在KCN中生长	-
蔗糖	-	苯丙氨酸脱羧酶	-
卫矛醇	d	丙二酸钠	D
水杨苷	-	赖氨酸脱羧酶	+
甲基红	+	鸟氨酸脱羧酶	+
动力	+	β-半乳糖苷酶	D

注：1．+，≥90%阳性；-，≤10%阳性；d，血清变型不同菌株有不同生化反应；D，菌属或亚属中不同菌株有不同生化反应。

2．发酵葡萄糖、麦芽糖和甘露醇、山梨醇，除伤寒沙门氏菌不产气外，其它沙门氏菌均产酸产气。

4. 抗原结构

沙门氏菌的抗原主要有菌体抗原（O抗原）、鞭毛抗原（H抗原）、表面抗原（K抗原）和菌毛抗原。

三、沙门氏菌的检验方法

检验沙门氏菌的方法很多，近年来还发展了许多沙门氏菌快速检验的新方法，如免疫荧光抗体法、酶联免疫吸附测定法（ELISA）和PCR技术等。

食品中沙门氏菌的检验方法参考标准为《食品安全国家标准 食品微生物学检验 沙门氏菌检验》（GB 4789.4—2024），检验一般分为五个步骤：前增菌、选择性增菌、选择性平板分离、生化筛选和血清学鉴定。

检测依据：沙门氏菌在普通显微镜下和在普通培养基中不能与大肠杆菌进行区分，但因其不发酵乳糖及蔗糖，不液化靛基质，在肠道菌鉴别培养基上会形成无色透明菌落，而易与大肠杆菌区别。由于沙门氏菌特殊的生化特征，可借助于三糖铁、靛基质、尿素、KCN、赖氨酸等实验与肠道其他菌属进行鉴别。

📋 任务实施

【主要设备与常规用品】

高压蒸汽灭菌锅；冰箱（2~8℃）；pH计或pH比色管或精密pH试纸；电子天平（感量0.1g）；均质器；振荡器；恒温水浴箱（36~56℃）；恒温培养箱［(36±1)℃，(42±1)℃，(48±2)℃］；微生物生化鉴定系统；生物安全柜；无菌量筒（容量50mL）；无菌培养皿（直径60mm、90mm）；1mL无菌刻度吸管（具0.01mL刻度）；10mL或25mL无菌刻度吸管（具0.1mL刻度）或微量移液器及吸头；无菌锥形瓶（容量250mL、500mL）或无菌均质袋或无菌均质杯；无菌试管（10mm×75mm、15mm×150mm、18mm×180mm）；无菌小玻管（3mm×50mm）；接种环；无菌剪刀；无菌镊子；无菌玻璃珠；75%酒精消毒棉球；酒精灯；试管架；记号笔等。

【材料】

① 培养基（制备方法参考附录一）：缓冲蛋白胨水（BPW）；四硫磺酸钠煌绿（TTB）增菌液；氯化镁孔雀绿大豆胨（RVS）增菌液；亚硫酸铋（BS）琼脂；HE琼脂；木糖赖氨酸脱氧胆盐（XLD）琼脂；三糖铁（TSI）琼脂；营养琼脂（NA）；蛋白胨水（供做靛基质实验用）；尿素琼脂（pH7.2）；氰化钾（KCN）培养基；赖氨酸脱羧酶实验培养基；糖发酵管；邻硝基酚 β-D半乳糖苷（ONPG）培养基；半固体琼脂；丙二酸钠培养基；沙门氏菌显色培养基。

② 试剂：靛基质试剂（制备方法参考附录一）；沙门氏菌诊断血清；生化鉴定试剂盒。

根据制备情况，填写《培养基和试剂制备记录》（见《食品微生物检验技术任务工单》）。

【检验程序】

检验程序见图7-13。

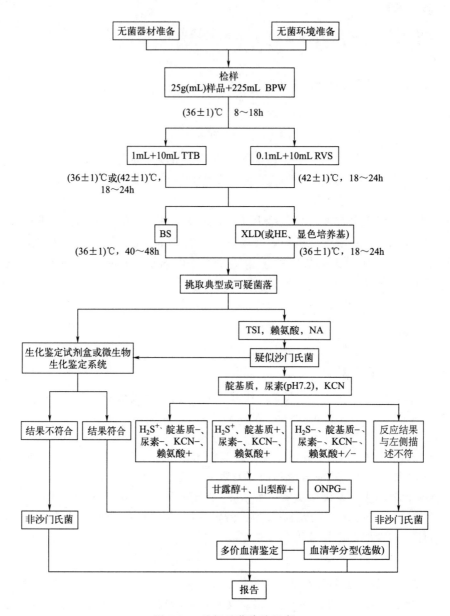

图 7-13 沙门氏菌检验程序

【技术提示】

1. 检验前的准备

① 食品样品制备应在洁净区（超净工作台或洁净实验室）进行。
② 分离鉴定及阴性、阳性对照应在二级或以上生物安全实验室准备。
③ 检测人员做好个人防护，严格无菌操作。
④ 合理摆放实验台上物品。

2. 预增菌

(1) 目的 用含有营养的非选择性培养基使处于濒死状态、受损伤的沙门氏菌细胞恢复到稳定的生理状态。BPW（碱性蛋白胨水）主要用于修复受损伤的沙门氏菌，但由于其不具有选择性，因此增菌时间过长会导致杂菌生长过多干扰鉴定结果。

乳粉水分活度低，其中幸存的沙门氏菌适应了干燥的环境。如果乳粉在 BPW 中快速混匀迅速水化，受损的沙门氏菌会出现渗透压休克，故需要室温浸泡静置一段时间后再进行预增菌，可促进乳粉中受损的沙门氏菌复苏。

(2) 操作 乳粉样品，以无菌操作称取 25g，缓缓倾倒在盛有 225mL 缓冲蛋白胨水（BPW）的无菌广口瓶或无菌均质袋液体表面后，室温静置（60±5）min 后再混匀，置于（36±1）℃培养 16~18h。

其他样品，以无菌操作取 25g(mL) 样品放入盛有 225mL BPW 的无菌均质杯中，以 8000~10000r/min 均质 1~2min，或置于盛有 225mL BPW 的无菌均质袋中，用拍击式均质器拍打 1~2min。液态样品也可置于盛有 225mL BPW 的无菌锥形瓶或其他合适容器中振荡混匀。如需调整 pH，用 1mol/mL 无菌 NaOH 或 HCl 调节 pH 至 6.8±0.2。无菌操作将样品转至 500mL 锥形瓶中（如使用均质袋或具无孔盖的均质杯，可不转移样品），于（36±1）℃培养 8~18h。

需解冻的冷冻产品取样前，应在 40~45℃以下不超过 15min 或 2~5℃不超过 18h 解冻。

3. 选择性增菌

(1) 目的 在含选择性抑制剂的促生长培养基中，使沙门氏菌持续优势增殖，同时阻止大多数其他细菌的增殖，采用 TTB+RVS 进行选择性增菌培养。

TTB 培养基中氯化钠可维持均衡的渗透压；碳酸钙能中和细菌产酸及吸收有毒的代谢产物；碘和碘化钾所生成的四硫磺酸钠可与硫代硫酸钠结合，抑制肠道共生菌，而具有四硫磺酸钠还原酶的细菌却不被抑制；胆盐和煌绿可抑制大肠群菌和其它革兰氏阳性菌，从而使沙门氏菌生长，对于生鲜样品，42℃培养的选择性好，对于深加工样品，36℃培养更为良好。

RVS 培养基中的孔雀绿能抑制大肠杆菌、痢疾杆菌和伤寒杆菌的生长，而适于分离其它沙门氏菌属；氯化镁一方面可中和孔雀绿毒性，另一方面可提高培养基中渗透压，结合培养基较低的 pH 值，会对大肠菌群、变形杆菌、克雷伯菌和假单胞菌属有较强抑制作用，但对沙门氏菌无影响。

(2) 操作 轻轻摇动预增菌培养过的样品混合物，移取 0.1mL 转种于 10mL RVS 中，混匀后于（42±1）℃培养 18~24h。同时，另取 1mL 转种于 10mL TTB 内混匀，低背景菌样品（如深加工的预包装食品等）置于（36±1）℃，高背景菌样品（如生鲜禽肉等）置于（42±1）℃，培养 18~24h。

如不能及时进行选择性增菌，可将预增菌的培养物在 2~8℃冰箱保存，72h 内进行选择性增菌即可。

4. 选择性平板分离

(1) 目的 采用固体选择性培养基，抑制非沙门氏菌的生长，排除了样品中大多数非沙门氏菌干扰，也提供肉眼可见的疑似沙门氏菌纯菌落的依据，是沙门氏菌初步筛选的依据。多采用 BS 搭配 XLD/HE/显色培养基，互补防漏检。因样品中主要杂菌为大肠杆菌，而两者区别在于是否发酵乳糖，故培养基中采用乳糖、酸碱指示剂两个指征来判断可疑菌落。加入硫化氢是因为第Ⅲ属产硫化氢而缓慢发酵乳糖。在沙门氏菌选择性培养基中，BS 选择性最强，可延长培养时间以免沙门氏菌生长亦被抑制。

(2) 操作 分别用直径 3mm 的接种环取两种增菌液各 1 环,分别划线接种于一个 BS 琼脂平板和一个 XLD 琼脂平板(或 HE 琼脂平板或沙门氏菌显色培养基平板),于(36±1)℃分别培养 40~48h(BS 琼脂平板)或 18~24h(XLD 琼脂平板、HE 琼脂平板、沙门氏菌显色培养基平板),观察各个平板上生长的菌落,各个平板上的菌落特征见表 7-2,图 7-14。

表 7-2 沙门氏菌在不同选择性琼脂平板上的菌落特征

选择性琼脂平板	沙门氏菌
BS 琼脂	菌落为黑色有金属光泽、棕褐色或灰色,菌落周围培养基可呈黑色或棕色;有些菌株形成灰绿色的菌落,周围培养基不变
XLD 琼脂	菌落呈粉红色,带或不带黑色中心,有些菌株可呈现大的带光泽的黑色中心,或呈现全部黑色的菌落;有些菌株为黄色菌落,带或不带黑色中心
HE 琼脂	蓝绿色或蓝色,多数菌落中心黑色或几乎全黑色;有些菌株为黄色,中心黑色或几乎全黑色
沙门氏菌显色培养基	按照显色培养基的说明进行判定

(a) BS琼脂平板   (b) XLD琼脂平板   (c) HE琼脂平板

图 7-14 沙门氏菌分别在 BS、XLD 和 HE 琼脂平板上典型菌落形态

5. 生化实验筛选

挑取分别来自不同选择性增菌液不同分离琼脂的 4 个以上典型或可疑菌落同时进行生化实验,也可先选其中一个典型或可疑菌落进行实验,若鉴定为非沙门氏菌,再取余下菌落一一进行鉴定。

(1) 三糖铁(TSI)实验和赖氨酸脱羧酶实验 取典型或可疑菌落接种三糖铁琼脂,先在斜面划线,接种针不要灭菌直接底层穿刺(现象见图 7-15)。

接种三糖铁斜面之后,接种针不灭菌,直接接种赖氨酸脱羧酶实验培养基和营养琼脂平板,于(36±1)℃培养 18~24h,必要时可延长至 48h。氨基酸脱羧酶阳性者(+)由于产碱,培养基应呈紫色;阴性者(-)无碱性产物,但因葡萄糖产酸而使培养基变为黄色。对照管应为黄色。按表 7-3 初步判断结果。

图 7-15 沙门氏菌典型 TSI 现象

表 7-3　三糖铁和赖氨酸脱羧酶实验反应结果及初步判断

三糖铁琼脂				赖氨酸脱羧酶实验培养基	初步判断
斜面	底层	产气	硫化氢		
K	A	+(−)	+(−)	+	疑似沙门氏菌
K	A	+(−)	+(−)	−	疑似沙门氏菌
A	A	+(−)	+(−)	+	疑似沙门氏菌
A	A	+/−	+/−	−	非沙门氏菌
K	K	+/−	+/−	+/−	非沙门氏菌

注：K 产碱；A 产酸；+阳性；−阴性；+(−) 多数阳性，少数阴性；+/−阳性或阴性。

（2）靛基质实验、pH7.2 尿素琼脂实验、氰化钾（KCN）实验　初步判断为非沙门氏菌者，可直接报告结果。

对疑似沙门氏菌者，从营养琼脂平板上挑取其纯培养物接种蛋白胨水（供做靛基质实验）、尿素琼脂（pH7.2）、氰化钾（KCN）培养基，也可在接种三糖铁琼脂和赖氨酸脱羧酶实验培养基的同时，接种以上 3 种生化实验培养基，于（36±1）℃培养 18～24h，必要时可延长至 48h，按表 7-4 和表 7-5 判定结果。将已挑菌落的平板储存于 2～5℃或室温至少保留 24h，以备必要时复查。

表 7-4　沙门氏菌生化反应结果鉴别表 I

反应序号	硫化氢(H_2S)	靛基质	尿素(pH7.2)	氰化钾(KCN)	赖氨酸脱羧酶
A1	+	−	−	−	+
A2	+	+	−	−	+
A3	−	−	−	−	+/−

注：+阳性；−阴性；+/−阳性或阴性。

表 7-5　沙门氏菌生化反应结果鉴别表 II

尿素(pH7.2)	氰化钾(KCN)	赖氨酸脱羧酶	判定结果
−	−	−	甲型副伤寒沙门氏菌(要求血清学鉴定结果)
−	+	+	沙门氏菌Ⅳ或Ⅴ(符合该亚种生化特性并要求血清学鉴定结果)
+	−	+	沙门氏菌个别变体(要求血清学鉴定结果)

注：+表示阳性；−表示阴性。

① 靛基质实验结果判断：挑取少量培养物接种蛋白胨水，在（36±1）℃培养 1～2d，必要时可培养 4～5d。加入柯凡克试剂约 0.5mL，轻摇试管，阳性者（+）于试剂层呈深红色；或加入欧-波试剂约 0.5mL，沿管壁流下，覆盖于培养液表面，阳性者（+）于液面接触处呈玫瑰红色。

② pH7.2 尿素琼脂实验结果判断：挑取琼脂培养物接种，在（36±1）℃培养 24h，观察结果。尿素酶阳性者（+）由于产碱而使培养基变为红色。

③ 氰化钾（KCN）实验结果判断：将琼脂培养物接种于蛋白胨水内成为稀释菌液，挑取 1 环接种于氰化钾（KCN）培养基。并另挑取 1 环接种于对照培养基。在（36±1）℃培养 1～2d，观察结果。如有细菌生长即为阳性（+，不抑制），经 2d 细菌不生长为阴性（−，抑制）。实验失败的主要原因是封口不严，氰化钾逐渐分解，产生氢氰酸气体逸出，以致药物浓度降低，细菌生长，因而造成假阳性反应。实验时对每一环节都要特别注意。

a. 生化实验结果符合表7-4反应序号A1者，为沙门氏菌典型反应，进行血清学鉴定后报告结果。如尿素、KCN和赖氨酸脱羧酶3项中有1项不符，按表7-5进行结果判断；如有2项不符，判断为非沙门氏菌并报告结果。

b. 生化实验结果符合表7-4反应序号A2者，补做甘露醇和山梨醇实验（即糖发酵实验），沙门氏菌靛基质阳性变体这两项实验结果均为阳性，但需要结合血清学鉴定进行结果报告。

c. 生化实验结果符合表7-4反应序号A3者，补做ONPG。沙门氏菌的ONPG实验阴性、赖氨酸脱羧酶阳性，但甲型副伤寒沙门氏菌为赖氨酸脱羧酶阴性。生化试验结果符合沙门氏菌者，进行血清学鉴定。

● 糖发酵实验：从琼脂斜面上挑取少量培养物接种，于（36±1）℃培养，一般2～3d。迟缓反应需观察14～30d。

● ONPG实验结果判断：自琼脂斜面上挑取培养物1满环接种于（36±1）℃培养1～3h和24h观察结果。如果β-半乳糖苷酶产生，则于1～3h变黄色，如无此酶则24h不变色。

(3) 沙门氏菌种和亚种的生化鉴定 必要时按表7-6进行沙门氏菌种和亚种的生化鉴定。

表7-6 沙门氏菌种和亚种的生化反应结果

种	肠道沙门氏菌						邦戈尔沙门氏菌
亚种	肠道亚种	萨拉姆亚种	亚利桑那亚种	双相亚利桑那亚种	豪顿亚种	印度亚种	
项目	I	II	IIIa	IIIb	IV	VI	V
卫矛醇	+	+	−	−	−	d	+
ONPG(2h)	−	−	+	+	−	d	−
丙二酸盐	−	+	+	+	−	−	−
明胶酶	−	+	+	+	+	+	−
山梨醇	+	+	+	+	+	+	+
氰化钾	−	−	−	−	+	−	+
L(+)-酒石酸盐	+	−	−	−	−	−	−
半乳糖醛酸	−	+	−	+	+	+	+
γ-谷氨酰转肽酶	+	+	−	+	+	+	+
β-葡萄糖醛酸苷酶	d	d	−	+	−	d	−
黏液酸	+	+	+	−(70%)	−	+	+
水杨苷	−	−	−	−	+	−	−
乳糖	−	−	−(75%)	+(75%)	−	d	−
O1噬菌体裂解	+	+	−	+	−	+	d

注：+阳性；−阴性；d不定。

(4) 如选择生化鉴定试剂盒或微生物生化鉴定系统 可用选择性分离平板上典型或可疑菌落的纯培养物，或根据三糖铁和赖氨酸脱羧酶实验初步判断为疑似沙门氏菌的纯培养物，按生化鉴定试剂盒或微生物生化鉴定系统进行鉴定。

6. 血清学鉴定

(1) 检查培养物有无自凝性 一般采用1.2%～1.5%琼脂培养物作为玻片凝集实验

用的抗原。首先排除自凝集反应,在洁净的玻片上滴加一滴生理盐水,将待试培养物混合于生理盐水滴内,使成为均一性的浑浊悬液,将玻片轻轻摇动30~60s,在黑色背景下观察反应(必要时用放大镜观察),若出现可见的菌体凝集,即认为有自凝性,反之无自凝性。对无自凝的培养物参照下面方法进行血清学鉴定。

(2) 多价菌体抗原(O)鉴定 在玻片上划出2个约1cm×2cm的区域,挑取待测菌,各放1环于玻片上的每一区域上部,在其中一个区域下部加1滴多价菌体(O)抗血清,在另一区域下部加入1滴生理盐水,作为对照。再用无菌的接种环或针分别将两个区域内的上部和下部研成乳状液。将玻片倾斜摇动混合1min,并对着黑暗背景进行观察,任何程度的凝集现象皆为阳性反应。O血清不凝集时,将菌株接种在琼脂量较高的(如2‰~3‰)培养基上培养后再鉴定;如果是由于Vi抗原的存在而阻止了O凝集反应时,可挑取待测菌菌苔于1mL生理盐水中做成浓菌液,在沸水中水浴20~30min,冷却后再进行鉴定。

(3) 多价鞭毛抗原(H)鉴定 操作同多价菌体抗原(O)鉴定,将多价菌体(O)血清换成多价鞭毛(H)血清,进行多价鞭毛抗原(H)鉴定。H抗原发育不良时,将菌株接种在半固体琼脂平板的中央,待菌落蔓延生长时,在其边缘部分取菌鉴定;或将菌株接种在装有半固体琼脂的小玻管培养1~2代,自远端取菌培养后再检查。

7. 血清学分型(选做)

根据血清学鉴定结果,可选做沙门氏菌血清学分型实验。

结果与评价

根据结果,填写《食品微生物检验技术任务工单》。

知识拓展

一、沙门氏菌抵抗力

抵抗力中等。在18~20℃时也能生长繁殖,且具有相当的抗寒性,如在0℃以下的冰雪中能存活3~4个月。在水中不易繁殖,但可生存2~3周,粪便中可生存3~4个月,土壤中可过冬,咸肉、鸡和鸭中可存活很长时间,在25℃可存活10个月左右。水经氯化物处理5min可杀灭其中的沙门氏菌。沙门氏菌不耐热,55℃ 1h、60℃ 15~30min即被杀死。对氯霉素敏感。因不分解蛋白质,污染食物后无感官性状的变化,易被忽视而引起食物中毒。

二、沙门氏菌致病性

该属细菌主要通过消化道途径传染,可分泌内毒素而产生致病作用。人体感染沙门氏菌有三种类型:肠热症、胃肠炎(食物中毒)、败血症。

沙门氏菌食物中毒可分为两个阶段,一是感染过程:沙门氏菌经口进入消化道,在肠道内大量繁殖,然后经淋巴系统进入血液,造成过敏性菌血症;二是致病过程:沙门氏菌在肠道和血液中受到机体免疫系统的抵抗而被裂解、破坏,释放出大量的内毒素,产生致病作用,出现中毒症状。

三、沙门氏菌食物中毒流行病学特点

（1）季节性特点　全年皆可发生，多见夏、秋两季。5～10月发病起数和人数达全年的80%。

（2）食品种类　主要为动物性食品，特别是畜肉类及其制品，其次为禽肉、蛋类、乳类及其制品，由植物性食品引起者很少。

（3）食品中沙门氏菌的来源

① 家畜、禽的生前感染和宰后污染：生前感染是肉类食品中沙门氏菌的主要来源，包括原发沙门氏菌病和继发沙门氏菌病两种。原发沙门氏菌病系指家畜、家禽在宰杀前已患有沙门氏菌病，如猪霍乱、牛肠炎、鸡白痢等；继发沙门氏菌病系由于健康家畜禽肠道沙门氏菌带菌率较高，当机体抵抗力下降时，寄生于肠道的沙门氏菌可经淋巴系统进入血流引起继发性感染。因这些细菌进入动物的血液、内脏和肌肉，其危害大且发生食物中毒时症状重。

② 乳中沙门氏菌：患沙门氏菌病奶牛其乳中可能带菌，即使是健康奶牛乳在挤乳后亦易受污染。

③ 蛋类沙门氏菌：家禽及蛋类沙门氏菌除原发和继发感染使卵巢、卵黄、全身带菌外，禽蛋在经泄殖腔排出时，粪便中沙门氏菌污染肛门腔内的禽蛋蛋壳，并可通过蛋壳气孔侵入蛋内。

④ 熟制品中沙门氏菌：熟制品再次受到带菌容器、烹调工具等污染或食品从业带菌者的污染。

⑤ 水产品中沙门氏菌：水源被污染。

（4）污染原因

① 病畜、禽的肉制成食品。
② 病畜、禽的粪便污染了食品。
③ 操作者带菌。
④ 生熟食品不分，交叉污染。

四、沙门氏菌食物中毒临床表现——急性胃肠炎症状

沙门氏菌食物中毒机理主要是活菌和内毒素协同作用结果。

症状：沙门氏菌食物中毒潜伏期短，一般4～24h，长者达72h，潜伏期越短，病情越重。沙门氏菌食物中毒的主要症状是急性胃肠炎，开始时表现头疼、发热、畏寒、恶心、食欲不振，后出现呕吐、腹泻、腹痛。腹泻一日可数次至十余次，主要为水样便，少数带有黏液或血。发烧，一般38～40℃，轻者3～4d症状消失，重者可出现惊厥、抽搐和昏迷等神经系统症状，还可出现尿少、无尿、呼吸困难等症状伴随迅速脱水，如不及时抢救可导致休克、肾功能衰竭而死亡，死亡率±1%。大多发生于婴儿、老人和身体衰弱者。一般多在2～7d自愈。

五、预防措施

（1）防止肉类食品污染

① 加强肉类食品生产企业的卫生监督及家畜、家禽宰前的兽医卫生检验，并按有关规定处理。

② 加强对家畜、家禽宰后检验。防止被沙门氏菌感染或污染的畜、禽肉进入市场。

③ 加强肉类食品储藏、运输、加工、烹调或销售等各环节卫生管理。特别要防止熟肉类制品被食品从业人员带菌者、带菌容器及带菌的生食物交叉污染。

(2) 控制食品中沙门氏菌的繁殖　低温贮存食品是控制沙门氏菌繁殖的重要措施，此外，加工后的熟肉制品应尽快食用。

(3) 加热以彻底杀灭病原菌　防止中毒关键措施。

课外巩固

一、判断题

1. 亚属Ⅰ是生化反应典型的沙门氏菌，亚属Ⅵ也称亚利桑那菌属。
2. 对样品进行 BPW 预增菌主要用于修复受损伤的沙门氏菌，为增强效果，此增菌时间最好适当延长。
3. BS 琼脂、XLD 琼脂和 HE 琼脂制备时都不可进行高压灭菌。
4. 进行沙门氏菌分离鉴别时，主要干扰杂菌为大肠杆菌。
5. 根据沙门氏菌检验的结果，可报告样品中检出或未检出沙门氏菌。

二、不定项选择题

1. 生鲜鸡肉沙门氏菌检测，选择性增菌培养时 TTB 和 RVS 增菌液接种培养条件分别为（　　）。
   A. (42 ± 1)℃培养 18～24h；(36 ± 1)℃培养 18～24h
   B. (42 ± 1)℃培养 18～24h；(42 ± 1)℃培养 18～24h
   C. (36 ± 1)℃培养 18～24h；(42 ± 1)℃培养 18～24h
   D. (36 ± 1)℃培养 18～24h；(36 ± 1)℃培养 18～24h

2. 对沙门氏菌进行选择性平板分离鉴别，其中（　　）培养基的选择性最好。
   A. BS　　　B. HE　　　C. XLD　　　D. 沙门氏菌显色培养基

3. 根据沙门氏菌三糖铁实验结果，可明确判断为非沙门氏菌的现象为（　　）。
   A. 斜面 K，底层 A
   B. 斜面 A，底层 K
   C. 斜面 K，底层 K
   D. 斜面 A，底层 A

4. 根据沙门氏菌生化反应，沙门氏菌典型反应现象为（　　）。
   A. 硫化氢（H_2S）＋;靛基质－；尿素（pH 7.2）－；氰化钾（KCN）－;赖氨酸脱羧酶＋
   B. 硫化氢（H_2S）＋;靛基质＋；尿素（pH 7.2）－；氰化钾（KCN）－;赖氨酸脱羧酶＋
   C. 硫化氢（H_2S）－;靛基质－；尿素（pH 7.2）－；氰化钾（KCN）－;赖氨酸脱羧酶＋
   D. 硫化氢（H_2S）－;靛基质－；尿素（pH 7.2）－；氰化钾（KCN）－;赖氨酸脱羧酶－

5. 以下说法，错误的是（　　）。
   A. 接种三糖铁斜面之后，接种针不灭菌，直接接种赖氨酸脱羧酶实验培养基和营养琼脂平板
   B. 氰化钾实验失败的主要原因是氰化钾分解逸散
   C. 生化反应为"硫化氢（H_2S）＋;靛基质＋；尿素（pH7.2）－；氰化钾（KCN）－；赖氨酸脱羧酶＋"时要补做糖发酵实验进行鉴别
   D. 生化反应为"硫化氢（H_2S）－;靛基质－；尿素（pH7.2）－；氰化钾（KCN）－；赖氨酸脱羧酶－"时要补做 ONPG 实验进行鉴别

6. 根据沙门氏菌（　　）的不同，沙门氏菌分为2600多种血清型。
   A. 菌体抗原　　　　B. 鞭毛抗原　　　　C. 表面抗原　　　　D. 菌毛抗原

7. 对于沙门氏菌病原学特性的说法，描述正确的是（　　）。
   A. 革兰氏阴性、两端钝圆的短杆菌
   B. 不形成芽孢、无荚膜、无鞭毛，不运动，绝大多数具有菌毛
   C. 发酵葡萄糖、麦芽糖和甘露醇、山梨醇，产酸产气
   D. 主要有菌体抗原（O抗原）、鞭毛抗原（H抗原）、表面抗原（K抗原）和菌毛抗原

8. 根据沙门氏菌生化反应，（　　）反应现象可判定为非沙门氏菌。
   A. 硫化氢（H_2S）＋；靛基质－；尿素（pH 7.2）－；氰化钾（KCN）－；赖氨酸脱羧酶＋
   B. 硫化氢（H_2S）＋；靛基质＋；尿素（pH 7.2）－；氰化钾（KCN）＋；赖氨酸脱羧酶＋
   C. 硫化氢（H_2S）－；靛基质－；尿素（pH 7.2）－；氰化钾（KCN）－；赖氨酸脱羧酶＋
   D. 硫化氢（H_2S）－；靛基质－；尿素（pH 7.2）＋；氰化钾（KCN）－；赖氨酸脱羧酶－

9. 下面关于沙门氏菌血清学鉴定操作，正确的有（　　）。
   A. 采用玻片凝集反应进行鉴定
   B. 表面抗原的存在有时会阻止菌体凝集反应
   C. 抗原为琼脂培养物，抗体为多价沙门氏菌菌毛抗血清
   D. 抗原为琼脂培养物，抗体为多价沙门氏菌鞭毛抗血清

10. 人体沙门氏菌病主要症状类型有（　　）。
    A. 肠热症　　　　B. 呼吸道症状　　　　C. 胃肠炎　　　　D. 败血症

数字资源

金黄色葡萄球菌的定性检验实验操作及结果判读

划线法接种及注意事项

金黄色葡萄球菌的定量检验

平板计数法结果计算与报告

食品中沙门氏菌检验实操及结果判读

项目八
食品微生物指标中其他项目的检验

项目描述

食品检验必须遵循相关的法律和法规。对于食品微生物检验，国家颁布了一系列的法规和标准规范其检验方法和安全指标。食品微生物检验除了包括对菌落总数、大肠菌群和霉菌、酵母菌进行定量检验，对与食品相关的致病性微生物进行定性或定量检测之外，还有一些其他相关的项目，如罐藏食品的无菌检验、发酵类食品的微生物检验以及产毒真菌的毒素检验等，这些也都是涉及食品安全的微生物检验指标。

食安先锋说

检测人生（三）

① 见微知著——从事食品检验不放过任何的微小细节，才能获得真实的检验数据。

② 谨小慎微——小小的微生物会大大地影响食品的品质，细节决定成败，做人也要重视小事。

③ 防微杜渐——微生物超标就可能会造成食品安全事件，微小的错误不重视，也会让人犯下大错。

④ 品味舍得——微生物超标甚至腐败变质的食品，要懂得舍弃，食品安全才是更重要的，这样才能得到消费者信赖。

⑤ 阐幽发微——对样品中微生物进行定性检测，首先必须明确目标微生物的基本特征，如形态学、生理生化学、动力学、免疫学、分子生物学基本特征，才能从待检微生物的各细节特征上一一进行对应检测。

食安先锋说 8

任务 8-1　食品商业无菌的检验

任务描述

某市场监督管理机构采样员在市场上采集一批罐头食品送检，作为三方检测机构食品微生物化验室检验员，你需要按国标规定方法对该批罐头进行商业无菌检验，并根据实验结果填写原始数据记录。

任务目标

① 了解商业无菌的概念。
② 知道低酸性罐藏食品、酸性食品和酸化食品的定义。
③ 了解罐藏食品变质的原因以及微生物污染来源。
④ 会规范对给定食品进行商业无菌检验。
⑤ 会对商业无菌检验结果进行正确判定并规范记录。
⑥ 能正确规范填写检验原始记录。

知识准备

一、相关定义

（1）**商业无菌**　指食品经过适度的热杀菌后，不含有致病性微生物，也不含有在通常温度下能在其中繁殖的非致病性微生物的状态。

（2）**罐藏食品**　指将食品或食品原料经预处理，再装入容器，经密封、杀菌而制成的食品。

（3）**低酸性食品**　指凡杀菌后平衡 pH＞4.6，水分活度＞0.85 的食品。低酸性罐藏食品主要以动物性食品原料为主的罐藏食品，属低酸性罐藏食品；原来是低酸性的水果、蔬菜或蔬菜制品，为加热杀菌的需要而加酸降低 pH 值的，属于酸化的低酸性罐藏食品。

（4）**酸性食品**　指未经酸化，杀菌后食品本身或汤汁平衡 pH≤4.6，水分活度＞0.85 的食品。pH＜4.7 的番茄制品为酸性食品。酸性罐藏食品以植物性食品原料为主的罐藏食品，多属中酸性或高酸性罐藏食品。

（5）**酸化食品**　指经添加酸度调节剂或通过其他酸化方法将食品酸化后，使水分活度＞0.85、平衡 pH≤4.6 的食品。

二、罐藏食品变质的原因

罐藏食品的生产流程大同小异，都要经过以下程序：原料→预处理→热烫→调味→装罐→排气→密封→杀菌→冷却→擦干水→检验→贴标→出厂。

罐藏食品经密封、加热杀菌等处理后，其中的微生物几乎均被灭活，而外界微生物又无法进入罐内，同时容器内的大部分空气已被抽除，食品中多种营养成分不致被氧化，从而可保存较长的时间而不变质。但是，在一些特殊因素作用下，罐藏食品也会出现变质的现象。引起罐藏食品变质的原因主要包括：

(1) 化学因素 中酸性罐头容器的马口铁与内容物相互作用引起氢膨胀。

(2) 物理因素 贮存温度过高，排气不良，金属容器腐蚀穿孔等。

(3) 微生物因素 是主要因素，罐内污染了微生物而导致罐头变质。导致罐头食品败坏的微生物主要是某些耐热、嗜热并厌氧或兼性厌氧的微生物，这些微生物的检验和控制在罐头工业中具有相当重要的意义。

三、罐藏食品微生物污染的来源

1. 杀菌不彻底致罐内残留微生物

商业无菌指食品经过适度的热杀菌后，不含有致病的微生物，也不含有在通常温度下能在其中繁殖的非致病性微生物的状态。

罐藏食品在加工过程中，若要达到彻底灭菌，则灭菌温度要达到121℃以上，此时会使罐藏食品香味加速消散、色泽和坚实度改变及营养成分损失。为了保持产品正常的感官性状和营养价值，在进行加热杀菌时，不可能使罐藏食品完全无菌，只强调杀死病原菌、产毒菌，实质上只是达到商业无菌状态即可，即只要杀灭罐内所有的肉毒梭菌芽孢和其它致病菌以及在正常的贮存和销售条件下能引起内容物变质的嗜热菌。

经高压蒸汽杀菌，罐内残留的微生物大都是耐热性的芽孢，如果罐头贮存温度不超过43℃，通常不会引起内容物变质。罐内残留的这些非致病性微生物在一定的保存期限内，一般不会生长繁殖，但是如果罐内条件发生变化，贮存条件发生改变，这部分微生物就会生长繁殖，造成罐藏食品变质。

2. 杀菌后发生漏罐

罐头经杀菌后，若封罐不严则容易造成漏罐，致使微生物污染。微生物来源主要有两种：

(1) 外部微生物污染 一些耐热菌、酵母菌和霉菌都从外界侵入，污染源包括：

① 冷却水：重要污染源。因为罐头经热处理后需通过冷却水进行冷却，冷却水中的微生物就有可能通过漏罐处而进入罐内。

② 空气：次要污染源。

(2) 内部微生物污染 漏罐后罐内氧含量升高，导致各种微生物生长旺盛，从而内容物pH值下降，严重的会呈现感官变化。

四、食品商业无菌检验的方法

食品商业无菌检验的方法参考标准为《食品安全国家标准 食品微生物学检验 商业无菌检验》（GB 4789.26—2023）。该标准对食品商业无菌的检验分为流通领域食品商业无菌检验和生产领域食品商业无菌检验两种情况。在选择方法时，要根据样品来源做区分。本任务为食品流通领域采样，应参考食品流通领域商业无菌检验程序进行检验。

任务实施

【主要设备与常规用品】

除微生物实验室常规灭菌及培养设备外，其他设备和材料包括：冰箱（2~5℃）；恒温培养箱[(30±1)℃、(36±1)℃、(55±1)℃]；恒温水浴箱[(55±1)℃]；均质器及无菌均质袋、均质杯或乳钵；电位pH计（精确度为0.01 pH）；显微镜（10～100倍）；开罐器和罐头打孔器；电子秤或台式天平；厌氧培养箱（罐）；超净工作台或百级洁净实验室或生物安全柜；记号笔；无菌吸管；无菌容器。

【材料】

无菌生理盐水；结晶紫染色液；革兰氏染色液；二甲苯；含4%碘的乙醇溶液（4g碘溶于100mL的70%乙醇溶液）；75%乙醇溶液（75mL无水乙醇和25mL水混合均匀制成）；70%乙醇溶液（70mL无水乙醇和30mL水混合均匀制成）。

根据制备情况，填写《食品微生物检验技术任务工单》。

【检验程序】

检验程序见图8-1。

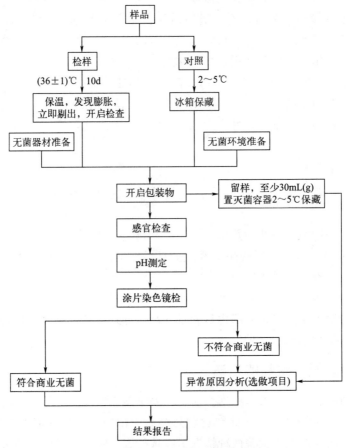

图8-1 食品流通领域商业无菌的检验程序

【技术提示】

1. 无菌检验前的工作

(1) 样品准备 抽取样品后，记录产品名称、编号，并在样品包装表面做好标记，应确保样品外观正常，无损伤、锈蚀（仅对金属容器）、泄漏、胀罐（袋、瓶、杯等）等明显的异常情况。

(2) 保温

① 目的：观察有否胀罐（袋、瓶、杯等）或泄漏等情况。

② 操作：每个批次取 1 个样品置 2~5℃冰箱保存作为对照，将其余样品在（36±1）℃下保温 10d。

③ 处理：保温过程中每天定时检查，如有胀罐（袋、瓶、杯等）或泄漏现象，应立即剔出，进入下一环节。如无异常，保温 10d 后，样品进入下一环节。

2. 开启与留样

(1) 开启前的准备

① 膨胀的样品：2~5℃冷藏数小时后再开启。

② 未膨胀的样品：冷却至室温，摇匀。

(2) 开启

① 按无菌操作要求开启。带汤汁的样品开启前应适当振摇。

② 开启前，必要时可用温水和洗涤剂清洗待检样品的外表面，水冲洗后用无菌毛巾（布或纸）或消毒棉（含 75%的乙醇溶液）擦干后开启，或在密闭罩内点燃至表面残余的碘乙醇溶液全部燃烧完后开启（膨胀样品及采用易燃包装材料容器的样品不能灼烧）。

③ 金属容器样品，使用无菌开罐器或罐头打孔器，在消毒后的罐头光滑面开启一个适当大小的口或直接拉环开启。开罐时不得伤及卷边结构，每一个罐头食品单独使用一个无菌开罐器，不得交叉使用。如样品为软包装，可以使用灭菌剪刀开启，不得损坏接口处。

注意：严重膨胀样品开启时和开启后可能会发生爆炸，喷出有毒物。可以采取在膨胀样品上盖一条无菌毛巾或者用一个无菌漏斗倒扣在样品上等预防措施来防止这类危险的发生。

(3) 留样 开启后，用灭菌吸管或其他适当工具以无菌操作取出内容物至少 30mL(g)至灭菌容器内，保存于 2~5℃冰箱中，在需要时可用于进一步试验，待该批样品得出检验结论后，可弃去。

3. 各项指标检验

(1) 感官检查

① 目的：判断腐败变质情况。

② 操作：在光线充足、空气清洁无异味的检验室中，将样品内容物倾入白色搪瓷盘内，液体样品可倒入玻璃容器内，对产品的组织、形态、色泽和气味等进行观察和嗅闻，含固形物的样品应按压食品检查产品性状，鉴别食品有无腐败变质的迹象，同时观察包装容器内部的情况并记录。

(2) pH 测定

① 目的：判断显著差异。

② 样品处理：先将液态制品混匀备用，有固相和液相的制品则取混匀的液相部分备用。对于稠厚或半稠厚制品以及难以从中分出汁液的制品（如糖浆、果酱、果冻、油脂等），取一部分样品在均质器或研钵中研磨，如果研磨后的样品仍太稠厚，加入等量的无菌蒸馏水，混匀备用。

③ 测定：利用 pH 计对制备样品进行测定，将 pH 计的温度校正器调节到被测液的温度后对样品测定 pH 值，如果 pH 计没有温度校正系统，则应把被测试样液的温度调到（20±2）℃的范围之内，采用适合于所用 pH 计的步骤进行测定。当读数稳定后，从仪器的标度上直接读出 pH，精确到 0.01。同一个制备试样至少进行两次测定。两次测定结果之差应不超过 0.1。取两次测定的算术平均值作为结果，报告精确到 0.01。

④ 结果分析：与同批中冷藏保存对照样品相比，比较是否有显著差异，pH 相差 0.5 及以上判为显著差异。

(3) 涂片染色镜检

① 目的：判断微生物增殖情况。

② 涂片：取样品内容物进行涂片。带汤汁的样品可用接种环挑取汤汁涂于载玻片上，固态食品可直接涂片或用少量灭菌生理盐水稀释后涂片，待干燥后用火焰固定。油脂性食品涂片自然干燥并火焰固定后，用二甲苯等脱脂剂流洗，自然干燥。

③ 染色镜检：对涂片用结晶紫染色液进行单染色，干燥后镜检，至少观察 5 个视野，记录菌体的形态特征以及每个视野的菌数。

④ 结果分析：与同批冷藏保存对照样品相比，判断是否有明显的微生物增殖现象。菌数有百倍或百倍以上的增长则判为明显增殖。

结果与评价

根据检验结果，填写《食品微生物检验技术任务工单》。

① 样品经保温试验未胀罐（袋、瓶、杯等）或未出现泄漏时，保温后开启，经感官检查、pH 测定、涂片镜检，确证无微生物增殖现象，则可报告该样品为商业无菌。

② 样品经保温试验未胀罐（袋、瓶、杯等）或未出现泄漏时，保温后开启，经感官检查、pH 测定、涂片镜检，确证有微生物增殖现象，则可报告该样品为非商业无菌。

③ 样品经保温试验发生胀罐（袋、瓶、杯等）且感官异常或泄漏时，直接判定为非商业无菌。

④ 异常原因分析（选做项目）。对判定为非商业无菌的样品，若需核查样品出现膨胀、pH 或感官异常、微生物增殖等原因，可取样品内容物的留样进行接种培养并报告。

知识拓展

参考《食品安全国家标准 食品微生物学检验 商业无菌检验》（GB 4789.26—2023），如果是生产企业进行产品商业无菌检验，需采用食品生产领域商业无菌检验程序。

一、检验程序

检验程序见图 8-2。

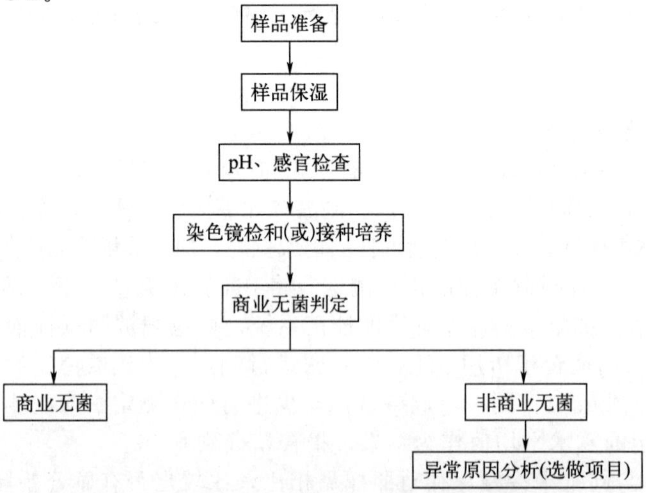

图 8-2 食品生产领域商业无菌的检验程序

二、检验步骤

1. 样品准备

生产企业需根据产品特性和企业质量目标、产品的杀菌方式、规程、批量大小等因素，参照相关国家标准，建立合适的抽样方案和 AQL（接收质量限）。

根据检验目标，按企业自建的抽样方案抽取样品，检查并记录。抽取样品需外观正常、无损伤、锈蚀（仅对金属容器）、泄漏、胀罐（袋、瓶、杯等）明显的异常情况。

2. 保温

样品按保温方案要求进行恒温培养室或培养箱保温，保温方案参考表 8-1。保温过程每天定时检查，如有胀罐（袋、瓶、杯等）或泄漏现象，立即取出开启检查。

表 8-1 样品保温时间和温度推荐方案表

样品属性	种类	温度/℃	时间/d
低酸性食品、酸化食品	乳制品、饮料等液态食品	36±1	7
	罐头食品	36±1	10
	预定销售时产品贮存温度 40℃ 以上的低酸性食品	55±1	6±1
酸性食品	罐头食品、饮料	30±1	10
注：恒温培养室温度偏差可为 ±2℃			

3. 开启与留样

与食品流通领域程序相同步骤开启样品和留样。

开启后的样品容器可进行适当的保存，以备日后容器检查时使用。

4. 感官检查

与食品流通领域程序相同步骤感官检查。

5. pH 测定及结果分析

与食品流通领域程序相同步骤测定 pH。

生产企业根据自身产品特性，建立该类产品的 pH 正常控制范围。若测定 pH 值超过正常控制范围，应进行涂片染色镜检。

6. 涂片染色镜检

对感官或 pH 检查认为可疑的，以及腐败时 pH 反应不灵敏的（如肉、禽、鱼等）罐头样品，取样品内容物，按食品流通领域程序相同步骤进行涂片染色镜检。至少观察 5 个视野，记录菌体的形态特征以及每个视野的菌数。

生产企业根据自身产品特性，建立该类产品的微生物明显增殖的判断标准。与判断标准或同批正常样品［如未胀罐（袋、瓶、杯等）、感官无异常样品］相比，判断是否有明显的微生物增殖现象。菌数有百倍或百倍以上的增长则判为明显增殖。

7. 接种培养

保温期间出现的胀罐（袋、瓶、杯等）、泄漏或开启检查发现 pH、感官质量异常、腐败变质，进一步发现有异常数量细菌的样品，可进行微生物接种培养并选做异常分析。

三、结果判定与报告

① 抽取样品经保温试验未胀罐（袋、瓶、杯等）或未出现泄漏时，经感官检验、pH 检验、染色镜检或接种培养，确证无微生物增殖现象，则报告该样品为商业无菌。

② 抽取样品经保温试验未胀罐（袋、瓶、杯等）或未出现泄漏时，经感官检验、pH 检验、染色镜检或接种培养，确证有微生物增殖现象，则报告该样品为非商业无菌。

③ 抽取样品经保温试验发生胀罐（袋、瓶、杯等）且感官异常或泄漏时，报告该样品为非商业无菌。

课外巩固

一、判断题

1. 商业无菌检验进行涂片染色镜检时，至少要观察 5 个视野的结果。
2. 导致罐藏食品变质的主要原因是微生物污染。
3. 为保证罐藏食品长期储存的目的，在杀菌环节要通过高温高压长时间灭菌达到彻底无菌的要求。
4. 罐藏食品（36±1）℃下保温 10d 后再开罐检验。
5. 食品流通领域商业无菌的 pH 测定结果 1.0 及以上判为显著差异。

二、不定项选择题

1. 罐藏食品杀菌后发生污染，微生物来源有（　　）。
   A. 空气　　　　B. 冷却水　　　　C. 人手　　　　D. 未彻底杀灭的微生物

2. 酸性食品指未经酸化，杀菌后食品本身或汤汁平衡 pH（　　）、水分活度（　　）的食品，以及 pH（　　）的番茄制品。
   A. ≤4.6　　　　B. >0.85　　　　C. <0.85　　　　D. <4.7

3. 关于食品商业无菌的开罐检验要求，正确的是（　　）。
   A. 在常规实验室开启，进行相应项目检验
   B. 样品要冷却至室温后再开启
   C. 发生膨胀的样品清洗并浸泡消毒表面后，把表面残余的碘乙醇溶液燃烧完后开启检验
   D. 使用无菌开罐器开罐，每一个罐头单独使用一个开罐器

4. 食品商业无菌的感官检查主要采用（　　）。
   A. 听检　　　　B. 嗅检　　　　C. 触检　　　　D. 视检

5. 食品流通领域样品报告为商业无菌，样品经检验必须符合（　　）。
   A. 保温过程无膨胀和泄漏现象
   B. 保温样品感官检验无腐败变质的迹象
   C. 保温样品比对冷藏对照样品，pH 值无显著差异
   D. 保温样品比对冷藏对照样品，微生物无明显增殖

任务 8-2　发酵食品中乳酸菌的检验

 任务描述

食品微生物化验室采样员从生产线上采集一批发酵乳，作为检验员，你需要按最新国标规定方法对样品中的乳酸菌进行检验，根据检验结果判定此批次是否符合要求，并根据实验结果填写原始数据记录。

 任务目标

① 了解乳酸菌的概念和乳酸发酵类型。
② 知道乳酸菌主要三个菌属细菌基本特点。
③ 了解乳酸菌检验的基本原理。
④ 会根据样本中乳酸菌指标正确选择检测流程。
⑤ 会对给定食品规范进行乳酸菌检验。
⑥ 会准确地对乳酸菌进行菌落计数。
⑦ 能正确规范填写检验原始记录。

 知识准备

发酵食品是指通过一定微生物作用而生产加工成的食品，其种类很多，如发酵饮料的酸乳、啤酒；发酵调味料的酱油、食醋等。对发酵食品的微生物检测多注重在细菌总数、大肠菌群、病原微生物等食品安全质量方面。但有时为了检验它们是否符合制作的技术要求和具有该发酵食品应有的风味，往往也要检验该发酵食品的菌种及菌种质量，以及相关的技术指标。含乳酸菌食品如常见的活性酸乳、酸乳饮料等，需要控制各种乳酸菌的比例，有些国家将乳酸菌的活菌数含量作为区分产品品种、评价产品质量的重要依据。

一、乳酸菌主要菌属特征

乳酸菌不是分类学上的名称，一般指可发酵糖主要产生大量乳酸的细菌通称。

乳酸菌多为需氧、兼性厌氧的革兰氏阳性无芽孢杆菌和球菌，无动力，可分解葡萄糖或乳糖产生大量乳酸，不液化明胶，不产生吲哚，过氧化氢酶阴性，硝酸还原酶阴性，细胞色素氧化酶阴性，含活性乳酸菌的食品中的乳酸菌主要为乳杆菌属、双歧杆菌属和嗜热链球菌属。

1. 乳杆菌属

广泛存在于牛乳、肉、鱼、果蔬制品及动植物发酵产品中。这些菌通常为食品的有益菌，常用来作为乳酸、干酪、酸乳等乳制品的生产发酵剂。植物乳杆菌常用于泡菜、青贮饲料的发酵。

(1) 形态特征　细胞形态多样，长或细长杆状、弯曲形短杆状及棒形球杆状，链状排列，G^+（图 8-3）。有些菌株革兰氏染色呈两极体，内部有颗粒物或呈现条纹。通常不运动，有些具有周身鞭毛。无芽孢。无细胞色素,大多不产色素。

(2) 生化特性 营养要求严格,培养需多种氨基酸、维生素、肽、核酸衍生物。微好氧性,厌氧培养生长良好。在温度范围 2～53℃可生长,最适温度 30～40℃。耐酸性强,在 pH≤5 环境中可生长,最适中性或初始碱性条件下生长速率降低。发酵糖类有三种方式:同型发酵、兼异型发酵、异型发酵。pH6.0 以上可还原硝酸盐,不液化明胶,不分解酪素,联苯胺反应阴性,不产生吲哚和 H_2S,多数菌株可产生少量的可溶性氮,接触酶反应阴性。

2. 双歧杆菌属

主要存在于人和各种动物的肠道内。目前报道的已有 32 个种,其中常见的是长双歧杆菌、短双歧杆菌、两歧双歧杆菌、婴儿双歧杆菌及青春双歧杆菌。双歧杆菌具有多种生理功能,目前已风行于保健饮品市场,许多发酵乳制品及一些保健饮料中常加入双歧杆菌以提高保健效果。

(1) 形态特征 细胞形态多样,Y 字形、V 字形、弯曲状、棒状、匀形,典型形态为分叉杆菌,G^+(图 8-4),亚甲蓝染色菌体着色不规则。无芽孢和鞭毛,不运动。

 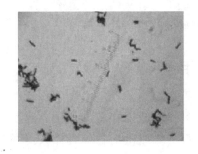

图 8-3 乳杆菌革兰氏染色镜检图　　图 8-4 双歧杆菌革兰氏染色镜检图

(2) 生化特性 营养要求苛刻,培养需多种双歧因子。专性厌氧,温度范围 25～45℃可生长,最适温度 37～41℃。最适 pH6.5～7.0,不耐酸,pH≤5.5 或 pH≥8.0 对菌体存活不利。发酵碳水化合物活跃,能利用葡萄糖、果糖、乳糖和半乳糖,发酵产物主要是乙酸和乳酸,不产生 CO_2。蛋白质分解力微弱,能利用铵盐作为氮源,不还原硝酸盐,不水解精氨酸,不液化明胶,不产生吲哚,联苯胺反应阴性,接触酶反应阴性。

3. 链球菌属

常见于人和动物口腔、上呼吸道、肠道等处。多数为有益菌,是生产发酵食品的有用菌种,如嗜热链球菌、乳链球菌、乳脂链球菌等可用于乳制品的发酵。

但有些种是人畜的病原菌,如引起牛乳腺炎的无乳链球菌,引起人类咽喉等病的溶血性链球菌。有些种又是引起食物腐败变质的细菌,如液化链球菌和粪链球菌(现归属于肠球菌属)。

(1) 形态特征 细胞呈球形或卵圆形,成对或成链排列,G^+(图 8-5),无芽孢,一般不运动,不产生色素。但

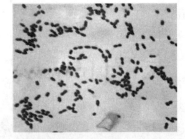

图 8-5 嗜热链球菌革兰氏染色图

肠球菌群中某些种能运动或产色素。

(2) 生化特性 兼性厌氧，厌氧培养生长良好，营养要求复杂，生长温度范围 25～45℃，最适温度37℃。同型乳酸发酵，接触酶反应阴性。依生化特性可将链球菌属分为化脓性群、绿色群、肠球菌群和乳酸球菌群 4 个种群。

二、乳酸菌的菌落特征

不同细菌的菌落大小、形态、结构、质地和色泽等特征各不相同（表 8-2），既受菌种遗传性的制约，同时也受环境条件的影响。同一种细菌常因培养基成分、培养时间、培养温度的不同，菌落特征也有变化（图 8-6）。但同一种细菌在同一条件下培养，所形成的菌落特征具有一定的一致性，这是掌握菌种纯度、菌种鉴定的重要依据。

表 8-2 乳酸菌常见菌属菌落特征

菌属	MRS 琼脂	MC 琼脂
乳杆菌属	菌落呈圆形，中等大小，凸起，微白色，湿润，边缘整齐，直径为(3±1)mm，菌落背面为黄色	菌落较小，白色或淡粉色，边缘不太整齐，可有淡淡的晕，直径为(2±1)mm，菌落背面为粉红色
双歧杆菌属	兼性厌氧条件下不生长。在厌氧条件下生长，菌落呈圆形，中等大小，瓷白色，边缘整齐光滑，直径为(2±1)mm，菌落背面黄色	兼性厌氧条件下不生长。在厌氧条件下生长，菌落较小，可有淡淡的晕，白色，边缘整齐，直径为(1.5±1)mm，菌落背面为粉红色
嗜热链球菌	菌落呈圆形，偏小，白色，湿润，边缘整齐，直径为(1±1)mm，菌落背面黄色	中等偏小，边缘整齐光滑，红色菌落，可有淡淡的晕，直径为(2±1)mm，菌落背面粉红色

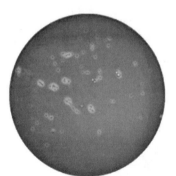 

（a）MC 培养基上生长菌落　　（b）MRS 培养基上生长菌落

图 8-6 乳酸菌培养菌落图

三、乳酸发酵类型

乳酸菌进行乳酸发酵分为两大类型。

1. 同型乳酸发酵

发酵产物中只有乳酸（达 80% 以上），如乳酸链球菌、乳酪链球菌、干酪乳杆菌等。

2. 异型乳酸发酵

发酵产物中除乳酸之外，还有乙酸、乙醇、CO_2 和 H_2，如一些明串珠菌、乳酸杆菌等。

乳酸菌具有强抗酸能力，在含糖丰富的食品中，因其不断产生乳酸使得环境变酸而杀死其他不耐酸的细菌。大部分乳酸菌具有很强的抗盐性，能耐 5% 以上的 NaCl 浓度，如嗜盐片球菌能在浓度为 15%～18% 的盐水中生存。常见的乳酸菌都不具有细胞色素氧化酶，所以一般不会使硝酸盐还原为亚硝酸盐；乳酸菌也不具有氨基酸脱羧酶，不产生胺类物质，也不产生吲哚和 H_2S。一般乳酸菌不分泌蛋白酶，只有肽酶，不能分解利用蛋白质而仅能利用蛋白胨、肽和氨基酸。合成氨基酸、核酸、维生素的能力极低，因而在乳酸菌生长的环境中适量地加入这类物质，能促进其正常生长。

四、乳酸菌的检验方法

由于乳酸菌对营养有复杂的要求，生长需要碳水化合物、氨基酸、肽类、脂肪酸、酯类、核酸衍生物、维生素和矿物质等，一般的肉汤培养基难以满足其要求。测定乳酸菌时必须尽量将试样中所有活的乳酸菌检测出来。要提高检出率，关键是选用特定良好的培养基和进行厌氧培养，采用稀释平板菌落计数法，检测食品中的各种乳酸菌可获得满意的结果。

发酵乳中乳酸菌的检验方法参考标准为《食品安全国家标准 食品微生物学检验 乳酸菌检验》（GB 4789.35—2023）。

任务实施

【主要设备与常规用品】

恒温培养箱 [(36±1)℃]；冰箱（2～8℃）；均质器及无菌均质袋、均质杯或灭菌乳钵；天平（感量 0.01g）；恒温水浴箱 [(48±1)℃]；厌氧培养装置；离心机（离心力>10000g）；涡旋混合仪；显微镜；微生物抽滤装置；放大镜或菌落计数器；无菌试管（18mm×180mm、15mm×100mm）；1mL 无菌吸管（具 0.01mL 刻度）、10mL 无菌吸管（具 0.1mL 刻度）或微量移液器及吸头；无菌锥形瓶（500mL、250mL）；试管架；酒精灯；无菌玻璃珠；无菌剪刀；无菌镊子；75% 酒精消毒棉球；记号笔等。

【材料】

① 培养基（制备方法参考附录一）：MRS 琼脂培养基；莫匹罗星锂盐和半胱氨酸盐酸盐改良 MRS 琼脂培养基；MC 琼脂培养基。

② 试剂（制备方法参考附录一）：无菌稀释液；莫匹罗星锂盐（化学纯）；半胱氨酸盐酸盐（纯度>99%）。

根据制备情况，填写《培养基和试剂制备记录》（见《食品微生物检验技术任务工单》）。

【检验程序】

检验程序见图 8-7。

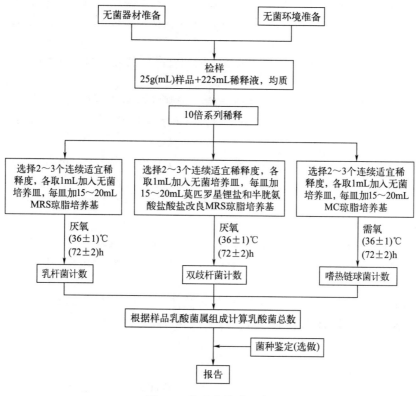

图 8-7　乳酸菌检验程序

【技术提示】

1. 检验前的准备

① 无菌室及超净工作台准备（为获得更准确的检验结果，有条件的实验室，可在厌氧工作站中进行检验）。

② 稀释液在试验前应于（36±1）℃条件下充分预热 15～30min。

③ 用酒精棉球擦手。

④ 用酒精棉球以酒精灯摆放处为圆心，从里向外擦拭实验台，并合理摆放实验台上物品。

⑤ 点燃酒精灯。

⑥ 打开锥形瓶、试管及培养皿外包扎的纸。

⑦ 于锥形瓶、试管及培养皿上标注稀释倍数，并合理放置器皿，培养皿按稀释倍数由低到高，从上往下放置（最上面放空白皿）。

2. 检样稀释及加样

(1) 样品制备

① 样品的全部制备过程均应遵循无菌操作程序。

② 冷冻样品：可先使其在 2～5℃条件下解冻，时间不超过 18h，也可在温度不超过 45℃的条件解冻，时间不超过 15min。

③ 固体和半固体食品：以无菌操作称取 25g 样品，置于 225mL 无菌稀释液的无菌均质袋中，均质袋排气后，用拍击式均质器拍打 1～2min，制成 1∶10 的样品匀液。

④ 液体样品：应先将其充分摇匀后，以无菌吸管吸取样品 25mL，放入装有 225mL 无菌稀释液的无菌锥形瓶（瓶内预置适当数量的无菌玻璃珠）中，充分振摇，制成 1∶10 的样品匀液。

⑤ 经特殊技术（如包埋技术）处理的含乳酸菌食品样品应在相应技术/工艺要求下进行有效前处理。

⑥ 注意：切忌用旋转刀片均质器处理样品，否则既容易将链球菌、乳杆菌、双歧杆菌常常形成的长链切断，造成菌数检验结果偏高，也可能导致稀释液中氧含量增加，从而降低厌氧菌的生存能力。

(2) 稀释 用 1mL 无菌吸管或微量移液器吸取 1∶10 样品匀液 1mL，沿管壁缓慢注于装有 9mL 稀释液的无菌试管中（注意吸管尖端不要触及稀释液），振摇试管或使用涡旋混合仪混合（注：不要用反复吹打方式混匀样品稀释液，否则易增加稀释液含氧量和微生物污染机会），制成 1∶100 的样品匀液。

另取 1mL 无菌吸管或微量移液器吸头，按上述操作顺序，做 10 倍递增样品匀液，每递增稀释一次，即换用 1 次 1mL 灭菌吸管或吸头。稀释液稀释倍数由检样中相应乳酸菌数量而定。

(3) 边稀释边加样 根据对待检样品相关乳酸菌含量的估计，选择 2~3 个连续的适宜稀释度，每个稀释度吸取 1mL 样品匀液于灭菌培养皿内，每个稀释度做两个培养皿。

3. 倾注平板并培养

(1) 双歧杆菌培养

① 稀释液移入培养皿后，将冷却至 48~50℃ 的莫匹罗星锂盐和半胱氨酸盐酸盐改良的 MRS 培养基倾注入培养皿 15~20mL，转动培养皿使混合均匀。

② 从样品稀释到平板在厌氧环境内倒置要求在 15min 内完成。

③ (36±1)℃ 厌氧培养，根据双歧杆菌生长特性，一般选择培养 48h，若菌落无生长或生长较小可选择培养至 72h，培养后计数平板上的所有菌落数。

(2) 嗜热链球菌培养

① 稀释液移入培养皿后，将冷却至 48~50℃ 的 MC 琼脂培养基趁热摇匀，使碳酸钙沉淀充分摇匀悬浮后倾注入培养皿 15~20mL，立即转动培养皿使混合均匀，放置水平等待凝固。

② 从样品稀释到平板倒置培养要求在 15min 内完成。

③ (36±1)℃ 需氧培养，根据嗜热链球菌生长特性，一般选择培养 48h，若菌落无生长或生长较小可选择培养至 72h，培养后计数。

④ 嗜热链球菌在 MC 琼脂平板上的菌落特征为：菌落中等偏小，边缘整齐光滑的深红色小菌落，直径 (2±1)mm，菌落背面为粉红色。

(3) 乳杆菌培养

① 稀释液移入培养皿后，将冷却至 48~50℃ 的 MRS 琼脂培养基倾注入培养皿 15~20mL，转动培养皿使混合均匀。

② 从样品稀释到平板在厌氧环境内倒置要求在 15min 内完成。

③ (36±1)℃ 厌氧培养，根据乳杆菌生长特性，一般选择培养 48h，若菌落无生长或生长较小可选择培养至 72h。

4. 菌落计数

① 三种菌属单独计数各自专用培养基上的菌落数量。

② 记录各乳酸菌属的稀释倍数和相应的菌落数量，菌落计数以菌落形成单位（CFU）表示。

③ 计数方式

a. 选取菌落数在 30～300CFU 之间、无蔓延菌落生长的平板计数菌落总数。低于 30CFU 的平板记录具体菌落数，大于 300CFU 的可记录为多不可计。每个稀释度的菌落数应采用两个平板的平均数。

b. 其中一个平板有较大片状菌落生长时，则不宜采用，而应以无片状菌落生长的平板作为该稀释度的菌落数；若片状菌落不到平板的一半，而其余一半中菌落分布又很均匀，即可计算半个平板后乘以 2，代表一个平板菌落数，计数方式为：半个平板菌落数×2。

c. 当平板上出现菌落间无明显界线的链状生长时，则将每条单链作为一个菌落计数。

5. 结果的表述

(1) 结果计算

① 若只有一个稀释度平板上的菌落数在适宜计数范围内，计算两个平板菌落数的平均值，再将平均值乘以相应稀释倍数，作为每克或每毫升中菌落总数结果。

② 若有两个连续稀释度的平板菌落数在适宜计数范围内时，按下式计算：

$$N=\frac{\Sigma C}{(n_1+0.1n_2)d}$$

式中　N——样品中菌落数；

ΣC——平板（适宜范围菌落数的平板）菌落数之和；

n_1——第一稀释度（低稀释倍数）平板个数；

n_2——第二稀释度（高稀释倍数）平板个数；

d——稀释因子（第一稀释度）。

③ 若所有稀释度的平板上菌落数均大于 300CFU，则对稀释度最高的平板进行计数，其他平板可记录为多不可计，结果按平均菌落数乘以最高稀释倍数计算。

④ 若所有稀释度的平板菌落数均小于 30CFU，则应按稀释度最低的平均菌落数乘以稀释倍数计算。

⑤ 若所有稀释度（包括液体样品原液）平板均无菌落生长，则以小于 1 乘以最低稀释倍数计算。

⑥ 若所有稀释度的平板菌落数均不在 30～300CFU 之间，其中一部分小于 30CFU 或大于 300CFU 时，则以最接近 30CFU 或 300CFU 的平均菌落数乘以稀释倍数计算。

(2) 菌落数的报告　菌落数小于 100CFU 时，按"四舍五入"原则修约，以整数报告。菌落数大于或等于 100CFU 时，第 3 位数字采用"四舍五入"原则修约后，取前 2 位数字，后面用 0 代替位数；也可用 10 的指数形式来表示，按"四舍五入"原则修约后，采用两位有效数字。

① 报告单位：称重取样以 CFU/g 为单位报告，体积取样以 CFU/mL 为单位报告。

② 乳酸菌总数报告

a. 样品中仅包括双歧杆菌属、乳杆菌属、嗜热链球菌中一种菌属，按相应专用培养基和培养方法培养后计数菌落数进行报告。

b. 样品中同时包括双歧杆菌属和乳杆菌属的，以乳杆菌菌落计数结果进行报告。

c. 样品中同时包括双歧杆菌属和嗜热链球菌的，将双歧杆菌菌落数计数结果和嗜热链球菌菌落数计数结果相加，即为乳酸菌总数进行报告。

d. 样品中同时包括乳杆菌属和嗜热链球菌的,将乳杆菌菌落数计数结果和嗜热链球菌菌落数计数结果相加,即为乳酸菌总数进行报告。

e. 样品中同时包括双歧杆菌属、乳杆菌属和嗜热链球菌的,将乳杆菌菌落数计数结果和嗜热链球菌菌落数计数结果相加,即为乳酸菌总数进行报告。

6. 乳酸菌的鉴定（选做）

把3个或以上单个菌落接种于相应鉴别培养基培养后,涂片染色镜检并进行生理生化实验,根据菌落和菌体形态以及生理生化实验结果进行菌种鉴定。

结果与评价

根据检验结果,填写《食品微生物检验技术任务工单》。

知识拓展

乳酸菌的生理生化实验鉴定：乳酸菌常见菌属主要生化反应见表8-3～表8-5。

表8-3 常见乳杆菌属内种的碳水化合物反应

菌种	七叶苷	纤维二糖	麦芽糖	甘露醇	水杨苷	山梨醇	蔗糖	棉籽糖
干酪乳杆菌干酪亚种	+	+	+	+	+	+	+	−
德氏乳杆菌保加利亚种	−	−	−	−	−	−	−	−
嗜酸乳杆菌	+	+	+	−	+	−	+	d
罗伊氏乳杆菌	ND	−	+	−	−	−	+	+
鼠李糖乳杆菌	+	+	+	+	+	+	−	−
植物乳杆菌	+	+	+	+	+	+	+	+

注：+表示90%以上菌株阳性；−表示90%以上菌株阴性；d表示11%～89%菌株阳性；ND表示未测定。

表8-4 嗜热链球菌的主要生化反应

菌种	菊糖	乳糖	甘露醇	水杨苷	山梨醇	马尿酸	七叶苷
嗜热链球菌	−	+	−	−	−	−	−

注：+表示90%以上菌株阳性；−表示90%以上菌株阴性。

表8-5 双歧杆菌菌种主要生化反应

编号	项目	两歧双歧杆菌	婴儿双歧杆菌	长双歧杆菌	青春双歧杆菌	动物双歧杆菌	短双歧杆菌
1	L-阿拉伯糖	−	−	+	+	+	−
2	D-核糖	−	+	+	+	+	+
3	D-木糖	−	+	+	d	+	+
4	L-木糖	−	−	−	−	−	−
5	阿东醇	−	−	−	−	−	−
6	D-半乳糖	d	+	+	+	d	+
7	D-葡萄糖	+	+	+	+	+	+
8	D-果糖	d	+	+	d	d	+
9	D-甘露糖	−	+	+	+	−	−

续表

编号	项目	两歧双歧杆菌	婴儿双歧杆菌	长双歧杆菌	青春双歧杆菌	动物双歧杆菌	短双歧杆菌
10	L-山梨糖	−	−	−	−	−	−
11	L-鼠李糖	−	−	−	−	−	−
12	卫矛醇	−	−	−	−	−	−
13	肌醇	−	−	−	−	−	+
14	甘露醇	−	−	−	−a	−	−a
15	山梨醇	−	−	−	−a	−	−a
16	α-甲基-D-葡萄糖苷	−	−	+	−	−	−
17	N-乙酰-葡萄糖胺	−	−	−	−	−	+
18	苦杏仁苷(扁桃苷)	−	−	−	+	+	−
19	七叶灵	−	−	+	+	−	−
20	水杨苷(柳醇)	−	+	−	+	+	−
21	D-纤维二糖	−	+	−	d	−	−
22	D-麦芽糖	−	+	+	+	+	+
23	D-乳糖	+	+	+	+	+	+
24	D-蜜二糖	−	+	+	+	+	−
25	D-蔗糖	−	+	+	+	+	+
26	D-海藻糖(蕈糖)	−	−	−	−	−	−
27	菊糖(菊根粉)	−	−a	−	−a	−	−a
28	D-松三糖	−	−	+	+	−	−
29	D-棉籽糖	−	+	+	+	+	+
30	淀粉	−	−	−	+	−	−
31	肝糖(糖原)	−	−	−	−	−	−
32	龙胆二糖	−	+	−	+	+	+
33	葡萄糖酸钠	−	−	−	+	−	+

注：+ 表示 90% 以上菌株阳性；− 表示 90% 以上菌株阴性；d 表示 11%～89% 以上菌株阳性。

a 表示某些菌株阳性。

课外巩固

一、判断题

1. 乳酸菌都能发酵乳糖产生乳酸。
2. 检测食品中乳酸菌时，食品样品不能用旋转刀片均质器进行均质。
3. 选取菌落数在 30～300CFU 之间、无蔓延菌落生长的平板计数各菌属菌落总数。
4. 若食品样品中同时包括双歧杆菌属和乳杆菌属的，将双歧杆菌菌落数计数结果和乳杆菌菌落数计数结果相加，即为乳酸菌总数进行报告。
5. 若食品样品中同时包括双歧杆菌属和嗜热链球菌的，将双歧杆菌菌落数计数结果和嗜热链球菌菌落数计数结果相加，即为乳酸菌总数进行报告。

二、不定项选择题

1. 乳酸菌主要包括菌属有（　　）。
   A. 乳杆菌属　　　B. 明串珠菌属　　　C. 双歧杆菌属　　　D. 乳链球菌属
2. 乳酸菌乳酸发酵分为（　　）。
   A. 同型乳酸发酵　B. 异型乳酸发酵　C. 甲型乳酸发酵　D. 厌氧菌
3. 乳酸菌共同的特征为（　　）。
   A. 杆菌　　　　　B. 革兰氏阳性菌　　C. 发酵糖产乳酸　　D. 乙型乳酸发酵
4. 双歧杆菌用（　　）进行培养，乳杆菌用（　　）进行培养，嗜热链球菌用（　　）进行培养。
   A. MRS 琼脂培养基　　　　　　　B. MC 琼脂培养基
   C. 改良 MRS 琼脂培养基　　　　　D. 改良 MC 琼脂培养基
5. 关于食品中乳酸菌的检测，下列做法错误的有（　　）。
   A. 从样品稀释到平板在厌氧环境内倒置要求在 15min 内完成
   B. 三种乳酸菌的培养方式为（36±1）℃厌氧最长培养（72±2）h
   C. 样品中同时包括双歧杆菌属和乳杆菌属的，以乳杆菌菌落数计数结果进行报告
   D. 样品中同时包括双歧杆菌属、乳杆菌属和嗜热链球菌的，将三种菌属各自菌落数计数结果相加，即为乳酸菌总数

任务 8-3　食品中产毒霉菌的检验

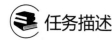 **任务描述**

市场发现一批面包发霉变质，你作为食品微生物化验室检验员，需要按最新国标规定方法对样品中的产毒霉菌进行分离鉴定并出具相应的检测报告。

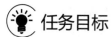 **任务目标**

① 掌握产毒霉菌的种类及形态。
② 了解霉菌菌丝形态及其结构在分类鉴定中的重要性。
③ 会正确选择常见产毒真菌的培养基。
④ 会规范分离纯化与接种食品中产毒霉菌，并正确制备霉菌显微标本。
⑤ 会根据形态特点，正确鉴定产霉毒素。

知识准备

产毒霉菌极易在含糖的饼干、面包、粮食等食品上生长，与食品安全关系密切的霉菌大部分属于半知菌亚门中的曲霉属、青霉属和镰刀菌属。

一、产毒霉菌基本知识

1. 主要种属

霉菌产毒只限于产毒霉菌，而产毒霉菌中也只有一部分毒株产毒。目前已知具有产毒株的霉菌主要有：

曲霉属产毒霉菌主要包括黄曲霉、赭曲霉、烟曲霉、寄生曲霉、杂色曲霉、构巢曲霉和棕曲霉。这些霉菌的代谢产物为黄曲霉毒素、杂色曲霉素和棕曲霉毒素。

青霉属产毒霉菌主要包括黄绿青霉、橘青霉、圆弧青霉、展青霉、纯绿青霉、红青霉、产紫青霉、荨麻青霉、冰岛青霉和皱褶青霉等。这些霉菌的代谢产物为黄绿青霉素、橘青霉素、圆弧偶氮酸、展青霉素、红青霉素、黄天精、环氯素和皱褶青霉素。

镰刀菌属的产毒霉菌，主要包括禾谷镰刀菌、粉红镰刀菌、串珠镰刀菌、雪腐镰刀菌、三线镰刀菌、梨孢镰刀菌、拟枝孢镰刀菌、尖孢镰刀菌、茄病镰刀菌和木贼镰刀菌等。这些霉菌的代谢产物为单端孢霉烯族化合物、玉米赤霉烯酮和丁烯酸内酯等。

其它菌属中还有绿色木霉、漆斑菌属、黑色葡萄状穗霉等。

2. 曲霉属霉菌显微观察形态

曲霉属的菌丝体无色透明或呈明亮的颜色，但不呈暗污色；可育的分生孢梗茎以大体垂直的方向从特化的厚壁的足细胞生出，光滑或粗糙，通常无横隔；顶端膨大形成顶囊，具不同形状，从其表面形成瓶梗，或先产生梗基，再从梗基上形成瓶梗，最后由瓶梗产生分生孢子。分生孢子单胞，具不同形状和各种颜色，光滑或具纹饰，连接成不分枝的链。由顶囊到分生孢子链构成不同形状的分生孢子头，显现不同颜色。有的种可形成厚壁的壳细胞，形状因种而异；有的种则可形成菌核或类菌核结构；还有的种产生有性阶段，形成闭囊壳，内含

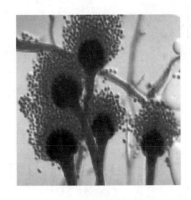

图 8-8 曲霉属

子囊和子囊孢子，子囊孢子大多透明或具不同颜色、形状和纹饰（图 8-8）。

3. 青霉属霉菌显微观察形态

青霉属菌丝细，具横隔，无色透明或色淡，有颜色者较少，更不会有暗色，展开并产生大量的不规则分枝，形成不同致密程度的菌丝体；由菌丝体组成的菌落边缘通常明确、整齐，很少有不规则者；分生孢子梗发生于埋伏型菌丝、基质表面菌丝或气生菌丝；孢梗茎较细，常具横隔，某些种在其顶端呈现不同程度的膨大，在顶部或顶端产生帚状枝，壁平滑或呈现不同程度的粗糙；其中帚状枝的形状和复杂程度是鉴别分类的首要标准，帚状枝有单轮生、双轮生、三轮生、四轮生和不规则者；产细胞瓶梗相继产生，彼此紧密、不紧密或近于平行，瓶装、披针形、圆柱状和近圆柱状者少，通常直而不弯，其顶端的梗颈明显或不明显；分生孢子是向基的瓶梗孢子，单孢，小，球形、近球形、椭圆形、近椭圆形、卵形或有尖端、圆柱状和近圆柱状者少，壁平滑、近于平滑、不同程度的粗糙，形成干链，使菌落表面形成不同程度颜色，如绿色、蓝色、灰色、橄榄色、褐色者少，颜色往往随着菌龄的增加而变得较深或较暗（图 8-9）。

4. 镰刀菌属霉菌显微观察形态

镰刀菌属在马铃薯-葡萄糖琼脂或察氏培养基上气生菌丝发达，高 0.5～1.0cm 或较低为 0.3～0.5cm，或更低为 0.1～0.2cm；气生菌丝稀疏，有的甚至完全无气生菌丝而由基质菌丝直接生出黏孢子层，内含大量的分生孢子。大多数小型分生孢子通常假头状着生，较少为链状着生，或者假头状和链状着生兼有。小型分生孢子生于分枝或不分枝的分生子梗上，形状多样，有卵形、梨形、椭圆形、长椭圆形、纺锤形、披针形、腊肠形、柱形、锥形、逗点形、圆形等。通常小型分生孢子的量较大型分生孢子为多。大型分生孢子产生在菌丝的短小爪状突起上或产生在分生孢子座上，或产生在黏孢子团中；大型分生孢子形态多样，镰刀形、线形、纺锤形、披针形、柱形、腊肠形、蠕虫形、鳗鱼形，弯曲、直或近于直。顶端细胞形态多样，有短喙形、锥形、钩形、线形、柱形，逐渐变窄细或突然收缩。气生菌丝、子座、黏孢子团、菌核可呈各种颜色，基质亦可被染成各种颜色。厚垣孢子间生或顶生，单生或多个成串或成结节状，有时也生于大型分生孢子的孢室中，无色或具有各种颜色，光滑或粗糙。镰刀菌属的一些种，初次分离时只产生菌丝体，常常还需诱发产生正常的大型分生孢子以供鉴定。因此须同时接种无糖马铃薯琼脂培养基或察氏培养基等（图 8-10）。

图 8-9 青霉属

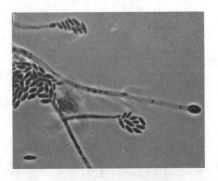

图 8-10 镰刀菌属

二、食品中产毒霉菌的检验

关于食品中产毒霉菌的指标，常见于粮食类食品标准，检验方法参考《食品安全国家标准 食品微生物学检验 常见产毒霉菌的形态学鉴定》(GB 4789.16—2016)。

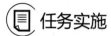任务实施

【主要设备与常规用品】

恒温培养箱[(25±1)℃]；冰箱（2～5℃）；显微镜（10～100倍）；目镜测微尺；物镜测微尺；恒温水浴箱；生物安全柜或无菌接种罩或接种箱或手套箱；培养皿、接种钩、分离针、载玻片、盖玻片、不锈钢小刀或眼科手术小刀、酒精灯、无菌剪刀、无菌镊子、75%酒精消毒棉球、试管架、记号笔等。

【材料】

① 培养基（制备方法参考附录一）：察氏培养基；马铃薯-葡萄糖琼脂培养基；麦芽汁琼脂培养基；无糖马铃薯琼脂培养基。

② 试剂（制备方法参考附录一）：乳酸苯酚液。

根据制备情况，填写《培养基和试剂制备记录》（见《食品微生物检验技术任务工单》）。

【检验程序】

检验程序见图 8-11。

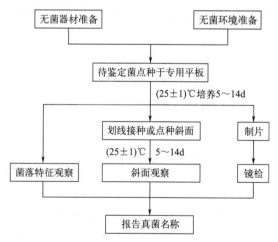

图 8-11 常见产毒霉菌的形态学鉴定检验程序

【技术提示】

1. 菌落特征观察

为了培养完整的菌落以供观察记录，可将纯培养物点种于平板上。曲霉、青霉通常接种察氏培养基，镰刀菌通常需要同时接种多种培养基，其他真菌一般使用马铃薯-葡萄糖琼脂培养基。将平板倒转，向上接种一点或三点，每个菌株接种两个平板，正置于（25±1）℃恒温培养箱中进行培养。当刚长出小菌落时，取出一个平板以无菌操作，用灭菌不锈钢小刀或眼科手术小刀将菌落连同培养基切下 1cm×2cm 的小块，置菌落一侧，继续培养，于 5～

14d进行观察,此法可观察子实体着生状态。

三点接种优于一点接种,原因在于所接菌种不但在一个培养皿上同种菌落有三个重复,更重要的是在菌落彼此相接近的边缘,常留有一条狭窄的空白地带,此处菌丝生长稀疏,较透明,还分化出稀落的典型子实体,因此可以直接把培养皿放在低倍镜下观察,便于根据形态特点进行菌种的鉴定。这是单点接种法所难以做到的。

2. 斜面观察

对于菌落为局限性生长的曲霉、青霉等其他霉菌采用斜面接种,可更好地观察菌体形态与培养特征。

将真菌纯培养物划线接种(曲霉、青霉)或点种(镰刀菌或根霉、毛霉)于斜面,(25±1)℃培养5~14d,观察菌落形态,同时还可以直接将试管斜面置低倍显微镜下观察孢子的形态和排列。

3. 制片及镜检

取载玻片加乳酸-苯酚液一滴,用接种钩取一小块真菌培养物,置乳酸-苯酚液中,用两支分离针将培养物轻轻撕成小块,切忌涂抹,以免破坏真菌结构。然后加盖玻片,如有气泡,可在酒精灯上加热排除。

制片时应在生物安全柜或无菌接种罩或接种箱或手套箱内操作以防孢子飞扬。制片完成,用显微镜低倍镜观察真菌菌丝和孢子的形态、特征、孢子的排列等,并记录。

霉菌为真核微生物,菌丝较粗大,有分枝或不分枝的。菌丝体为无色透明或暗褐色至黑色,或呈现鲜艳的颜色。在显微镜下观察时,菌丝皆呈管状。在固体培养基上生长,为绒毛状或棉絮状。一些较高等的霉菌丝状管道中皆有横隔,由横隔状菌丝隔成许多细胞。细胞易收缩变形,而且孢子很容易分散,所以制标本时用乳酸-苯酚溶液。该溶液使细胞不变形,具有防腐杀菌作用,且不易干燥,能保持较长时间。

结果与评价

根据检验结果,填写《食品产毒霉菌检验原始数据记录单》(见《食品微生物检验技术任务工单》)。

知识拓展

产毒霉菌所产生的霉菌毒素没有严格的专一性,即一种霉菌或毒株可产生几种不同的毒素,而一种毒素也可由几种霉菌产生。霉菌产毒素也要一定的条件,影响霉菌产毒的条件主要是食品基质中的水分、环境中的温度和湿度及空气的流通情况。具体产毒霉菌情况见表8-6。

表8-6 产毒霉菌基本情况

菌属	菌种	有毒代谢产物
曲霉属	黄曲霉	黄曲霉毒素(急性中毒、慢性致癌)
	寄生曲霉	
	杂色曲霉	杂色曲霉素(肝肾损害,引起肝癌)
	构巢曲霉	
	棕曲霉	棕曲霉毒素(强肾脏毒和肝脏毒)

续表

菌属	菌种	有毒代谢产物
青霉属	黄绿青霉	黄绿青霉毒素(强神经毒)
	橘青霉	橘青霉素(强肾脏毒)
	圆弧青霉	圆弧偶氮酸(神经毒)
	岛青霉	黄天精、环氯素(均为肝脏毒)
	展青霉	展青霉素(神经毒)
	纯绿青霉	赭曲霉毒素、橘青霉素
	皱褶青霉	皱褶青霉素(肝脏毒)
	产紫青霉	红青霉素(肝脏毒)
	红青霉	
镰刀菌属	串珠镰刀菌	串珠镰刀菌毒素、玉米赤霉烯酮
	禾谷镰刀菌	T-2 毒素、脱氧雪腐镰刀菌烯醇、玉米赤霉烯酮
	三线镰刀菌	T-2 毒素、丁烯酸内酯、二乙酸蔗草镰刀菌烯醇、玉米赤霉烯酮
	雪腐镰刀菌	镰刀菌烯酮-X、雪腐镰刀菌烯醇、二乙酸雪腐镰刀菌烯醇
	梨孢镰刀菌	T-2 毒素、新茄病镰刀菌烯醇、丁烯酸内酯、HT-2 毒素
	拟枝孢镰刀菌	
	木贼镰刀菌	丁烯酸内酯、二乙酸蔗草镰刀菌烯醇、玉米赤霉烯酮、新茄病镰刀菌烯醇
	茄病镰刀菌	玉米赤霉烯酮、新茄病镰刀菌烯醇
	尖孢镰刀菌	T-2 毒素、玉米赤霉烯酮
头孢霉属		单端孢霉烯族化合物
单端孢霉属		单端孢霉素(单端孢霉烯族化合物)
葡萄穗霉属		黑葡萄穗霉毒素(单端孢霉烯族化合物)
交链孢霉属		产生 7 种细胞毒素

课外巩固

一、判断题

1. 凡是产毒霉菌菌属所有霉菌都会产生毒素。
2. 霉菌是一种威胁食品安全的微生物。
3. 平板一点接种或三点接种形成菌落都有利于霉菌菌落形态观察。
4. 必要时可直接将试管斜面置低倍显微镜下显微观察孢子的形态和排列。
5. 制作真菌显微标本片时,和制作细菌涂片一样要把菌体在载玻片上涂抹均匀。

二、不定项选择题

1. 与食品安全关系密切的霉菌主要是(　　)。
A. 青霉属　　　　B. 毛霉属　　　　C. 曲霉属　　　　D. 镰刀菌属
2. 关于产毒霉菌的菌体形态特征,下列表述正确的有(　　)。
A. 青霉属菌丝孢梗茎顶端呈帚状枝　　B. 曲霉属和青霉属的菌丝都有横隔
C. 曲霉属菌丝顶端膨大形成顶囊　　　D. 镰刀菌属在察氏培养基上气生菌丝不发达

3. 关于霉菌的分离接种,下列做法错误的有(   )。
A. 曲霉、青霉接种察氏培养基　　　B. 镰刀菌接种马铃薯-葡萄糖琼脂培养基
C. 曲霉、青霉采用划线接种斜面　　D. 镰刀菌属采用点种接种斜面

4. 霉菌三点接种于平板或划线接种于斜面后,培养条件为(   )。
A. (36±1)℃培养 24～48h　　　B. (36±1)℃培养 5～14d
C. (25±1)℃培养 24～48h　　　D. (25±1)℃培养 5～14d

5. 关于霉菌的制片和镜检,下列做法错误的有(   )。
A. 采用乳酸-苯酚液做显微标本片
B. 为防污染,须在生物安全柜中进行制片
C. 制片完成用显微镜油镜观察
D. 显微标本片制备时不可加热防止破坏菌丝结构

数字资源

食品商业无菌的检验

酸奶中乳酸菌的检验

产毒霉菌的鉴别检验操作

附录一
常用试剂及培养基

1. 无菌磷酸盐缓冲液：称取34.0g的磷酸二氢钾溶于500mL蒸馏水中，用大约175mL的1mol/L氢氧化钠溶液调节pH至7.2±0.2，用蒸馏水稀释至1000mL制成贮存液后贮存于冰箱。取贮存液1.25mL，用蒸馏水稀释至1000mL，于锥形瓶或均质袋中分装225mL（锥形瓶中同时放置适当数量玻璃珠），于试管中分装9mL，足量准备，包扎后121℃高压灭菌15min。

2. 无菌生理盐水：称取8.5g氯化钠溶于1000mL蒸馏水中，于锥形瓶或均质袋中分装225mL（锥形瓶中同时放置适当数量玻璃珠），于试管中分装9mL，足量准备，包扎后121℃高压灭菌15min。

3. 无菌乳酸菌检验稀释液：称取8.5g氯化钠、15g胰蛋白胨于1000mL蒸馏水中，加热溶解，分装后121℃、高压灭菌15min。

4. 1mol/L NaOH溶液：称取40.0g氢氧化钠溶于1000mL无菌蒸馏水中。

5. 1mol/L HCl溶液：移取浓盐酸90mL，用无菌蒸馏水稀释至1000mL。

6. 吲哚试剂：用于吲哚实验。称取对二甲基氨基苯甲醛1g，溶解于95mL 95%乙醇中，然后缓慢加入浓HCl 20mL。

7. 40% KOH：用于VP实验。称取40g KOH，用蒸馏水溶解并定容至100mL。

8. 7.5% α-萘酚无水乙醇溶液：用于VP实验。称取5g α-萘酚，用无水乙醇定容至100mL，保存于棕色瓶中。该试剂易氧化，临用前现配。

9. 甲基红指示剂：用于M.R.实验。称取甲基红0.04g溶于60mL 95%乙醇中，然后加入蒸馏水40mL。

10. 10% $FeCl_3$水溶液：用于苯丙氨酸脱氨酶实验。称取$FeCl_3 \cdot 6H_2O$ 10g，溶于蒸馏水中并定容至100mL。

11. 1%~2%石蕊乙醇溶液：用于石蕊牛乳实验。称取石蕊颗粒8.0g，研碎，倒入150mL 40%乙醇溶液中，加热1min，倒出上清液备用，再加入150mL 40%乙醇溶液，再加热1min，倒出上清液备用，将两部分上清液合并，过滤。若总体积不足300mL，可添加40%乙醇溶液补足体积，最后加入0.1mol/L HCl溶液，搅拌，使溶液呈紫红色。

12. 5%石蕊水溶液：用于石蕊牛乳实验。称取石蕊2.5g溶解于100mL蒸馏水，过滤后使用。

13. 乳酸苯酚液：将10g苯酚（纯结晶）置水浴中至结晶液化后加入10g乳酸、20g甘油和10mL蒸馏水。

14. 结晶紫染色液：将1.0g结晶紫完全溶解于20.0mL 95%乙醇中，再与80.0mL 1%草酸铵溶液混合。

15. 平板计数琼脂（plate count agar，PCA）培养基

① 成分：胰蛋白胨 5.0g；酵母浸膏 2.5g；葡萄糖 1.0g；琼脂 15.0g；蒸馏水 1000mL。

② 制法：将上述成分加于蒸馏水中，煮沸溶解，调节 pH 至 7.0±0.2。分装于锥形瓶，121℃高压灭菌 15min。

16. 月桂基硫酸盐胰蛋白胨（LST）肉汤发酵管

① 成分：胰蛋白胨或胰酪胨 20.0g；氯化钠 5.0g；乳糖 5.0g；磷酸氢二钾（K_2HPO_4）2.75g；磷酸二氢钾（KH_2PO_4）2.75g；月桂基硫酸钠 0.1g，蒸馏水 1000mL。

② 制法：将上述成分溶解于蒸馏水中，调节 pH 至 6.8±0.2。分装到有倒置玻璃小倒管的试管中，每管 10mL。121℃高压灭菌 15min。灭菌后须检查发酵管，若发现发酵管中小倒管有气泡者，则弃去不用，以防影响对结果判断。

③ 注意：装有杜氏小管的糖发酵管（如 LST 肉汤发酵管、BGLB 肉汤发酵管等）在灭菌时要特别注意排净灭菌锅内的冷空气，灭菌后尽量让灭菌锅内的压力自然下降到"0"再打开排气阀，否则杜氏小管内会留有气泡，影响实验结果的判断。

17. 煌绿乳糖胆盐（BGLB）肉汤发酵管

① 成分：蛋白胨 10.0g；乳糖 10.0g；牛胆粉（oxgall 或 oxbile）溶液 200mL；0.1%煌绿水溶液 13.3mL；蒸馏水 800mL。

② 制法：将蛋白胨、乳糖溶于约 500mL 蒸馏水中，加入牛胆粉溶液 200mL（将 20.0g 脱水牛胆粉溶于 200mL 蒸馏水中，调节 pH 至 7.0～7.5），用蒸馏水稀释到 975mL，调节 pH 至 7.2±0.1，再加入 0.1%煌绿水溶液 13.3mL，用蒸馏水补足到 1000mL，用棉花过滤后，分装到有倒置玻璃小倒管的试管中，每管 10mL。121℃高压灭菌 15min。灭菌后须检查发酵管，若发现发酵管中小倒管有气泡者，则弃去不用，以防影响对结果判断。

18. 结晶紫中性红胆盐琼脂（VRBA，又称 VRB 或 VRBL）

① 成分：蛋白胨 7.0g；酵母膏 3.0g；乳糖 10.0g；氯化钠 5.0g；胆盐或 3 号胆盐 1.5g；中性红 0.03g；结晶紫 0.002g；琼脂 15～18g；蒸馏水 1000mL。

② 制法：将上述成分溶于蒸馏水中，静置几分钟，充分搅拌，调节 pH 至 7.4±0.1，分装入无菌锥形瓶。煮沸 2min，将培养基熔化并恒温至 45～50℃倾注平板。使用前临时制备，不得超过 3h。

③ 注意：制法中培养基不需高压灭菌，而是使用前临时制备，煮沸 2min，即可杀死培养基中可能污染的少量细菌，特别是 G^-，但是为保证灭菌效果，需分装入无菌容器。VRBA 不需高压灭菌，胆盐可抵制 G^+ 生长。对于其它不需高压的培养基，通常都是煮沸 2min。但注意不能煮沸太长时间，以免某些成分分解。煮沸同时也可保证琼脂充分溶解。保存时间不得超过 3h。

19. 乳糖胆盐发酵管

① 成分：蛋白胨 20g；乳糖 10g；牛（猪、羊）胆盐 5g；0.04%溴甲酚紫水溶液 25mL；蒸馏水 1000mL；pH7.4。

② 制法：将蛋白胨、胆盐及乳糖溶于水中。校正 pH，加入指示剂，分装 10mL 于试管，并放入一个小倒管，115℃高压灭菌 15min。

③ 注意：双料乳糖胆盐发酵管除蒸馏水外，其他成分加倍。

20. 乳糖发酵管

① 成分：蛋白胨20g；乳糖10g；0.04%溴甲酚紫水溶液25mL；蒸馏水1000mL；pH7.4。

② 制法：将蛋白胨及乳糖溶于水中，校正pH，加入指示剂，按检验要求分装30mL、10mL或3mL于试管，并放入一个小倒管，115℃高压灭菌15min。

③ 注意：30mL和10mL乳糖发酵管专供酱油及酱类检验用，3mL乳糖管供大肠菌群证实实验用。

21. 伊红亚甲蓝琼脂（EMB）

① 成分：蛋白胨10g；乳糖10g；磷酸氢二钾2g；0.65%美蓝溶液10mL；2%伊红水溶液20mL；琼脂17g；蒸馏水1000mL；pH7.1。

② 制法：将蛋白胨、磷酸盐和琼脂溶于水，校正pH，分装烧瓶内，121℃高压灭菌15min备用。临用前加入乳糖并加热熔化琼脂，冷却至50~55℃，加入伊红和美蓝溶液，摇匀，倾注平板。

22. 7.5%氯化钠肉汤

① 成分：蛋白胨10.0g；牛肉膏5.0g；氯化钠75g；蒸馏水1000mL。

② 制法：将上述成分加热溶解，调节pH至7.4±0.2，分装，每瓶225mL，121℃高压灭菌15min。

23. 血平板

① 成分：豆粉琼脂（pH7.5±0.2）100mL；脱纤维羊血（或兔血）5~10mL。

② 制法：加热熔化琼脂，冷却至50℃，以无菌操作加入脱纤维羊血，摇匀，倾注平板。

24. Baird-Parker琼脂平板（B-P平板）

① 成分：胰蛋白胨10.0g；牛肉膏5.0g；酵母膏1.0g；丙酮酸钠10.0g；甘氨酸12.0g；氯化锂（$LiCl \cdot 6H_2O$）5.0g；琼脂20.0g；蒸馏水950mL。

② 增菌剂的配法：30%卵黄盐水50mL与通过0.22μm孔径滤膜进行过滤除菌的1%亚碲酸钾溶液10mL混合，保存于冰箱内。

③ 制法：将各成分加到蒸馏水中，加热煮沸至完全溶解，调节pH至7.0±0.2。分装每瓶95mL，121℃高压灭菌15min。临用时加热熔化琼脂，冷却至50℃，每95mL加入预热至50℃的卵黄亚碲酸钾增菌剂5mL摇匀后倾注平板。培养基应是致密不透明、表面干燥的。使用前在冰箱储存不得超过48h。

④ 注意：制备B-P平板时，添加增菌剂时，温度要控制在50℃左右。若温度过高，会使平板呈灰暗色，使得金黄色葡萄球菌菌落产生黑色不明显。加增菌剂时要注意观察卵黄是否均匀，有无析出絮状物质；倒之前可在50℃恒温培养箱中恒温半小时，避免产生凝块，加之前要摇晃均匀，制备好的B-P平板冰箱保存时间不得超过48h。

25. 脑心浸出液肉汤（BHI）

① 成分：胰蛋白质胨10.0g；氯化钠5.0g；十二水磷酸氢二钠（$Na_2HPO_4 \cdot 12H_2O$）2.5g；葡萄糖2.0g；牛心浸出液500mL。

② 制法：加热溶解，调节pH至7.4±0.2，分装16mm×160mm试管，每管5mL置121℃、15min灭菌。

26. 兔血浆

① 3.8%柠檬酸钠无菌溶液制备：取柠檬酸钠3.8g，加蒸馏水100mL，溶解后过滤，

装瓶，121℃高压灭菌 15min 备用。

② 兔血浆制备：取 3.8% 柠檬酸钠无菌溶液一份，加兔全血 4 份，混好静置（或以 3000r/min 离心 30min），使血液细胞下降，即可得血浆。

27. 缓冲蛋白胨水（BPW）

① 成分：蛋白胨 10.0g；氯化钠 5.0g；磷酸氢二钠（含 12 个结晶水）9.0g；磷酸二氢钾 1.5g；蒸馏水 1000mL。

② 制法：将各成分加入蒸馏水中，搅拌均匀，静置约 10min，煮沸溶解，调节 pH 至 7.2±0.2，121℃高压灭菌 15min。

28. 四硫磺酸钠煌绿（TTB）增菌液

(1) 各成分的制法

① 基础液：蛋白胨 9.0g；牛肉浸粉 4.5g；氯化钠 2.7g；碳酸钙 40.5g；硫代硫酸钠（含 5 个结晶水）50.0g；牛胆盐 5.0g；将各成分加入蒸馏水中，搅匀后加热溶解。煮沸，无须高压灭菌。煮沸后的培养基在 25℃的 pH 为 7.6±0.2。

② 碘溶液：碘片 20.0g；碘化钾 25.0g；蒸馏水 100mL。先将碘化钾充分溶解于少量的蒸馏水中，再投入碘片，振摇玻瓶至碘片全部溶解为止，然后加蒸馏水至 100mL，贮存于棕色瓶内，塞紧瓶盖冷藏备用。

③ 0.5%煌绿溶液：煌绿 0.5g；蒸馏水 100mL。溶解后，存放暗处，不少于 1d，使其自然灭菌。

(2) 制法 基础液 1000mL；碘溶液 20.0mL；煌绿溶液 2.0mL。使用的当天，在冷却后的基础液中以无菌操作加入煌绿溶液摇匀，加入碘溶液，再摇匀，分装到无菌试管中。加入煌绿和碘液的培养基当天使用，且不能再次加热。

29. 氯化镁孔雀绿大豆胨（RVS）增菌液

(1) 成分 大豆蛋白胨 4.5g；氯化钠 7.2g；磷酸二氢钾 1.26g；磷酸氢二钾 0.18g；氯化镁（含 6 个结晶水）28.6g；孔雀绿 0.036g；蒸馏水 1000mL。

(2) 制法 将各成分加入蒸馏水中，搅匀后加热溶解，必要时调节 pH，定量分装于试管中，115℃高压灭菌 15min。灭菌后的培养基在 25℃的 pH 为 5.2±0.2。

30. 亚硫酸铋（BS）琼脂

(1) 各成分的制法

① 煌绿 0.025g 或 5.0g/L 水溶液 5.0mL。

② 基础液：将蛋白胨 10.0g、牛肉膏 5.0g、葡萄糖 5.0g 加入 300mL 蒸馏水，搅拌均匀，煮沸溶解，制成基础，冷却至 80℃左右备用。

③ 硫酸亚铁溶液：硫酸亚铁 0.3g 加入 20mL 蒸馏水，搅拌均匀，煮沸溶解，冷却至 80℃左右备用。

④ 磷酸氢二钠溶液：磷酸氢二钠 4.0g 加入 30mL 蒸馏水中，搅拌均匀，煮沸溶解，冷却至 80℃左右备用。

⑤ 柠檬酸铋铵溶液：柠檬酸铋铵 2.0g 加入 20mL 蒸馏水，搅拌均匀，煮沸溶解，冷却至 80℃左右备用。

⑥ 亚硫酸钠溶液：亚硫酸钠 6.0g 加入 30mL 蒸馏水中，搅拌均匀，煮沸溶解，冷却至 80℃左右备用。

⑦ 琼脂溶液：琼脂 18.0~20.0g 加入 600mL 蒸馏水中，搅拌均匀，煮沸溶解，冷却至 80℃左右备用。

(2) 制法　先将硫酸亚铁和磷酸氢二钠混匀，倒入基础液中，混匀。将柠檬酸铋铵和亚硫酸钠混匀，倒入基础液中，再混匀。调节 pH 至 7.5±0.2，随即倾入琼脂溶液中，混合均匀，冷却至 50~55℃。加入煌绿溶液，充分混匀后立即倾注培养皿。

(3) 注意　本培养基不需要高压灭菌，在制备过程中不宜过分加热，避免降低其选择性，贮于室温暗处，超过 48h 会降低其选择性，本培养基宜于当天制备，第二天使用。

31. HE 琼脂

(1) 成分　蛋白胨 12.0g；牛肉膏 3.0g；乳糖 12.0g；蔗糖 12.0g；水杨素 2.0g；胆盐 20.0g；氯化钠 5.0g；琼脂 18.0~20.0g；蒸馏水 1000mL；0.4%溴麝香草酚蓝溶液 16.0mL；Andrade 指示剂 20.0mL；甲液 20.0mL；乙液 20.0mL。

(2) 制法

① 甲液的配制：硫代硫酸钠 34.0g；柠檬酸铁铵 4.0g；蒸馏水 100mL。

② 乙液的配制：去氧胆酸钠 10.0g；蒸馏水 100mL。

③ Andrade 指示剂：酸性复红 0.5g；1mol/L 氢氧化钠溶液 16.0mL；蒸馏水 100mL。将复红溶解于蒸馏水中，加入氢氧化钠溶液。数小时后如复红褪色不全，再加氢氧化钠溶液 1~2mL。

④ HE 琼脂的制法：将前面七种成分溶解于 400mL 蒸馏水内作为基础液；将琼脂加入 600mL 蒸馏水内。然后分别搅拌均匀，煮沸溶解。加入甲液和乙液于基础液内，调节 pH 至 7.5±0.2。再加入指示剂，并与琼脂液合并，待冷却至 50~55℃倾注培养皿备用。

(3) 注意　本培养基不需要高压灭菌，在制备过程中不宜过分加热，避免降低其选择性。

32. 木糖赖氨酸脱氧胆盐（XLD）琼脂

① 成分：酵母膏 3.0g；L-赖氨酸 5.0g；木糖 3.75g；乳糖 7.5g；蔗糖 7.5g；去氧胆酸钠 2.5g；柠檬酸铁铵 0.8g；硫代硫酸钠 6.8g；氯化钠 5.0g；琼脂 15.0g；酚红 0.08g；蒸馏水 1000mL。

② 制法：除酚红和琼脂外，将其他成分加入 400mL 蒸馏水中，煮沸溶解，调节 pH 至 7.4±0.2。另将琼脂加入 600mL 蒸馏水中，煮沸溶解。将上述两溶液混合均匀后，再加入指示剂，待冷却至 50~55℃倾注培养皿。

③ 注意：本培养基不需要高压灭菌，在制备过程中不宜过分加热，避免降低其选择性，贮于室温暗处。本培养基宜于当天制备，第二天使用。使用前必须去除平板表面上的水珠，在 37~55℃温度下，琼脂面向下、平板盖亦向下烘干。另外如配制好的培养基不立即使用，在 2~8℃条件下可贮存二周。

33. 三糖铁（TSI）琼脂

① 成分：蛋白胨 20.0g；牛肉膏 5.0g；乳糖 10.0g；蔗糖 10.0g；葡萄糖 1.0g；硫酸亚铁铵（含 6 个结晶水）0.2g；酚红 0.025g 或 5.0g/L 溶液 5.0mL；氯化钠 5.0g；硫代硫酸钠 0.2g；琼脂 12.0g；蒸馏水 1000mL。

② 制法：除酚红和琼脂外，将其他成分加入 400mL 蒸馏水中，煮沸溶解，调节 pH 至 7.4±0.2。另将琼脂加入 600mL 蒸馏水中，煮沸溶解。将上述两溶液混合均匀后，再加入指示剂，混匀，分装试管，每管 2~4mL，高压灭菌 121℃ 10min 或 115℃ 15min，灭菌后

制成高层斜面，呈橘红色。

③ 注意：斜面部分暴露于空气中，为有氧环境。而下部与空气隔绝是相对厌氧的环境。故制备 TSI 时，最重要的是斜面部分和管下部琼脂的长度，两者均为 3cm，以保证两部分相对应的有氧或厌氧环境。

34．硫酸亚铁半固体培养基：用于硫化氢实验

① 成分：牛肉膏 3g，酵母浸膏 3g，蛋白胨 10g，硫酸亚铁 0.2g，硫代硫酸钠 0.3g，氯化钠 5g，琼脂 12g，蒸馏水 1000mL，pH7.4。

② 制法：各成分加热溶解，校正 pH，分装试管，0.07MPa（115℃）灭菌 15min，取出直立待其凝固。

③ 注意：肠杆菌科细菌测定硫化氢的产生，应采用三糖铁琼脂或本培养基。

35．蛋白胨水（BP）液体培养基（供做靛基质实验用）

① 成分：蛋白胨（或胰蛋白胨）20.0g；氯化钠 5.0g；蒸馏水 1000mL。

② 制法：将上述成分加入蒸馏水中，煮沸溶解，调节 pH 至 7.4±0.2，分装小试管，121℃高压灭菌 15min。

③ 注意：蛋白胨中应含有丰富的色氨酸。每批蛋白胨买来后，应先用已知菌种鉴定后方可使用，否则将影响产吲哚的阳性率。

36．靛基质试剂

① 柯凡克试剂：将 5g 对二甲氨基甲醛溶解于 75mL 戊醇中，然后缓慢加入浓盐酸 25mL。

② 欧-波试剂：将 1g 对二甲氨基苯甲醛溶解于 95mL 95%乙醇内。然后缓慢加入浓盐酸 20mL。

37．葡萄糖蛋白胨水液体培养基：用于甲基红实验和 VP 实验

① 成分：蛋白胨 7g，葡萄糖 5g，K_2HPO_4 5g，蒸馏水 1000mL，pH7.0～7.2。

② 制法：按上述成分配制，过滤，分装小试管，每管 10mL，0.07MPa（115℃）灭菌 20min。

38．西蒙氏柠檬酸盐培养基：用于柠檬酸盐利用实验

① 成分：$NH_4H_2PO_4$ 1g，K_2HPO_4 1g，NaCl 5g，$MgSO_4 \cdot 7H_2O$ 0.2g，柠檬酸钠 5g，琼脂 15～20g，蒸馏水 1000mL，1%溴麝香草酚蓝乙醇溶液（简称 BTB）10mL 或 0.2%溴麝香草酚蓝水溶液 40mL，pH6.8。

② 制法：先将盐类溶解于水中，校正 pH，再加琼脂加热熔化，然后加入 BTB 指示剂，摇匀，分装试管，0.1MPa(121℃) 灭菌 15min 后，制成斜面。培养基的 pH 不要偏高，制成后以浅绿色为宜。

39．苯丙氨酸固体斜面培养基：用于苯丙氨酸脱氨酶实验

① 成分：DL-苯丙氨酸 2g(或 L-苯丙氨酸 1g)，酵母浸膏 3g，Na_2HPO_4 1g，氯化钠 5g，琼脂 12g，蒸馏水 1000mL，pH7.4。

② 制法：将上述各成分混合，加热溶解，修正 pH 至 7.4，以纱布过滤分装试管，每管 3～4mL，0.07MPa(115℃) 灭菌 20min 后制成斜面。

40．尿素液体培养基或尿素琼脂（pH7.2）：用于尿素分解实验

① 成分：蛋白胨 1.0g；氯化钠 5.0g；葡萄糖 1.0g；磷酸二氢钾 2.0g；0.4%酚红

3.0mL；琼脂 20.0g；蒸馏水 1000mL；20％尿素溶液 100mL，pH7.2±0.1。

② 制法：将除尿素和琼脂外的各成分溶于蒸馏水中，混合后其 pH 约 6.6，不需另行修正，装于锥形瓶内，0.1MPa(121℃) 灭菌 15min，冷却至 50～55℃，加入经无菌过滤器过滤除菌的 20％尿素溶液。尿素的终浓度为 2％，最终 pH 应为 7.2±0.1。分装于灭菌试管中，每管 5mL，制成尿素液体培养基。上述培养基加入 2％琼脂即为尿素琼脂培养基，灭菌后，制成斜面备用。

41．石蕊牛乳培养基固体培养基：用于石蕊牛乳实验

① 成分：脱脂牛乳 100mL，1％～2％石蕊乙醇溶液或 2.5％石蕊水溶液，pH7.0。

② 制法：脱脂牛乳 100mL(脱脂乳粉 10g 加入 10 倍水中稍加热，冷却后去上层油脂)，调 pH7.0，用 1％～2％石蕊乙醇溶液或 2.5％石蕊水溶液调牛乳至淡紫色偏蓝为止（呈紫丁香色），0.07MPa(115℃) 灭菌 20min。如用鲜牛乳，可反复加热三次，每次加热 20～30min，冷却后去脂肪。最后一次冷却后，用吸管或虹吸法将底层乳吸出，弃上层脂肪，即为脱脂牛乳。也可煮沸置冰箱中过夜脱脂。

42．氰化钾（KCN）培养基

① 成分：蛋白胨 10.0g；氯化钠 5.0g；磷酸二氢钾 0.225g；磷酸氢二钠 5.64g；蒸馏水 1000mL；0.5％氰化钾 20.0mL。

② 制法：将除氰化钾以外的成分加入蒸馏水中，煮沸溶解，分装后 121℃ 高压灭菌 15min。放在冰箱内使其充分冷却。每 100mL 培养基加入 0.5％氰化钾溶液 2.0mL（最后浓度为 1∶10000），分装于无菌试管内，每管约 4mL，立刻用无菌橡皮塞塞紧，放在 4℃ 冰箱内，至少可保存两个月。同时，将不加氰化钾的培养基作为对照培养基，分装试管备用。

③ 注意：氰化钾是剧毒药，使用时应小心，切勿沾染，以免中毒。夏天分装培养基应在冰箱内进行。

43．赖氨酸脱羧酶试验培养基

① 成分：蛋白胨 5.0g；酵母浸膏 3.0g；葡萄糖 1.0g；蒸馏水 1000mL；1.6％溴甲酚紫-乙醇溶液 1.0mL；L-赖氨酸或 DL-赖氨酸 0.5g/100mL 或 1.0g/100mL。

② 制法：除赖氨酸以外的成分加热溶解后，分装每瓶 100mL，分别加入赖氨酸。L-赖氨酸按 0.5％加入，DL-赖氨酸按 1％加入。调节 pH 至 6.8±0.2。对照培养基不加赖氨酸。分装于无菌的小试管内，每管 0.5mL，上面滴加一层液体石蜡，115℃ 高压灭菌 10min。

44．糖（醇、苷）发酵管

（1）成分 牛肉膏 5.0g；蛋白胨 10.0g；氯化钠 3.0g；磷酸氢二钠（含 12 个结晶水）2.0g；0.2％溴麝香草酚蓝溶液 12.0mL；蒸馏水 1000mL。

（2）制法

① 葡萄糖发酵管：按上述成分配好后，调节 pH 至 7.4±0.2。按 0.5％加入葡萄糖，分装于有一个倒置杜氏小管的小试管内，121℃ 高压灭菌 15min。

② 其他各种糖（醇、苷）发酵管：按上述成分配好后，分装每瓶 100mL，121℃ 高压灭菌 15min。另将各种糖（醇、苷）类分别配好 10％溶液，同时高压灭菌。将 5mL 糖溶液加入于 100mL 培养基内，以无菌操作分装杜氏小管。

(3) 注意

① 蔗糖不纯、加热后会自行水解者，应采用过滤法除菌。

② 装有杜氏小管的糖发酵管在灭菌时要特别注意排净灭菌锅内的冷空气，灭菌后尽量让灭菌锅内的压力自然下降到"0"再打开排气阀，否则杜氏小管内会留有气泡，影响实验结果的判断。

45. 邻硝基酚 β-D 半乳糖苷（ONPG）培养基

① 成分：邻硝基酚 β-D 半乳糖苷（ONPG）60.0mg；0.01mol/L 磷酸钠缓冲液（pH7.5）10.0mL；1% 蛋白胨水（pH7.5）30.0mL。

② 制法：将 ONPG 溶于缓冲液内，加入蛋白胨水，以过滤法除菌，分装于无菌的小试管内，每管 0.5mL，用橡皮塞塞紧。

46. 半固体琼脂（供动力观察、菌种保存、H 抗原位相变异实验等用）

① 成分：牛肉膏 3.0g；蛋白胨 10.0g；氯化钠 5.0g；琼脂 3.0～6.5g；蒸馏水 1000mL。

② 制法：按以上成分配好，煮沸溶解，调节 pH 至 7.4±0.2，121℃ 高压灭菌 15min，冷却至 48℃±2℃ 倾注培养皿使用，或分装小试管后 121℃ 高压灭菌 15min，直立凝固备用。

47. 丙二酸钠培养基

① 成分：酵母浸膏 1.0g；硫酸铵 2.0g；磷酸氢二钾 0.6g；磷酸二氢钾 0.4g；氯化钠 2.0g；丙二酸钠 3.0g；0.2% 溴麝香草酚蓝溶液 12.0mL；蒸馏水 1000mL。

② 制法：除指示剂以外的成分溶解于水，调节 pH 至 6.8±0.2，再加入指示剂，分装试管，121℃ 高压灭菌 15min。

48. MRS 培养基

① 成分：蛋白胨 10.0g；牛肉粉 5.0g；酵母粉 4.0g；葡萄糖 20.0g；吐温 80 1.0mL；$K_2HPO_4 \cdot 7H_2O$ 2.0g；醋酸钠·$3H_2O$ 5.0g；柠檬酸三铵 2.0g；$MgSO_4 \cdot 7H_2O$ 0.2g；$MnSO_4 \cdot 4H_2O$ 0.05g；琼脂粉 15.0g。

② 制法：将上述成分加入 1000mL 蒸馏水中，加热溶解，调节 pH 至 6.2±0.2，分装后 121℃ 高压灭菌 15～20min。

49. 莫匹罗星锂盐和半胱氨酸盐酸盐改良 MRS 培养基

① 莫匹罗星锂盐储备液制备：称取 50mg 莫匹罗星锂盐加入 50mL 蒸馏水中，用 0.22μm 微孔滤膜过滤除菌。

② 半胱氨酸盐酸盐储备液制备：称取 250mg 半胱氨酸盐酸盐（半胱氨酸盐酸盐可以提高双歧杆菌的耐受性）加入 50mL 蒸馏水中，用 0.22μm 微孔滤膜过滤除菌。

③ 制法：将 MRS 培养基成分加入 950mL 蒸馏水中，加热溶解，调节 pH，分装后 121℃ 高压灭菌 15～20min。临用时加热熔化琼脂，在水浴中冷却至 48℃，用带有 0.22μm 微孔滤膜的注射器将莫匹罗星锂盐储备液及半胱氨酸盐酸盐储备液制备加入熔化琼脂中，使培养基中莫匹罗星锂盐的浓度为 50μg/mL，半胱氨酸盐酸盐的浓度为 500μg/mL。

50. MC 培养基

① 成分：大豆蛋白胨 5.0g；牛肉粉 3.0g；酵母粉 3.0g；葡萄糖 20.0g；乳糖 20.0g；碳酸钙 10.0g；琼脂 15.0g；蒸馏水 1000mL；1% 中性红溶液 5.0mL。

② 制法：将前面七种成分加入蒸馏水中，加热溶解，调节 pH 至 6.0±0.2，加入中性

红溶液。分装后 121℃高压灭菌 15～20min。

51. 马铃薯-葡萄糖琼脂（PDA）培养基

① 成分：马铃薯（去皮切块）300g；葡萄糖 20.0g；琼脂 20.0g；氯霉素 0.1g；蒸馏水 1000mL。

② 制法：将马铃薯去皮切块，加 1000mL 蒸馏水，煮沸 10～20min。用纱布过滤，补加蒸馏水至 1000mL。加入其余成分，加热溶解，分装后，121℃灭菌 15min，备用。

52. 孟加拉红（虎红）琼脂培养基

① 成分：蛋白胨 5.0g；葡萄糖 10.0g；磷酸二氢钾 1.0g；硫酸镁（无水）0.5g；琼脂 20.0g；孟加拉红 0.033g；氯霉素 0.1g；蒸馏水 1000mL。

② 制法：将上述各成分，加入蒸馏水中，加热溶解，补足蒸馏水至 1000mL，分装后 121℃灭菌 15min，避光保存备用。

53. 察氏培养基

① 成分：$NaNO_3$ 3.0g；K_2HPO_4 1.0g；KCl 0.5g；$MgSO_4 \cdot 7H_2O$ 0.5g；$FeSO_4 \cdot 7H_2O$ 0.01g；蔗糖 30g；琼脂 15g；蒸馏水 1000mL。

② 制法：先量取 600mL 蒸馏水，再向蒸馏水中依次加入蔗糖、$NaNO_3$、K_2HPO_4、KCl、$MgSO_4 \cdot 7H_2O$、$FeSO_4 \cdot 7H_2O$，待溶解后加入琼脂，加热熔化，补加蒸馏水至 1000mL，分装后，121℃灭菌 15min。

54. 麦芽汁琼脂培养基

① 成分：麦芽汁提取物 20g；蛋白胨 1g；葡萄糖 20g；琼脂 15g。

② 制法：称取蛋白胨、葡萄糖、琼脂，加入麦芽汁提取物，适量蒸馏水，加热熔化，补足至 1000mL，分装后，121℃灭菌 20min。

55. 无糖马铃薯琼脂培养基

① 成分：马铃薯（去皮切块）200g；琼脂 20.0g；蒸馏水 1000mL。

② 制法：将马铃薯去皮切块，加 1000 mL 蒸馏水，煮沸 10～20 min。用纱布过滤，补加蒸馏水至 1000mL，加入琼脂，加热熔化，分装后，121℃灭菌 20min。

附录二
最大概率数(MPN)检索表

阳性管数			MPN	95%可信限		阳性管数			MPN	95%可信限	
0.10	0.01	0.001		下限	上限	0.10	0.01	0.001		下限	上限
0	0	0	<3.0	—	9.5	2	2	0	21	4.5	42
0	0	1	3.0	0.15	9.6	2	2	1	28	8.7	94
0	1	0	3.0	0.15	11	2	2	2	35	8.7	94
0	1	1	6.1	1.2	18	2	3	0	29	8.7	94
0	2	0	6.2	1.2	18	2	3	1	36	8.7	94
0	3	0	9.4	3.6	38	3	0	0	23	4.6	94
1	0	0	3.6	0.17	18	3	0	1	38	8.7	110
1	0	1	7.2	1.3	18	3	0	2	64	17	180
1	0	2	11	3.6	38	3	1	0	43	9	180
1	1	0	7.4	1.3	20	3	1	1	75	17	200
1	1	1	11	3.6	38	3	1	2	120	37	420
1	2	0	11	3.6	42	3	1	3	160	40	420
1	2	1	15	4.5	42	3	2	0	93	18	420
1	3	0	16	4.5	42	3	2	1	150	37	420
2	0	0	9.2	1.4	38	3	2	2	210	40	430
2	0	1	14	3.6	42	3	2	3	290	90	1000
2	0	2	20	4.5	42	3	3	0	240	42	1000
2	1	0	15	3.7	42	3	3	1	460	90	2000
2	1	1	20	4.5	42	3	3	2	1100	180	4100
2	1	2	27	8.7	94	3	3	3	>1100	420	—

注 1. 本表采用3个稀释度 [0.1g(mL)、0.01g(mL)、0.001g(mL)]，每个稀释度接种3管。

2. 表内所列检样量如改用1g(mL)、0.1g(mL) 和 0.01g(mL) 时，表内数字应相应降低到1/10；如改用0.01g(mL)、0.001g(mL)、0.0001g(mL) 时，则表内数字应相应增高10倍，其余类推。

任务 2-1 食品微生物菌落形态的检验

班级：_____ 姓名：_____ 学号：_____

任务实施具体步骤

食品微生物菌落形态检验任务评价表

评价项目		自我评价分 A	小组评价分 B	教师评价分 C
技术掌握与素养养成	各种用品准备正确(10分)			
	观察工具使用正确(10分)			
	菌落特征描述正确(50分)			
	能区分酵母菌和霉菌菌落(20分)			
	接种后用品处理与台面整理(10分)			
	小计			
思政表现附加分 D （由小组与教师共同给出）				
总评/总评得分＝(A＋B＋C)/3＋D				

食品微生物菌落形态观察结果(一)

观察项目	菌落1
菌落大小	□大菌落(5mm以上) □中等菌落(3～5mm) □小菌落(1～2mm) □露滴状菌落(1mm以下)
表面形状	□光滑 □皱褶 □颗粒状 □龟裂状 □同心环状
凸起状况	□扩展 □扁平 □低凸起 □凸起 □高凸起 □台状 □草帽状 □脐状 □乳头状
边缘状况	□整齐 □波浪状 □裂叶状 □齿轮状 □锯齿状
菌落形状	□圆形 □放射状 □假根状 □不规则状
表面光泽	□闪光 □金属光泽 □无光泽
菌落质地	□油脂状 □膜状 □松软(黏稠) □脆硬
菌落颜色	□乳白色 □灰白色 □柠檬色 □橘黄色 □金黄色 □玫瑰红色 □粉红色
透明度	□透明 □半透明 □不透明
其他	

食品微生物菌落形态观察结果(二)

观察项目	菌落2	菌落3	菌落4	菌落5
大小/mm				
菌落形状				
边缘状况				
表面形状				
凸起状况				
表面光泽				
菌落质地				
菌落颜色				
透明程度				
其他				

微生物菌落形态学检验总结论

任务 2-2　食品微生物菌体形态的检验

班级：_____　　　姓名：_____　　　学号：_____

任务实施具体步骤

食品微生物菌体形态观察任务评价表

评价项目			自我评价分 A	小组评价分 B	教师评价分 C
技术掌握与素养养成	各种用品准备正确(5分)				
	细菌涂片制备	涂片规范正确(10分)			
		干燥方法正确(5分)			
		固定方法正确(5分)			
	革兰氏染色	染液使用顺序正确(10分)			
		步骤安排正确(5分)			
		时间把握正确(5分)			
		染色结果准确区分 G^+、G^- 菌(10分)			
	光学显微镜镜检	观察前准备工作正确(10分)			
		观察时使用物镜顺序正确(5分)			
		调节视野清晰度方法正确(5分)			
		油镜使用正确(10分)			
		油镜使用后保养正确(10分)			
	接种后用品处理与台面整理(5分)				
	小计				
思政表现附加分 D(由小组与教师共同给出)					
总评/总评得分＝(A＋B＋C)/3＋D					

食品微生物菌体形态观察结果记录					
观察项目	菌株 1	菌株 2	菌株 3	菌株 4	菌株 5
制片方式					
染色方法					
放大倍数					
颜色					
形态					
特殊结构					
判断					
微生物菌体形态学检验总结论					

任务 3-1　食品微生物的糖（醇、苷）类发酵实验鉴别

班级：_____　　　姓名：_____　　　学号：_____

任务实施具体步骤

糖（醇、苷）液体发酵实验检验任务评价表

评价项目		自我评价分 A	小组评价分 B	教师评价分 C
技术掌握与素养养成	正确制备检验用培养基与试剂(20分)			
	检验操作正确(25分)			
	检验结果判定正确(50分)			
	接种后用品处理与台面整理(5分)			
	小计			
思政表现附加分 D（由小组与教师共同给出）				
总评/总评得分＝(A＋B＋C)/3＋D				

结果记录					
检验项目	葡萄糖发酵	乳糖发酵	麦芽糖发酵	蔗糖发酵	甘露醇发酵
大肠杆菌					
沙门氏菌					
产气肠杆菌					
普通变形杆菌					
未知菌					
空白对照					

注:"－"表示不产酸或不产气,培养基仍为紫色;"＋"表示只产酸不产气,只有培养基变为黄色;"⊕"表示产酸又产气,培养基变黄,并有气泡。

任务 3-2　食品微生物的 IMViC 和苯丙氨酸脱氨酶实验鉴别

班级：＿＿＿＿＿＿　　姓名：＿＿＿＿＿＿　　学号：＿＿＿＿＿＿

任务实施具体步骤

IMViC 与苯丙氨酸脱氨酶实验检验任务评价表

评价项目		自我评价分 A	小组评价分 B	教师评价分 C
技术掌握与素养养成	正确制备各种检验用培养基与试剂(20 分)			
	检验操作正确(25 分)			
	检验结果判定正确(50 分)			
	接种后用品处理与台面整理(5 分)			
	小计			
思政表现附加分 D（由小组与教师共同给出）				
总评/总评得分＝(A＋B＋C)/3＋D				

结果记录					
检验项目	吲哚实验	甲基红实验	VP实验	柠檬酸盐实验	苯丙氨酸脱氨酶实验
大肠杆菌					
沙门氏菌					
产气肠杆菌					
普通变形杆菌					
未知菌					
空白对照					

注："＋"表示阳性反应，"－"表示阴性反应。

任务 3-3　食品微生物的尿素分解、H_2O_2 酶和石蕊牛乳实验鉴别

班级：_____　　　　姓名：_____　　　　学号：_____

任务实施具体步骤

尿素分解、H_2O_2 酶和石蕊牛乳实验检验任务评价表

	评价项目	自我评价分 A	小组评价分 B	教师评价分 C
技术掌握与素养养成	正确制备各种检验用培养基与试剂(20分)			
	检验操作正确(25分)			
	检验结果判定正确(50分)			
	接种后用品处理与台面整理(5分)			
	小计			
思政表现附加分 D(由小组与教师共同给出)				
总评/总评得分＝(A＋B＋C)/3＋D				

结果记录					
检验项目	尿素分解实验	H_2O_2 酶实验	石蕊牛乳实验		
			产酸及酸凝固	产碱及凝乳酶凝固	胨化
大肠杆菌					
沙门氏菌					
产气肠杆菌					
普通变形杆菌					
未知菌					
空白对照					

注:"+"表示阳性反应,"-"表示阴性反应。

任务 3-4　食品微生物的硫化氢和三糖铁实验鉴别

班级：_____　　　姓名：_____　　　学号：_____

任务实施具体步骤

硫化氢和三糖铁实验检验任务评价表

	评价项目	自我评价分 A	小组评价分 B	教师评价分 C
技术掌握与素养养成	正确制备各种检验用培养基与试剂(20分)			
	检验操作正确(25分)			
	检验结果判定正确(50分)			
	接种后用品处理与台面整理(5分)			
	小计			
思政表现附加分 D(由小组与教师共同给出)				
总评/总评得分＝(A＋B＋C)/3＋D				

结果记录

检验项目	硫化氢实验	三糖铁实验			
		斜面	底层	产气	产硫化氢
大肠杆菌					
沙门氏菌					
产气肠杆菌					
普通变形杆菌					
未知菌					
空白对照					

注:"＋"表示阳性反应,"－"表示阴性反应,"K"表示产碱,"A"表示产酸。

任务 4-1　食品微生物的凝集实验鉴别

班级：_____　　　姓名：_____　　　学号：_____

任务实施具体步骤

结果记录			
观察项目	大肠杆菌诊断血清 ＋ 大肠杆菌	大肠杆菌诊断血清 ＋ 待鉴定菌种	生理盐水 ＋ 大肠杆菌
判断结果			
结　论			

注："＋"表示阳性反应，"－"表示阴性反应。

微生物免疫学检验任务评价表

评价项目		自我评价分 A	小组评价分 B	教师评价分 C
技术掌握与素养养成	正确准备玻片凝集实验材料(10分)			
	抗体稀释正确(10分)			
	操作步骤与方法正确(20分)			
	玻片凝集实验结果判定正确(50分)			
	实验后用品处理与台面整理(10分)			
	小计			
思政表现附加分 D(由小组与教师共同给出)				
总评/总评得分=(A+B+C)/3+D				

任务 4-2　食品微生物的 PCR 检验

班级：_____　　　姓名：_____　　　学号：_____

任务实施具体步骤

结果记录

微生物分子生物学检验任务评价表

评价项目		自我评价分 A	小组评价分 B	教师评价分 C
技术掌握与素养养成	正确准备检验材料(10分)			
	DNA模板制备正确(20分)			
	反应体系配制方法正确(20分)			
	PCR扩增参数设置正确(20分)			
	产物检测与结果判断正确(20分)			
	实验后用品处理与台面整理(10分)			
	小计			
思政表现附加分 D(由小组与教师共同给出)				
总评/总评得分＝(A＋B＋C)/3＋D				

任务 5-1　食品微生物检验常见样品的采集

班级：_____　　姓名：_____　　学号：_____

食品微生物检验采样记录单

被采样人：_____　　采样地址：_____

采样方法：□随机采样 □代表性采样　　采样时间：_____年_____月_____日_____时_____分

联系人及电话：_____　　检验项目：_____

序号	样品编号	采样地点	样品名称	规格	数量	包装状况或储存条件	生产日期或批号	生产单位或进口代理单位	备注

被采样人（签名）：_____　　日期：_____　　采样单位：_____　　日期：_____

采样人 1（签名）：_____　　日期：_____　　采样人 2（签名）：_____　　日期：_____

食品微生物检验样品采集任务评价表

评价项目		自我评价分 A	小组评价分 B	教师评价分 C
技术掌握与素养养成	采样方案的确定(10 分)			
	工具的准备与灭菌(10 分)			
	不同种类样品规范采集(50 分)			
	采样证明开具(10 分)			
	送样(10 分)			
	存样(10 分)			
	小计			
思政表现附加分 D(由小组与教师共同给出)				
总评/总评得分＝(A＋B＋C)/3＋D				

任务 5-2　食品微生物样品的检验前处理与后处理

班级：_____　　　姓名：_____　　　学号：_____

样品名称		检验目的	
样品状态	□定型包装　□散装　□液态　□固态		
检验前处理的具体步骤			

检验后处理的具体步骤

食品微生物样品的检验前处理与后处理任务评价表

评价项目		自我评价分 A	小组评价分 B	教师评价分 C
技术掌握与素养养成	检验方法的确定(10分)			
	前处理器具的准备与灭菌(30分)			
	不同食品样品检验前处理(50分)			
	不同性质样品检验后处理(10分)			
	小计			
思政表现附加分 D(由小组与教师共同给出)				
总评/总评得分＝(A＋B＋C)/3＋D				

任务 6-1　食品中菌落总数的测定

班级：_____　　　姓名：_____　　　学号：_____

样品名称		检验日期	
样品状态	□定型包装　　□散装　　□液态　　□固态		
检验依据			
检测环境	地点：_____　　温度(T)：_____℃　　相对湿度(RH)：_____%		
任务准备(培养基和试剂制备)			
任务实施具体步骤			

结果记录

样品序号	样品量(□g □ mL)					空白对照 1mL	计算结果	报告结果
1								
2								
3								
4								
5								

食品中菌落总数的测定任务评价表

评价项目		自我评价分 A	小组评价分 B	教师评价分 C
技术掌握与素养养成	设备和材料准备(10分)			
	培养基和试剂配制(10分)			
	检验程序制定(10分)			
	检样制备(10分)			
	10倍系列稀释样品匀液制备(10分)			
	样品适宜稀释度的选择(10分)			
	培养(10分)			
	菌落计数(10分)			
	菌落总数的计算(10分)			
	菌落总数的报告(10分)			
	小计			
思政表现附加分D(由小组与教师共同给出)				
总评/总评得分＝(A+B+C)/3+D				

任务 6-2　第一法　大肠菌群 MPN 计数法

班级：＿＿＿＿＿＿　　　姓名：＿＿＿＿＿＿　　　学号：＿＿＿＿＿＿

样品名称		检验日期	
样品状态	□定型包装　□散装　□液态　□固态		
检验依据			
检测环境	地点：＿＿＿＿＿＿＿　温度(T)：＿＿＿＿＿℃　相对湿度(RH)：＿＿＿＿＿%		
任务准备（培养基和试剂制备）			
任务实施具体步骤			

结果记录

样品量(□g □ mL)				检索结果
初发酵试验阳性管数				
复发酵试验阳性管数				

食品中大肠菌群 MPN 计数任务评价表

评价项目		自我评价分 A	小组评价分 B	教师评价分 C
技术掌握与素养养成	设备和材料准备(10分)			
	培养基和试剂配制(10分)			
	检验程序制定(10分)			
	检样制备(10分)			
	10倍系列稀释样品匀液制备(10分)			
	初发酵试验(20分)			
	复发酵试验(20分)			
	大肠菌群最大概率数(MPN)的报告(10分)			
	小计			
思政表现附加分 D(由小组与教师共同给出)				
总评/总评得分＝(A＋B＋C)/3＋D				

任务 6-2　第二法　大肠菌群平板计数法

班级：_____　　　姓名：_____　　　学号：_____

样品名称		检验日期	
样品状态	□定型包装　□散装　□液态　□固态		
检验依据			
检测环境	地点：_____　温度(T)：_____℃　相对湿度(RH)：_____%		

任务准备（培养基和试剂制备）

任务实施具体步骤

结果记录				
样品量(□g □mL)			稀释剂对照	阳性管数
			1mL	
计算过程				
计算结果			报告结果	

食品中菌落总数的测定任务评价表

评价项目		自我评价分 A	小组评价分 B	教师评价分 C
技术掌握与素养养成	设备和材料准备(10分)			
	培养基和试剂配制(10分)			
	检验程序制定(10分)			
	检样制备(10分)			
	10倍系列稀释样品匀液制备(10分)			
	样品适宜稀释度的选择(10分)			
	培养(10分)			
	菌落计数(10分)			
	菌落总数的计算(10分)			
	菌落总数的报告(10分)			
	小计			
思政表现附加分 D(由小组与教师共同给出)				
总评/总评得分＝(A＋B＋C)/3＋D				

任务 6-3　食品中霉菌与酵母菌的测定

班级：_____　　　姓名：_____　　　学号：_____

样品名称		检验日期	
样品状态	□定型包装　□散装　□液态　□固态		
检验依据			
检测环境	地点：_____　温度(T)：_____℃　相对湿度(RH)：_____%		
任务准备（培养基和试剂制备）			
任务实施具体步骤			

结果记录					
样品量(□g □mL)				空白对照	
				1mL	
计算过程					
计算结果			报告结果		

食品中菌落总数的测定任务评价表

评价项目		自我评价分 A	小组评价分 B	教师评价分 C
技术掌握与素养养成	设备和材料准备(10分)			
	培养基和试剂配制(10分)			
	检验程序制定(10分)			
	检样制备(10分)			
	10倍系列稀释样品匀液制备(10分)			
	样品适宜稀释度的选择(10分)			
	培养(10分)			
	菌落计数(10分)			
	菌落总数的计算(10分)			
	菌落总数的报告(10分)			
	小计			
思政表现附加分 D(由小组与教师共同给出)				
总评/总评得分=(A+B+C)/3+D				

任务 7-1　第一法　金黄色葡萄球菌定性检验

班级：_____　　　姓名：_____　　　学号：_____

样品名称			检验日期	
样品状态		□定型包装　□散装　□液态　□固态		
检验依据				
检测环境	地点：_____　　温度(T)：_____℃　相对湿度(RH)：_____%			
任务准备（培养基和试剂制备）				

	任务实施具体步骤		结果记录
增菌			样　　品：□NG □G 阳性对照：□NG □G 空　　白：□NG □G
分离培养	Baird-Parker琼脂平板	培养时间：_____；培养温度：_____℃	样　　品：□NG □G 阳性对照：□NG □G 空　　白：□NG □G
	血平板	培养时间：_____；培养温度：_____℃	样　　品：□NG □G 阳性对照：□NG □G 空　　白：□NG □G
确证鉴定	血浆凝固酶实验		样　　品：□+ □− 阳性对照：□+ □− 空　　白：□+ □−
	革兰氏染色	□+　　□−	

注（结果描述）：G 生长；NG 不生长；＋ 阳性；− 阴性

实验结论	_____ □g □mL 样品中 □有 □无 金黄色葡萄球菌
备 注	

食品中金黄色葡萄球菌定性检验任务评价表

	评价项目	自我评价分 A	小组评价分 B	教师评价分 C
技术掌握与素养养成	设备和材料准备(10分)			
	培养基和试剂配制(10分)			
	检验程序制定(10分)			
	检样制备与增菌(10分)			
	划线分离(10分)			
	初步鉴定结果正确(10分)			
	革兰氏染色镜检(10分)			
	血浆凝固酶实验(10分)			
	结果判定正确(10分)			
	报告正确规范(10分)			
	小计			
思政表现附加分 D(由小组与教师共同给出)				
总评/总评得分＝(A＋B＋C)/3＋D				

任务 7-1　第二法　金黄色葡萄球菌平板计数法

班级：_____　　　　姓名：_____　　　　学号：_____

样品名称		检验日期	
样品状态	□定型包装　□散装　□液态　□固态		
检验依据			
检测环境	地点：_____　温度(T)：_____℃　相对湿度(RH)：_____%		
任务准备（培养基和试剂制备）			
任务实施具体步骤			

结果记录				
	样品量(□g □mL)			阳性率
计算过程				
计算结果		报告结果		

食品中金黄色葡萄球菌平板计数任务评价表

评价项目		自我评价分 A	小组评价分 B	教师评价分 C
技术掌握与素养养成	设备和材料准备(10分)			
	培养基和试剂配制(10分)			
	检验程序制定(10分)			
	样品稀释(10分)			
	B-P平板接种与培养(10分)			
	血平板接种与培养(10分)			
	革兰氏染色镜检(10分)			
	血浆凝固酶实验(10分)			
	金黄色葡萄球菌典型菌落确定与计算(10分)			
	金黄色葡萄球菌平板计数结果报告(10分)			
	小计			
思政表现附加分 D(由小组与教师共同给出)				
总评/总评得分＝(A＋B＋C)/3＋D				

任务 7-1　第三法　金黄色葡萄球菌 MPN 计数法

班级：_____　　姓名：_____　　学号：_____

样品名称		检验日期	
样品状态	□定型包装　□散装　□液态　□固态		
检验依据			
检测环境	地点：_____　温度(T)：_____℃　相对湿度(RH)：_____%		

任务准备(培养基和试剂制备)

任务实施具体步骤

结果记录				
样品量(□g □mL)				检索结果
阳性管数				
备注				

食品中金黄色葡萄球菌 MPN 计数任务评价表

	评价项目	自我评价分 A	小组评价分 B	教师评价分 C
技术掌握与素养养成	无菌环境与无菌器材的准备(10分)			
	培养基和试剂配制(10分)			
	检样与样品稀释(10分)			
	7.5%氯化钠肉汤管接种与培养(10分)			
	B-P 平板接种与培养(10分)			
	血平板接种与培养(10分)			
	革兰氏染色镜检(10分)			
	血浆凝固酶实验(10分)			
	金黄色葡萄球菌阳性管确定(10分)			
	金黄色葡萄球菌 MPN 值的检索与报告(10分)			
	小计			
思政表现附加分 D(由小组与教师共同给出)				
总评/总评得分＝(A＋B＋C)/3＋D				

任务 7-2 食品中沙门氏菌的检验

班级：_____   姓名：_____   学号：_____

样品名称		检验日期	
样品状态		□定型包装 □散装 □液态 □固态	
检验依据			
检测环境	地点：_____	温度(T)：_____℃	相对湿度(RH)：_____%

任务准备（培养基和试剂制备）

任务实施具体步骤与结果记录		
预增菌	培养时间：_____；培养温度：_____℃	样　　品：□NG □G 阳性对照：□NG □G 空　　白：□NG □G
增菌	培养时间：_____；培养温度：_____℃	样　　品：□NG □G 阳性对照：□NG □G 空　　白：□NG □G
	培养时间：_____；培养温度：_____℃	样　　品：□NG □G 阳性对照：□NG □G 空　　白：□NG □G
分离培养 BS琼脂平板	培养时间：_____；培养温度：_____℃	样　　品：□NG □G 阳性对照：□NG □G 空　　白：□NG □G
□XLD琼脂平板 □HE琼脂平板 □显色培养基平板	培养时间：_____；培养温度：_____℃	样　　品：□NG □G 阳性对照：□NG □G 空　　白：□NG □G

生化实验	项目	三糖铁琼脂				赖氨酸脱羧酶	□生化试剂盒编码:		
		斜面	底层	产气	硫化氢(H_2S)				
	结果								
	□项目	靛基质	卫矛醇	山梨醇	水杨苷	氰化钾(KCN)	尿素(pH7.2)	ONPG	丙二酸盐
	结果								
	注(结果描述):G 生长;NG 不生长;+ 阳性;- 阴性								
血清学鉴定									
实验结果	_____□g □mL 样品中 □有 □无 沙门氏菌								
备 注									

食品中沙门氏菌检验任务评价表

	评价项目	自我评价分 A	小组评价分 B	教师评价分 C
技术掌握与素养养成	设备、材料准备,培养基、试剂配制(5分)			
	检验程序制定(5分)			
	检样制备与预增菌(10分)			
	增菌(5分)			
	划线分离(5分)			
	初步鉴定结果判定正确(5分)			
	TSI、赖氨酸实验(10分)			
	结果判定正确(10分)			
	NA、靛基质、尿素(pH7.2)、KCN实验(10分)			
	结果判定正确(10分)			
	血清学鉴定实验(10分)			
	结果判定正确(10分)			
	报告正确规范(5分)			
	小计			
	思政表现附加分 D(由小组与教师共同给出)			
	总评/总评得分=(A+B+C)/3+D			

任务 8-1　食品商业无菌的检验

班级：_____　　　姓名：_____　　　学号：_____

样品名称		检验日期	
样品状态	□定型包装　□散装　□液态　□固态		
检验依据			
检测环境	地点：_____　温度(T)：_____℃　相对湿度(RH)：_____%		
任务准备(试剂制备)			

37

任务实施具体步骤与结果

检验步骤		保温样品 □30℃±1℃,10d					对照样品 □2~5℃,10d				
外观检查											
保温检查	观察日	1	2	3	4	5	6	7	8	9	10
	膨胀										
	泄漏										
开罐检查	组织										
	形态										
	色泽										
	气味										
	固形物性状										
	容器内壁										
	鉴别					有 □ 无 □ 腐败变质的迹象						
pH测定两次 □等量蒸馏水混匀		pH值1		pH值2		平均值	pH值1		pH值2		平均值
染色镜检 5个视野	球菌(个)										
	杆菌(个)										
		与对照样品相比,有 □无 □明显的微生物增殖现象,数量比:_____/_____									
结果判定							□接种培养和密封性检查见附页				

食品商业无菌检验任务评价表

评价项目		自我评价分 A	小组评价分 B	教师评价分 C
技术掌握与素养养成	设备、材料、培养基、试剂准备(5分)			
	正确进行样品检验前的记录准备工作(10分)			
	样品准确称重,并正确记录(10分)			
	正确开启样品(15分)			
	正确留样操作(10分)			
	感官检查和记录正确(10分)			
	pH测定和记录正确(10分)			
	涂片染色镜检和记录正确(10分)			
	结果判定和报告正确规范(15分)			
	检验后整理(5分)			
	小计			
思政表现附加分 D(由小组与教师共同给出)				
总评/总评得分=(A+B+C)/3+D				

任务 8-2　发酵食品中乳酸菌的检验

班级：_____　　　　姓名：_____　　　　学号：_____

样品名称			检验日期	
样品状态		□定型包装　□散装　□液态　□固态		
检验依据				
检测环境	地点：_____　　温度(T)：_____℃　相对湿度(RH)：_____%			
任务准备(培养基和试剂制备)				
任务实施具体步骤				

结果记录

倾注培养基	稀释度	培养条件	平板菌落数			空白对照
			平板1	平板2	均值	
a. 冷却至48℃的莫匹罗星锂盐和半胱氨酸盐酸盐改良的MRS培养基倾注入培养皿约15 mL		(36±1)℃厌氧培养(72±2)h				□有菌 □无菌
b. 冷却至48℃的MRS培养基倾注入培养皿约15 mL						□有菌 □无菌
c. 冷却至48℃的MC培养基倾注入培养皿约15 mL		(36±1)℃需氧培养(72±2)h				□有菌 □无菌
乳酸菌总数 CFU/(□g/□mL)	仅包括双歧杆菌属(a)					
	仅包括乳杆菌属(b)					
	仅包括嗜热链球菌(c)					
	同时包括双歧杆菌属和乳杆菌属(b)					
	同时包括双歧杆菌属和嗜热链球菌(a+c)					
	同时包括乳杆菌属和嗜热链球菌(b+c)					
	同时包括双歧杆菌属、乳杆菌属和嗜热链球菌(b+c)					
标准菌株						
备注						

发酵食品中乳酸菌检验任务评价表

评价项目		自我评价分 A	小组评价分 B	教师评价分 C
技术掌握与素养养成	正确准备设备、材料(10分)			
	正确准备培养基、试剂(10分)			
	正确进行样品检验前准备工作(10分)			
	正确进行样品稀释与加样(10分)			
	正确选择培养基进行倾注(10分)			
	培养条件设置正确(10分)			
	各乳酸菌属菌落计数与表述正确(20分)			
	结果报告正确(15分)			
	检验后整理(5分)			
	小计			
思政表现附加分 D(由小组与教师共同给出)				
总评/总评得分=(A+B+C)/3+D				

任务 8-3　食品中产毒霉菌的检验

班级：＿＿＿＿＿＿　　　姓名：＿＿＿＿＿＿　　　学号：＿＿＿＿＿＿

样品名称		检验日期	
样品状态	□定型包装　□散装　□液态　□固态		
检验依据			
检测环境	地点：＿＿＿＿＿＿　温度(T)：＿＿＿＿℃　相对湿度(RH)：＿＿＿＿％		

任务准备(培养基和试剂制备)

任务实施具体步骤

结果记录		
菌落观察	培养基：_____ 培养时间：_____ 培养温度：_____℃		
^	菌落大小	直径_____ □局限生长 □蔓延生长
^	菌落颜色	表面_____ 反面_____ 基质_____
^	表面情况	□同心轮纹 □放射状 □疏松菌丝 □紧密菌丝 □有水滴 □无水滴 □其他_____
^	组织形状	□棉絮状 □蜘蛛网状 □绒毛状 □地毯状 □其他_____
斜面观察	培养基：_____ 培养时间：_____ 培养温度：_____℃	
^	孢子形态和排列_____	
显微镜镜检描述		
结论		
备注		

食品中产毒霉菌检验任务评价表

评价项目		自我评价分 A	小组评价分 B	教师评价分 C
技术掌握与素养养成	正确准备设备、材料(10分)			
^	正确准备培养基、试剂(10分)			
^	正确进行霉菌的平板接种工作(10分)			
^	正确进行霉菌的斜面接种工作(10分)			
^	霉菌培养条件设置正确(10分)			
^	正确制作霉菌标本片(20分)			
^	能正确使用显微镜观察霉菌标本片(10分)			
^	正确记录霉菌菌丝和孢子特征(15分)			
^	检验后整理(5分)			
^	小计			
思政表现附加分 D(由小组与教师共同给出)				
总评/总评得分=(A+B+C)/3+D				